ヒューマン・インフォマティクス

触れる・伝える・究める　デジタル生活情報術

Touching, Warping, Mastering——
Human Informatics

【監修】——長尾 眞
【取材・編集】——工作舎

金出 武雄
西田 佳史
ニック・キャンベル
渡辺 富夫
舘 暲
木戸出 正継
石田 亨
石黒 浩
池内 克史
三宅 なほみ
橋田 浩一
池原 悟
辻井 潤一
黒橋 禎夫
高野 明彦
所 眞理雄

工作舎

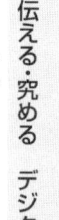

まえがき

遊び心や熱意を伝えあえる社会へ

長尾 眞
独立行政法人 情報通信研究機構 理事長

インターネットや携帯電話の爆発的な普及は、私たちのコミュニケーションや情報収集の仕方を変えただけではなく、生活スタイルそのものをを大きく変えてしまいました。
コンピュータをはじめとする要素技術の開発・性能向上をひたすらめざした情報技術も、21世紀に入り、私たちがどのような生活を願うのかをひとつひとつ検証しながら、知識や技術を統合すべき時代に移りつつあります。
本書の契機になった独立行政法人 科学技術振興機構が推進する「戦略的創造研究推進事業(CREST)」の「高度メディア社会の生活情報技術」プロジェクトがめざしたのは、ふつうの生活者が気軽に諸メディアを活用して協力しあうことによって、ひとりの天才、ひとりの政治的ヒーローでは決して実現できない、活気あふれる社会にいたる道を幾筋も用意することでした。
情報技術にかかわる科学者、工学者、エンジニアも、研究者であると同時に、その成果を受け取る人間でもあることを自覚して、ものごとの価値観・倫理観にセンシティブになるよう求められています。社会や人間生活にねざした技術に関しては、対照実験したり再現したりといった旧来の科学的手法があまり役に立たないので、今のうちに基礎的な知見やルールを固めておく必要があります。とくに次世代をになう子どもへの影響については注意深く、どういうことを奨励したり抑制したりすべきなのか見きわめねばなりません。場合によっては「やらない」「作らない」という英断のための情報提供もしなければならないでしょう。

各研究はそれぞれ多岐にわたり、重なりあっている面もありますが、3部に大別して紹介することにしました。

第1部▶人間の個別性を徹底的に計測する研究から、日常性にねざしたコミュニケーション力の応用研究まで。
第2部▶相互テレイグジスタンス(遠隔臨場感・遠隔制御)から、日常の記録やイベントの演出に、都市の危機管理、文化遺産の保存まで。
第3部▶共に学び、共に考えることにより、実社会で活用できる「常識」や学問の流れを変革する「スーパー知性」を育む。

関西弁が登場したり、奈良や京都の古都や大仏が登場したり、一部の研究は日本独得のテーマが選ばれていますが、方法論はもちろん海外の評価も高い普遍的なものばかりです。
日常性を基盤にした科学や技術に到達点はありません。本書のいずれかのテーマに面白さを感じた方は、ぜひともその先の道を自ら切り開いてくださるよう、心より願っています。

2005年4月10日

触れる・伝える・究める　デジタル生活情報術

ヒューマン・インフォマティクス

目次

Contents

あ・あ!・あ?・**ああ**・あーあ・ああっ・あっ・あーっ・**あら**・あれ・いっ・うっ・えっ・お・おっ・おお・**おおきに**・おこしやす・おや・ほら・まあ・**やれやれ**・おい・こら・これ・これこれ・さあ・そら・それ・どれ・ね・ねえ・もし・もしもし・やあ・やい・**いいえ**・いや・うん・**ええ**・はい?・こんにちは・こんばんは・さようなら・オハヨウゴザイマス・そらッ・どっこい・よいしょ・ほいきた・**まじ**・んじゃ・ちょー・すっごい・ぐふっ・うふっ・**ウフッ**・ぎゃふん・ヤッパ・よくも・ヨクモマア・ゼンゼン・**おかえりー**・オカエリ・おかえりなさい・ただいま・

ってか・**てゆーか**・てか・そういや・そういえば・ごちそうさま・**アリエネー**・オソマツサマ・イタダキマス・めんどい・そりゃ・ガーン・って・ゴクローサン・**じゃ**・あいたー・ゲッ・ウッソー・**あぁら**・・、**まぁ**・あたりきしゃりき・べらぼうめ・こんこんちき・まいど・う・うう・ウマー・**え**・ええ・えー・かー・くっ・くくく・げ・けっ・さあ・しっ・ちっ・**ちっちっち**・にー・HA!・はー・ははは・ひー・ふ・**ぷっ**・へ・へー・へへ・ほー・ま・マズー・まーまー・むー・むむっ・もー・やっ・ややっ・よー・るんるん・**わー**・わっ・わわっ・ん・んー・・・・・・

『ショート・サーキット』[DVD]
¥3,990（税込）
発売・販売：
フナイエンタテイメント・ジャパン株式会社

『ショート・サーキット2　がんばれ！ジョニー5』[DVD]
¥2,625（税込）[期間限定価格]
発売・販売：
（株）ソニー・ピクチャーズ　エンタテインメント

人間の精妙さを解明するデジタルヒューマン研究から、声そのものの情報量の豊かさやリズム同調によるコミュニケーションの奥深さを追う研究まで。

【第1部】

触れる

——心と心をかよわせる

1-1

デジタルヒューマンの誕生

金出 武雄

●産業技術総合研究所デジタルヒューマン研究センター
研究センター長

**生理、運動、認知心理の3つの軸から
人間を統合的にモデル化して
来たるべき人間学をさぐる。**

遺伝子レベルの解析や、臓器別の医学研究だけでは
トータルな人間像はうかがえない。
ひとりひとりの人間が一生のあいだにどのように成長して知覚や運動能力を発達させるのか、
精緻な計測データの蓄積から見えてくる人間中心システムの展望。

システムにおける最も弱いリンク、人間を究める

●

今後ますます容量・機能の向上が見込まれるコンピュータに比べて、人間の知的・身体的機能の劇的向上は見込み薄だ。だからこそ、限界も含めて精緻に捉え直す必要がある。

映画『マトリックス』の印象的なシーンのひとつに、キアヌ・リーブス*扮する主人公ネオがパッと飛んだ瞬間に時間が止まり、彼のまわりをぐるっと一周してみせるシーンがある。映画では110台のカメラがキアヌ・リーブスを取り囲んでマシンガン撮影をしたそうだが、2001年1月28日、スーパーボウルの生中継で360度の視点から選手のプレーを再現する新しい映像システムが使われた。同年7月、このシステムはフジテレビ系のプロ野球中継、ヤクルト対巨人戦でも使われ、日本でも話題になった。アメリカンフットボールや野球の試合のような時々刻々変化する情況のなかで、任意のターゲットを追いかけて『マトリックス』のような映像を再現できる「アイビジョン」システムをCBSと共同で開発したのが金出武雄教授だ。

1980年以来、カーネギーメロン大学(CMU)で研究生活を送り、1992年から2001年まで同大学ロボット研究所の所長として、南極探検ロボットや火星探検ロボット、車の自動運転によるアメリカ大陸横断など、世界のロボット研究をリードしてきた。現在もカーネギーメロン大学U. A. and Helen Whitaker記念全学教授兼任で太平洋上の往還をくり返す日々を送っている。

“ロボットは人をアシストしたり、人の代わりをするものです。

＊キアヌ・リーブス
K. Reeves 1964-
ハワイ系中国人の父とイギリス人の母の間にレバノン・ベイルートに生まれる。サイバーSF映画『マトリックス』(1999)の華麗なアクションで一躍スターダムに躍り出て、『マトリックス・リローデッド』(2003)、『マトリックス・レボリューション』(2003)で、AI(人工知能)が支配する恐怖の世界の救世主ネオを主演。

ロボットと人間が共生するマン=マシンシステムにおいて、人間が最大の受益者です。システムの評価において重要な役割を果たしているのも人間。しかし人間はシステムにおいて最も脆弱な要素でもあります。鎖の強さは最も弱いリンクできまってしまいます。”

Weakest LinkというBBCのクイズ番組がある。アメリカではNBCが放送し、日本でもフジテレビ系で2002年4月から放送されたが、9月でうち切られた。正解率の悪い、足を引っ張る解答者をひとりずつ落として最後に勝ち残ったひとりだけが賞金を獲得できる一種のサバイバルゲームだ。

人間とさまざまなロボットが共生する近未来社会では、人間こそがシステムの足を引っ張る要因になるのは間違いないが、だからといって「おまえが悪い」と蹴落としては本末転倒というもの。人間はシステムにおいて最も弱いけれど繊細さや優美さといった定義しにくい要素もあわせもっている。「人間中心のシステム」をうんぬんするなら、人間の弱さや繊細さにこそ焦点を当ててしかるべきだろう。

ところが人間の機能面に限っても基礎データすら蓄積されていないので、金出教授は徹底的に計測データを集積して統合的な人間のデータベースを構築しようと、2001年に産業技術総合研究所が独立行政法人化されるさいにデジタルヒューマン研究センターを立ち上げたという。

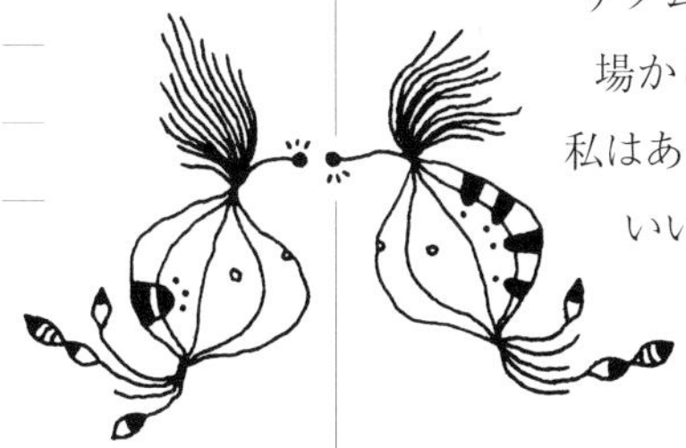

“ゲノム解析とか脳神経系の研究は生物学や医学の立場から人間を理解しようというアプローチですが、私はあくまでも工学的に人間の機能モデルができればいいと考えている。人の「機能」を計測し、モデル化して応用する方法を探る。生物的仕組みを解明して即模倣するのではありませんが、役

立つ要素はロボットやシステムづくりに取り入れようというわけです。”

モーターに例えるなら、磁気と電気の関係までおさえずとも、電流とトルク(回転力)と回転速度の関係で運動は記述できるというわけだ。

モデル化にさいしては、以下の3つの軸を用意した[▶図01]。

❶——生理解剖学的モデル：形状および心拍や血圧・筋肉緊張・体液伝達などの生理解剖学データのモデル化
→デジタルボディ(医学教育や外科手術のシミュレーションなどへの応用)

❷——運動機械的モデル：歩く、走る、モノを持つなどさまざまな運動機械的データのモデル化
→デジタルマネキン(ファッション、インテリア、工業デザイン

図01——デジタルヒューマン基盤技術

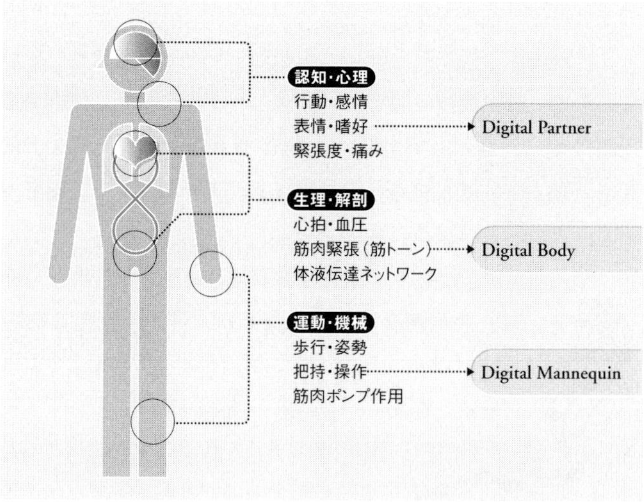

などへの応用)

❸——認知心理的モデル：表情や嗜好、感情などさまざまな認知心理的データのモデル化

→デジタルパートナー(ヒューマノイドロボットやコンピュータインタフェースなどへの応用)

各年齢、男女のデータを蓄積するだけでなく、子どもの成長にそった時間軸データも視野にいれる。

“広範なデータが十分揃えば、人間の機能はコンピュータの中に再現できる。10年20年でできる話ではないかもしれませんが、話は大きいほうがいい。”

DNA(デオキシリボ核酸)の発見以来、生物学の研究は生き物を細部に分けてゆく要素還元主義の方向で進められて大成功を収めたために、形の研究は二の次どころか時代遅れとして無視されそ

図02——昆虫の形の計測

大きさが変わるとプロポーションも変わる[Julian S. Huxley, *Problems of Relative Growth* (1932)より]。

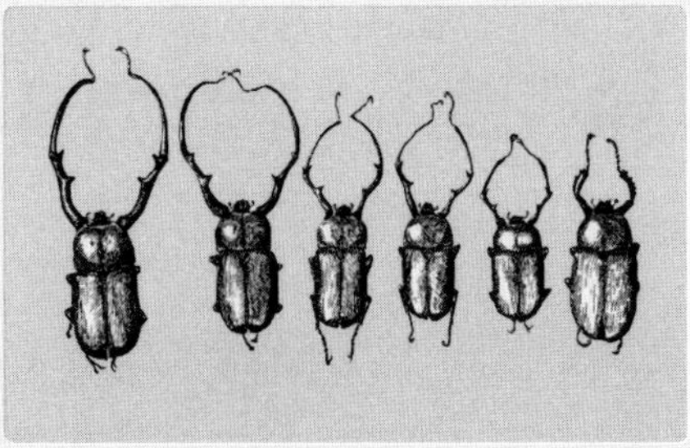

うな感さえあった。21世紀に入り、遺伝子レベルからいかに形が形成されるかを具体的に扱う分子発生学がホットな学問となり、形が再び脚光を浴びるようになってきた。ふりかえれば今からほぼ200年前に「形態学」の重要性を透察したゲーテ*以来のことだ。

“カブトムシのツノの形が成長とともにいかに変化するかといったことはきわめて詳しく調べられているのに[▶図02]、人間の形については、わかっているようでわかっていません。500万年ほどの人類史でも、精密なデータが蓄積されていないのです。マウスや昆虫や大腸菌といった寿命の短い研究対象に比べると、人間は研究対象にはなりにくいし、測る道具もありませんでした。”

世界標準をめざして高精度で計測

●

計測手法を開発しながら基礎データを蓄積。実装は企業と共同開発。新しい眼鏡フレームの開発から手術のシミュレーション装置まで応用はさまざま。

人体の形は凸面と凹面がいりくんで単純な数学的モデルに置き換えられそうもない。だからこそロダン*やジャコメッティ*やボテロ*の彫刻がそれぞれに私たちを惹きつけもする。

金出教授は人間という自然形態をフィールドワークするように、人体のさまざまな部位の形状を瞬時に高精度で計測する装置をいろいろな企業と共同開発した。産業技術総合研究所という研究所の性格上、応用も視野にいれながら、体の各部ごとに0.5mmの精度で隠れ部位のないようくまなくデータ計測する[▶図03]。

＊ゲーテ
J. W. von Goethe 1749-1832
『若きウェルテルの悩み』(1774)『ファウスト』(1832)などでその名を不朽にした詩人・文学者。自然科学者としても『植物のメタモルフォーゼ』(1790)などで生物の可変性を論じ、「形態学」(Morphologie)を提唱。色彩についても大著『色彩論(教示篇・論争篇・歴史篇)』(1810/工作舎1999)を著す。

＊オーギュスト・ロダン
F. A. R. Rodin 1840-1917
パリの下町に生まれ、国立美術学校エコール・デ・ボザールの入学試験に3度落ちて、古代ギリシアのペイディアスとルネサンスのミケランジェロを師に独学で彫刻を学ぶ。代表作『地獄の門』『考える人』は日本でも上野の西洋博物館で見ることができる。

“私のように顔の横幅があると、ぴったり合う眼鏡フレームを探すのはなかなか難しい。眼の間の距離や鼻の高さは個人差があるし、とくに耳の形が複雑で、眼鏡のつるがかかる部分は隠れている。”

盲点となりがちな耳の裏側の形を正確に計測する装置を開発し、デジタル顔モデルから眼鏡フレームを作成できるようにした。「眼鏡をかけていることを忘れるくらい」と評判は上々で、通常の1.5倍の販売実績であったという[▶図04]。

“足の形を測るのは簡単そうに見えますけど、凹凸があって相当複雑な形をしている。足を乗せるだけでデータがとれる装置を開発しました[▶図05]。ぴったり合った靴を作るにしても、今まではのんびりした作り方なんです。靴をデザインして作って、「どうですか」とか言う。「痛いよ」とかいうと、ちょっとゆるめたりして、また「どうですか」と聞く。どんな形でもどんな堅さ／

図03——頭部形状計測装置

CCDカメラ12台により可視光パターン投影。計測時間は0.93秒、0.5mmの精度で頭部をくまなく計測できる。

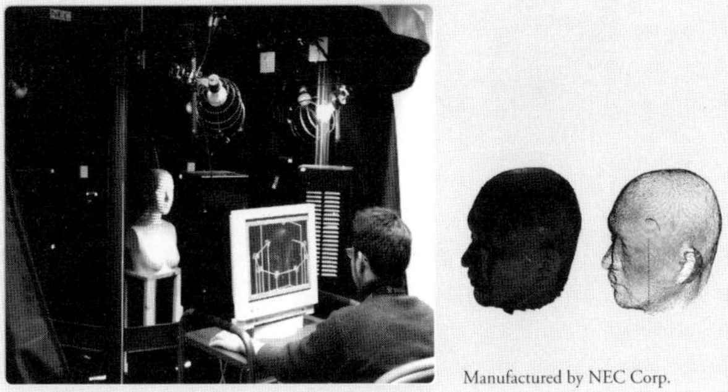

Manufactured by NEC Corp.

＊アルベルト・ジャコメッティ
A. Giacometti 1901-66
画家の両親の息子として生まれ、ジュネーブの美術学校で学んだ後、パリに移り1925年ごろからキュビスム、シュルレアリスムの影響を受けながら制作活動を展開。戦後はぎりぎりまで細長い独特の人間像を刻みつづけた。

＊フェルナンド・ボテロ
F. Botero 1932-
コロンビアのアンデス山中、アンティオキア州に生まれる。フィレンツェなどの絵画学校で学んだヨーロッパ的素養と中南米気質の融合した絵画や彫刻は、大胆にデフォルメされ、ユーモラスな生気を放つ。2004年には、東京・恵比寿ガーデンプレイスでも「アダム」「イヴ」「猫」など巨大なブロンズ彫刻20体が野外展示された。

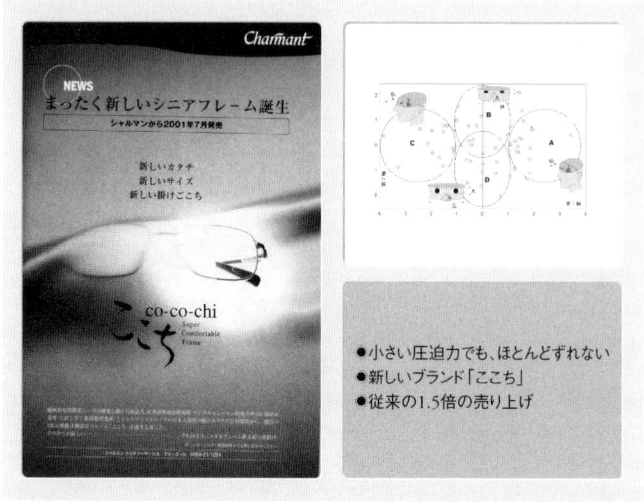

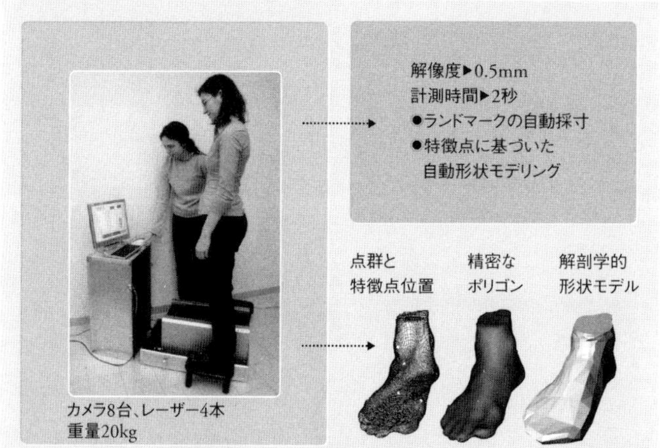

図04（上）——**デジタル顔モデルによる新型眼鏡フレーム**
デジタル顔モデルにより企業と共同開発された新型眼鏡フレーム「ここち」は、かけているのを忘れるほどぴったり合ってほとんどずれないと好評で、従来の1.5倍の売り上げを達成した。

図05（下）——**足の形を計測する**
足をのせるだけで、2秒で0.5 mmの精度で自動採寸。カメラ8台、レーザー4本で17の足部寸法を計測し、特徴点に基づいた自動形状モデリングをおこなう。

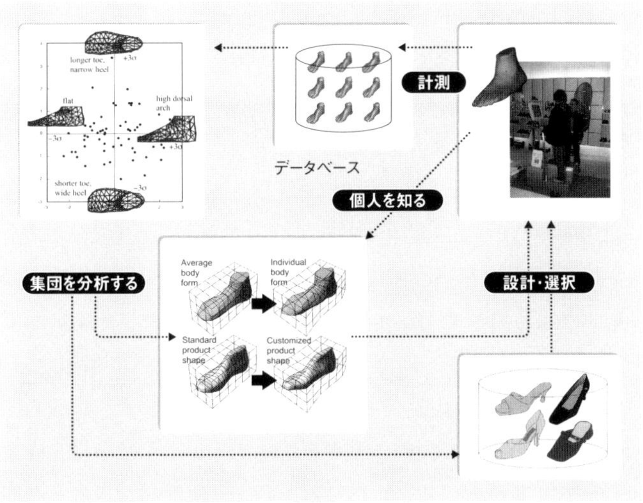

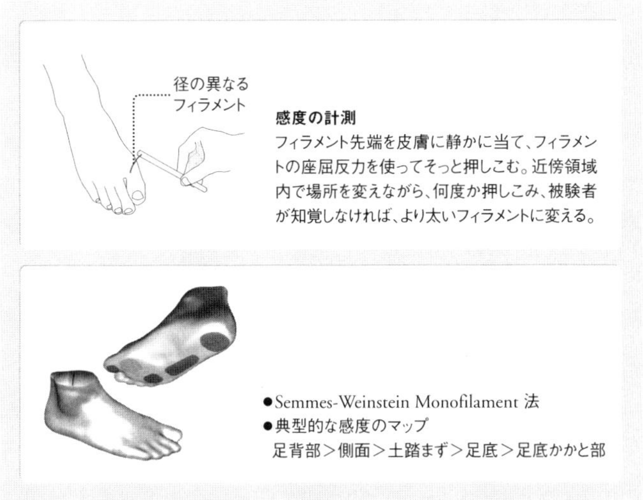

図06（上）——**集団に合う靴／個人に合う靴**

図07（下）——**足の触覚感度のモデル化**

明るい色の部分ほど敏感で、暗い色の部分ほど鈍感。つまり足背部＞側面＞土踏まず＞足底＞足底かかと部の順に感度が鈍くなる。

柔らかさでもバーチャルに試せるようになれば、個人差はもちろん左右差も調整できる[▶図06]。”
足の各部の敏感さについてもモデル化した[▶図07]。理想の靴はロボット・インソール（中敷）によって作られる。足を乗せれば靴の形も堅さも自由に試しながら選ぶことができる。歩いたときの足の変型によって履き心地がどのように変わるかもフィードバックしてくれるので微調整もできる。静的な形にとどまらず、動くとどのように形や力が変化するかというダイナミクス（動力学）重視の姿勢は、椅子を温める暇もない金出教授らしい着眼点だ。3歳ぐらいの子どもが靴を履きはじめたときから、大人になるまで、足がどのように発達するかを追跡できるようになる。成長に合わせて靴を選べるようになるという利便性もさることながら、育ち方によってどのように足の発達が変わるのか、新たな人間探求の基礎データも提供してくれそうだ。

人間の精妙さをロボットにフィードバックする

●
エネルギー効率ひとつとってもヒューマノイドロボットの課題はまだまだ山積。バランスの悪い人体を人はいかに巧みに制御しているのか。

ホンダのASIMOやソニーのQURIOなど、ヒューマノイドロボットの進化はめざましいものがある。それでも彼らが活躍できるのは、人間に比べるとほんのわずかな時間に限られている。日本科学未来館に展示解説員として就職したASIMO君も、平日は午後1回、土日は午後2回、職務につくだけだ。生まれ落ちて以

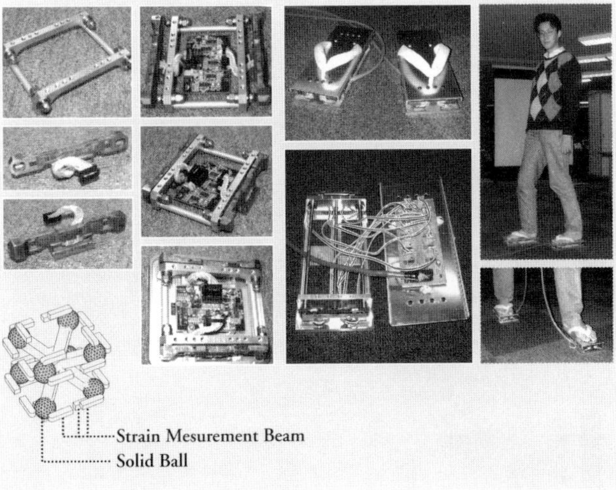

図08（上）——人間＆ヒューマノイド計測環境

最高速度秒速2m、位置精度1mm、3自由度、最大巻き上げ重量120kgの天井走行クレーン（10×7.5m）の巻き上げ部にステレオカメラとコンピュータ搭載。光学式モーションキャプチャ、床反力計、6軸床反力計測下駄、分布圧力計により、人間とロボットの歩行のようすを精細に計測する。

図09（下）——人間の歩き方を計測するための6軸床反力計測下駄

並列球面支持による6軸床反力計は、人間の歩行に合わせて、大きな垂直方向の床反力（Fz）とピッチ方向のモーメント力（My）が計測できるように設計。鼻緒は浅草の職人に特注した。Fz≦1200N、My≦500Nm、下駄の重量は550g。

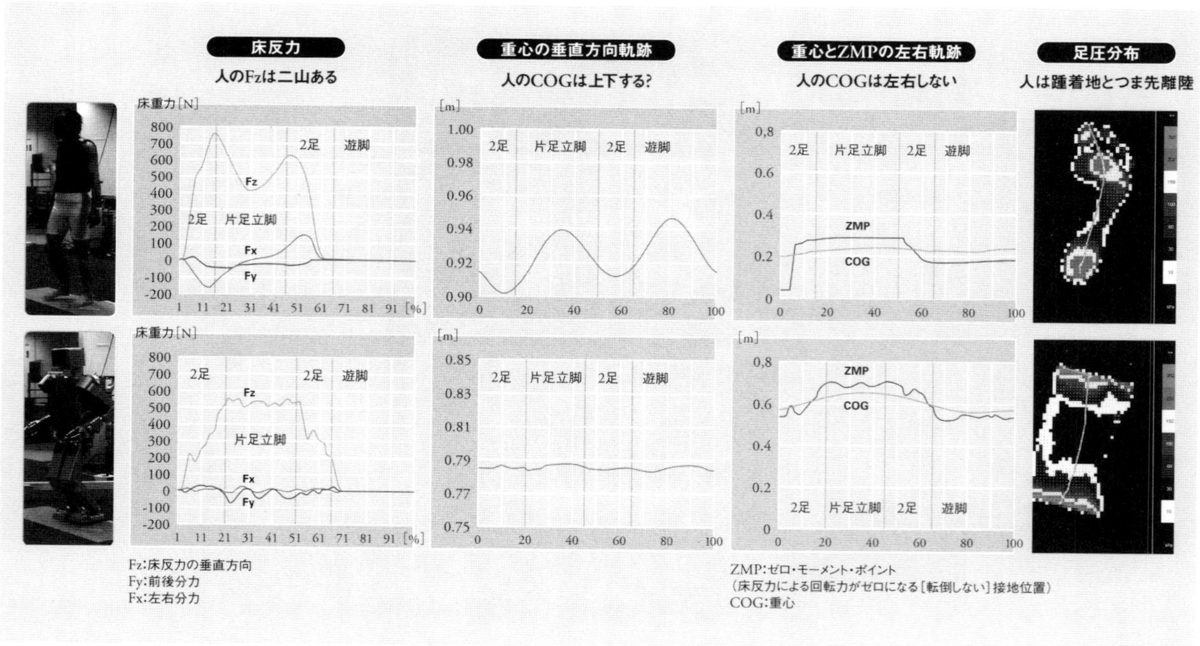

図10——人間とヒューマノイドの歩行比較
上段：人間は床反力にふたつの山、重心の上下動はあるが左右にはあまりふれず、かかと着地でつま先離陸。
下段：ロボットはそっと足を置き、重心の上下動はほとんどないが左右にふれ、べた足着地と離陸。

＊井上博允
H. Inoue 1942-
日本学術振興会「未来開拓学術研究推進事業」でヒューマノイドロボット、Hシリーズを研究開発し、H7を2001年に完成。経済産業省の「人間協調・共存型ロボットシステムの研究開発」(HRP：Humanoid Robotics Project, 1998-2003)でもプロジェクトリーダーとして官産学を統率する。2004年より東京大学名誉教授。

来、たとえ睡眠中であろうと周囲をセンシングしつづけ、低レベル高レベルの差はあれ何らかの活動を持続しつづけている人間の底力には、いまさらながら感じいる。

デジタルヒューマン研究センターでは、人間の動作の計測データをヒューマノイドロボットにフィードバックしながらロボットの動作の改良・研究にも役立てている[▶図08]。

“東京大学の井上博允＊先生が開発したヒューマノイドロボットH7を使って、加賀美聡君がサッカーをさせようと試みています。現状では想定外の邪魔者、といっても動かないモノですが、目の前に出現した障害物をよけて、ボールを見つけて蹴るといったところで精一杯ですが、ゆくゆくは人間とサッカーできるようにしたい。”

人は歩くときに床にどのような力を加えて体のバランスをどうとっているかも、ハイテク下駄をつくって計測した。鼻緒は浅草の下駄職人に特注したところ「東大生にはこういうことはできないだろう」と講釈しながら、立派な鼻緒をつけてくれた[▶図09]。

“人間の歩き方はずいぶん波がある。とくに垂直方向の力は変化が激しい。最初にどーんと力を入れて、すうと軽くなり、最後に後ろ足で蹴って力がかかる。重心もかなり上下する。これに対してロボットはZMP(Zero Moment Point)と呼ばれる力の釣り合い点が足裏にくるようにしていて、そうっと力をかけていって、体重をあずけて、そうっと離す。ずいぶん慎重な歩き方なのです[▶図10]。”

説明しながら歩きだして人間とロボットの違いを示す金出教授のそばで、デジタル研究センターの持丸正明・副センター長が補足する。

“ロボットの歩き方は人間に例えると、雪道を翌朝歩いている感じです。重心の上下は少ない代わりに左右にはゆれる。”

人間は地面に足を着けるとき(立脚期)は、かかとで着地して、片足立ちをして、つま先で蹴りだしている。その間、もう一方の足は空中にあって(遊脚期)、体全体の重心は接地している方の足の裏を後ろから前に抜けていく。一方、ロボットはベタ足で着地して離陸する。重心はほとんど足の裏の真ん中あたりをぐじゅぐじゅしている[▶図10「足圧分布」]。

どうして人間は人間らしく歩いているように見えるのかを追究するために、歩幅・歩く速度を変えながら、さまざまな歩行を計測して、歩幅の大きさと動きの関係などを調べていくと、次のようなことが明らかになった[▶図11]。

人間の歩き方：

胴体の左右のゆれは歩く速さ(周期)に依存し、歩幅には依存しない。

胴体が上下することにより、左右のゆれが減る。

胴体をねじることにより歩幅が増大する。

ZMPが足裏で前に転がり、体幹の前進が一定になる。

遊脚軌道を確保するために、踵が上がり、膝が曲がる。

関節角速度は膝・股関節で最大300［度/秒］。

歩行周期は0.4−0.6［秒/歩］、両脚立脚期は0.1−0.15［秒/歩］。

胴体の前後のゆれが非常に少ない。

足首関節で衝撃吸収をしている。

両足着地時に股関節の出力がバランスする。

“人間はかなりエネルギー効率のよい歩き方をしていると改めて痛感します。ロボットはまだまだ相当電力を使うので、人間の歩き方の特徴をデータから抽出してH7に実装すると、腰をふって、人間らしい歩きになる。”

足の指先が折れるようにして、かかとで着地して指先に重心が

図11——人間の歩行は周期と歩幅によってどのように変化するか

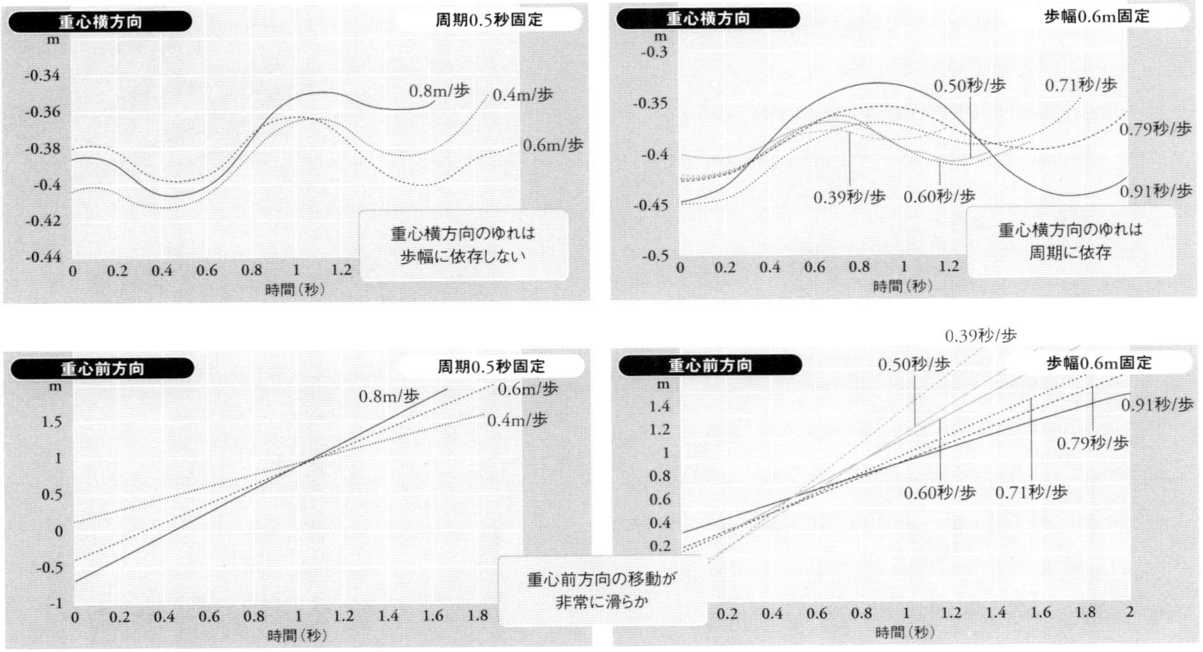

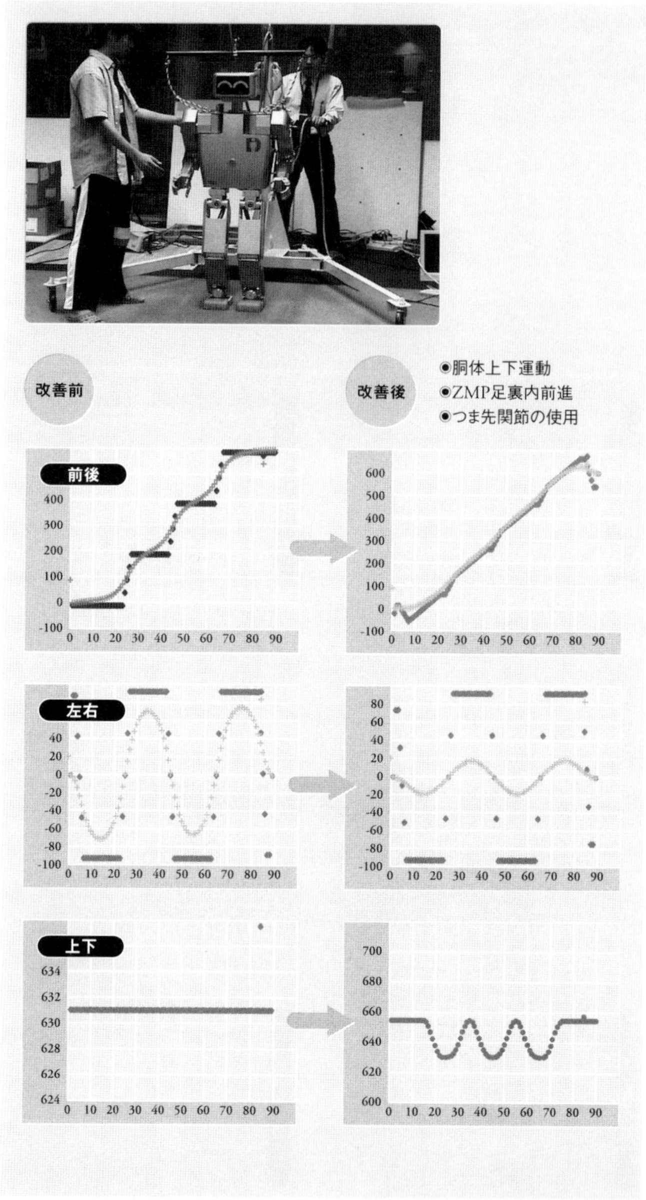

図12――人間の歩き方をH7に実装して人間らしく歩かせる

胴体上下、つま先上げ、ZMPの足裏における前進などを取り入れると、人間らしいウォーキングになった(歩行速度：約1.8km/h、歩幅：37.5cm、周期0.7秒、胴体ねじり20°、つま先上げ20°)。

ぬけるようにしたら、H7の歩き方は上下動をするようになり、左右動がなくなってエネルギー消費が3割ぐらい減り、スピードが5割ぐらいあがったという[▶図12]。歩く速度をあげると足の摩擦がたりなくなるので、腕をスイングさせると、落ち着いて、さらにウォーキングらしくなった[▶図13]。

“QURIOやASIMOの動きは自然に見えますが、あれはもともとは人間の動きをモーションキャプチャでとってコントロールしている。われわれはもう少し原理的に人間の動きを捉えてロボットに実装したいと考えています。現在のロボットの2足歩行はちょうど人間の子どもぐらいの能力です。壊れると高いので、つい設計者は安全を最優先で考えてしまう。でも子どもはもっとリスクの高い歩き方をしているんです。”

確かに親から見ると、ハラハラするほど子どもはリスクの高い走り方、歩き方をする。どこにリスクポイントをもってくるか、

図13——速度もあがり、歩き方も人間らしくなる

腕をスイングさせて胴体ねじりを加えると、速度をさらにあげても落ち着いたウォーキング姿となる(歩行速度：約2.1km/h、歩幅：75cm、周期0.65秒、胴体ねじり20°、つま先上げ25°)。

エネルギー効率がよくなる方法を子どもに学ぼうと、子どもの歩行や走りが成長とともにどう変化するのかについても計測しはじめた。足の形や体の成長にともなって力のかけ方がどのように変わるのか、誕生日からプラスマイナス3か月の範囲の3歳、5歳、7歳、9歳の男子女子に集まってもらい、精緻なデータを年1回取り、3年間追跡調査する[▶図14・15]。
ロボットについてはカーネギーメロン大学のメンバーとも共同研究している。モノがたくさん置かれた倉庫のような空間で、どういう軌道を歩いて、右足、左足をどうだせばいいかを判断しながら、ロボットがモノを片づける。
“CGでシミュレーションするのは簡単なのですが、ロボットに実装するとなかなかそうはいかない。モーターが焼き切れない範囲という制限があるので、スピードも3分の1に落ちる。”
床にどんなに凹凸があってもクリアできるようにしたり、どん

図14——人の運動はどう成長変化するか

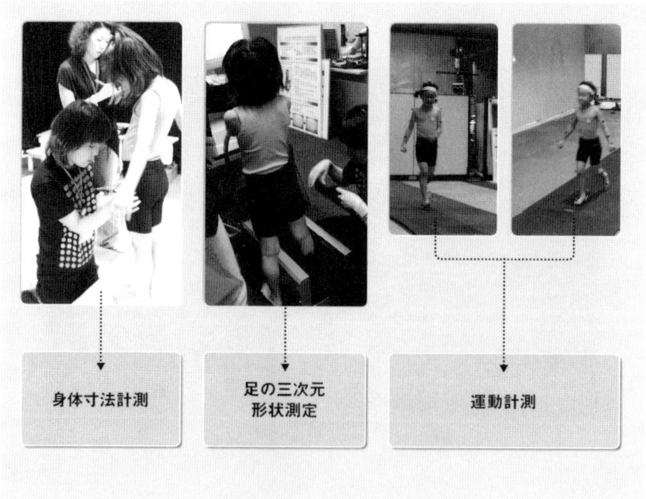

図15——人の歩き方は成長とともにどう変化するか

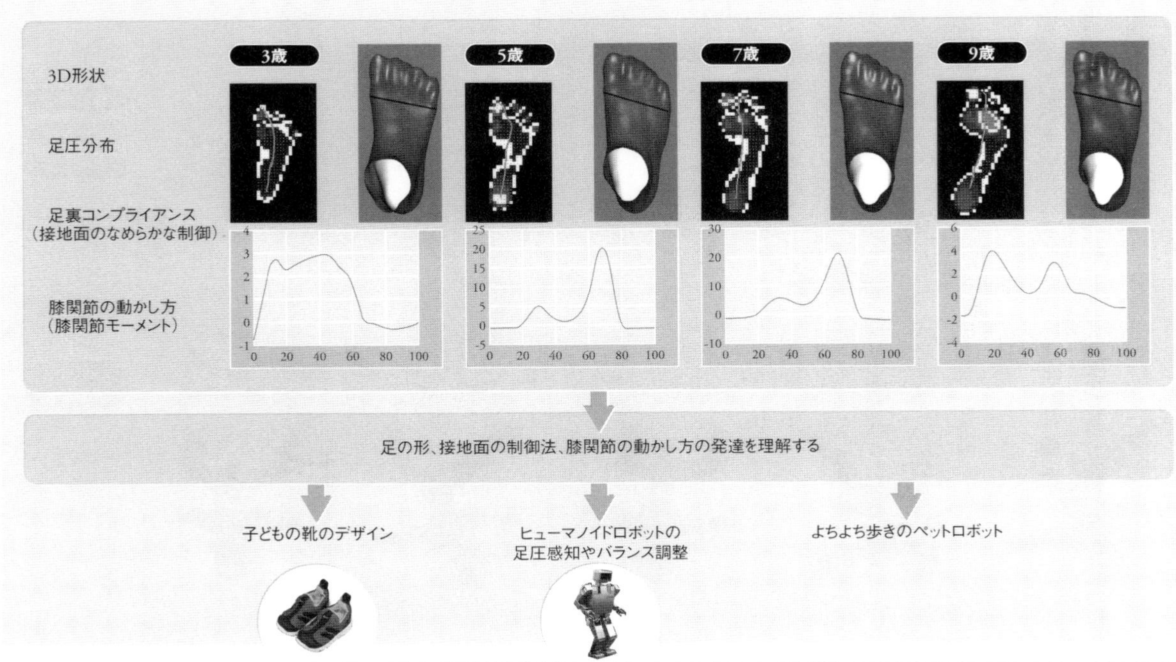

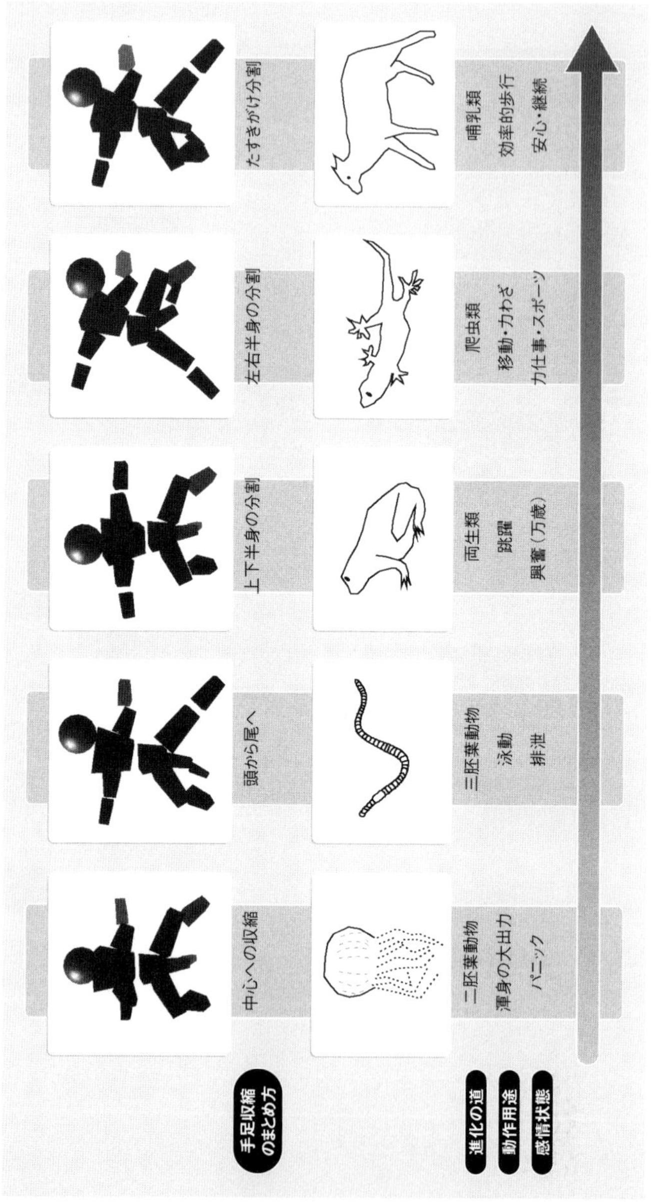

図16——身体動作と心理の関係

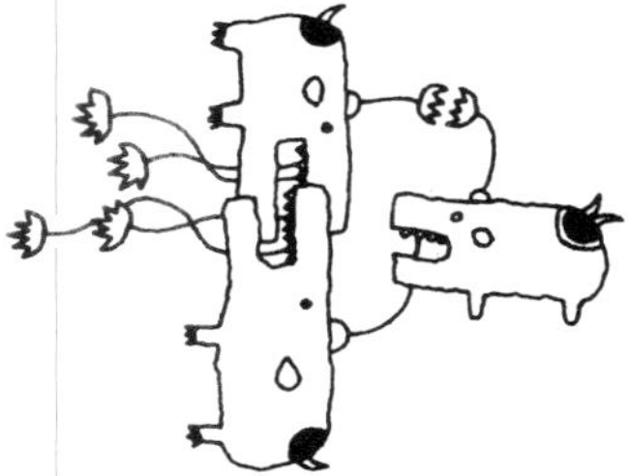

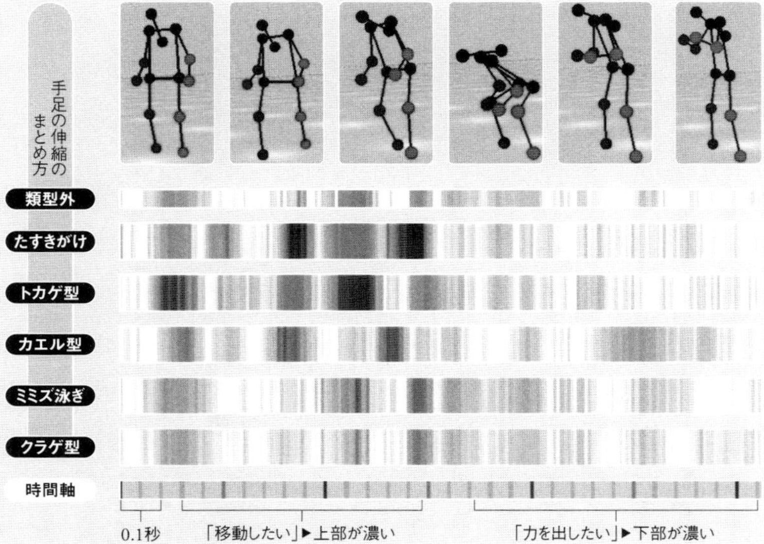

図17——人の動作にひそむ心理：舞紋
何をしたいかによって、手足の動きのまとめ方が変わる。この例では、移動したい状況から、重いものを持ち上げたい状況に推移している。手足のまとめ方は、それに応じて変化している。

なに滑りやすいモノや壊れやすいモノもつかめるようにしたりと課題はまだまだあるが、前進あるのみ。
“欧米人はヒューマノイドに抵抗があるというのは、日本のジャーナリズムが創りだしたもの。皆面白がって研究してますよ。私自身はもちろん自分よりかしこいロボットがいても何ともない。議論すれば刺激を受けるだろうし、私だって何かを発想してみせます。”
人の動作の心理的な意味も追究して、動きの「舞紋」データという表現方法も考えている。
生物の動きの系統発生をざっと省みると、
アメーバ(中心収縮型)→カエル(前後一緒)→ヤモリ(非対称)→人間
といったように、だんだんシンメトリーが崩れてきている。人間も原始的な感情につき動かされたり余裕がなくなったりすると、その度合いに応じてプリミティブな動きになるというボニー・コーエン*の単純かつ大胆な仮説のもと、データ収集を進めている[▶図16・17]。

＊ボニー・コーエン
B. B. Cohen
1968年、ヨガの実践から心身研究をはじめ、73年にボディマインドセンタリング・スクールを創設。ダンサー、セラピストにして、身体システムと運動の進化を一貫して追究する研究者でもある。著書に*Sensing, Feeling, and Action*(1993)がある。

間違えるデジタルヒューマンも視野にいれて

●
手先、指先の器用さに迫るデジタルハンドからケアシステムまで、人間にとっての心地よさや使い勝手を追究する。

人間が外界に働きかけるにさいして、手は最も使い慣れたインタフェースだ。道具の使い勝手は、手ざわり、手ごたえ、触感、握り心地などに大きく左右される。
“手は体全体から比べれば小さな部分ですが、こんな狭いところ

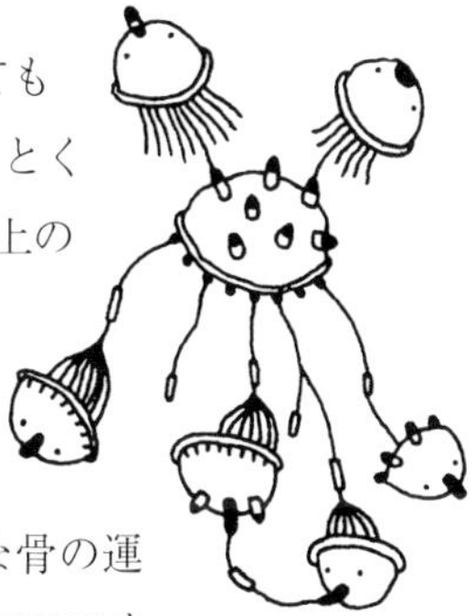

に30近い骨がある。ちょっと怪我しても全体のバランスが狂ってしまいます。とくに指先は敏感で、言語で表現できる以上の微妙さを感じているはずですが、直接感想を言うことができません。”

手の機能の総合的モデル、デジタルハンドを創出するために、解剖学的な骨の運動をMRI画像としてデータ化し、それにLEDをつけた手の表面の形の変化を重ね合わせた[▶図18・19]。

さらに指先の触感を詳しく調べるために、MRIで働く力センサをデルリン(金属に似た特性をもつプラスティック)でこしらえて、鏡に指を押しつけてずらすときの「滑り感」がどのくらいで感知されるのかを測定した。指先の精妙さを調べるのに、MRIの登場はいささか大げさの感がしないでもないが、あくまでも「全人間」をゴールに置いている金出教授にとって、指先は例題にすぎない。電子回路も使えないので、ファイバ光のずれをMRIの外で計測して電気的信号に変換するようにした。

“基礎研究だからこそ、研究の先も見据えるべきなのです。力をかけると指の形がどう変わるか。MRIで肉と骨との関係を徹底的に調べました。鏡に指を押しつけてずらそうとすると、指紋の模様が変化します。全体がいっきにずれるのではなく、周辺部からずれが始まって最後に中心がずれる。真ん中はしぶとく貼りついているんです[▶図20・21]。”

周りのずれが始まるときを指先は感じているはずだが、指は直接表現できないので、脳の言語処理を通して感想を伝えざるをえない。しかも言葉による「滑った」という表現が、実際におきている現象の適切なボキャブラリーかどうかはおおいに疑問だという。実際はもっと早く周辺部から滑りはじめていることが

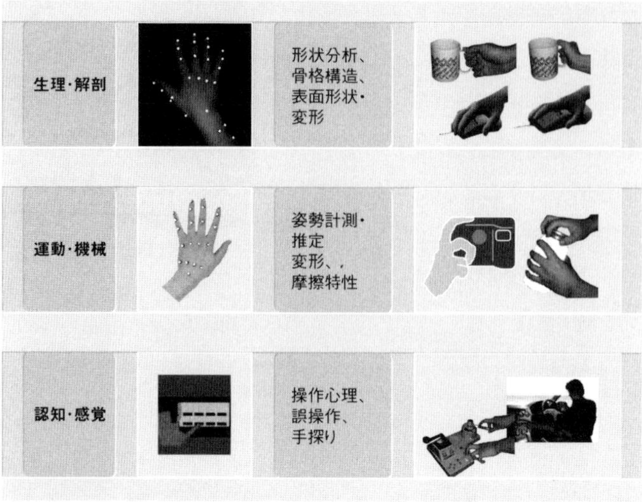

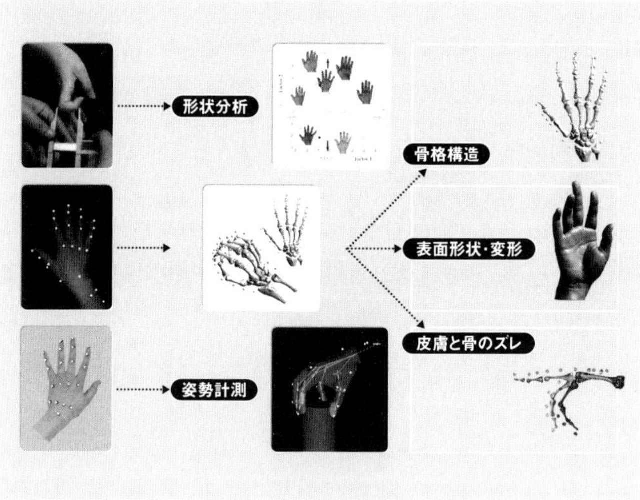

図18(上)——手の機能の総合的モデル、デジタルハンド
図19(下)——手の精妙さに迫る

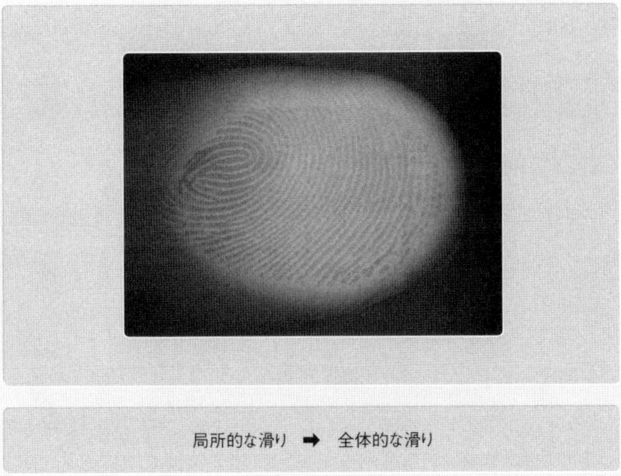

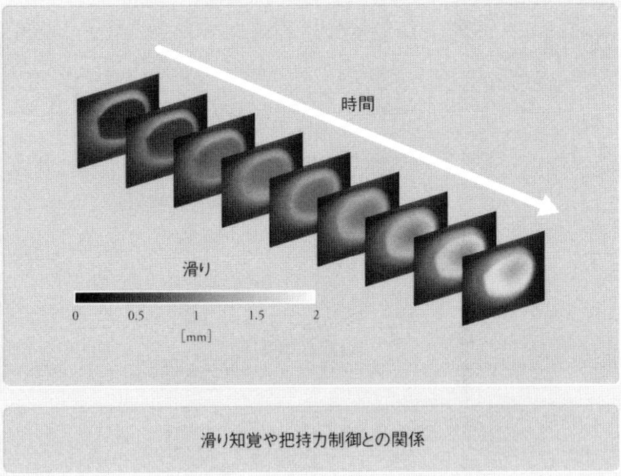

図20（上）——平面に接触した指先はどのように滑りはじめるか
図21（下）——平面に接触した指先は周辺部から滑りはじまる

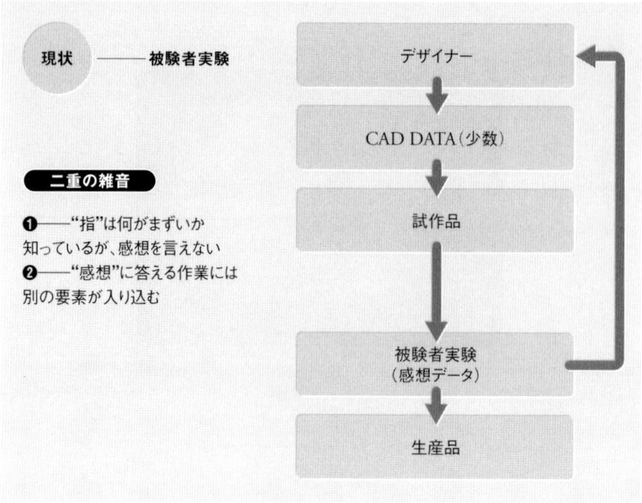

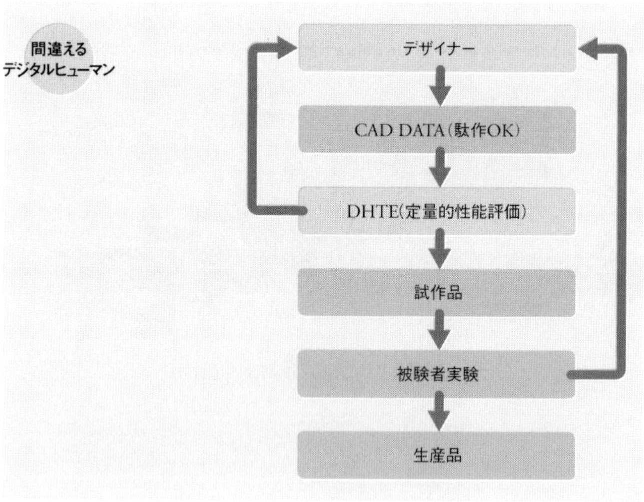

図22(上)——何がまずいか知っている指に直接尋ねることはできないか
図23(下)——間違えるデジタルヒューマンによるユーザー・インタフェース機器の評価

明らかになった。脳で処理する限り、現象を認知するにはタイムラグがあるし、さらにそれを言語で表現するので、2重の雑音が入ることになる[▶図22]。
デジタルハンドのデータを蓄積してゆけば、被験者の言語中枢を介さずに、指先の見当、行動モデルを評価するシステムを作ることができる。
“リモコンのデザインやボタンの配置でも、どういうものを使いやすく感じるかは実際作って人に聞いて、作り直すことしかできなかった。同じ人に異なるバージョンの試作品の使い勝手を何度も聞くのはお金と時間がかかって難しい。コンピュータでいろいろな気質のユーザーモデルで試せるようになれば、楽でしょう。あらゆるタイプの間違えるデジタルヒューマンに登場してもらえばいい[▶図23]。”
マニュアルを読まなくても手で覚えられる装置はどのようなデ

図24——ボタンや突起は指を誘導している
手探りでボタンAからボタンDに移るさい、いきなりDをめざす直行ルートは間違えやすい。ボタンB、突起Cなど飛び石ルートでDをめざせば、手がかりがあるので間違えにくい。

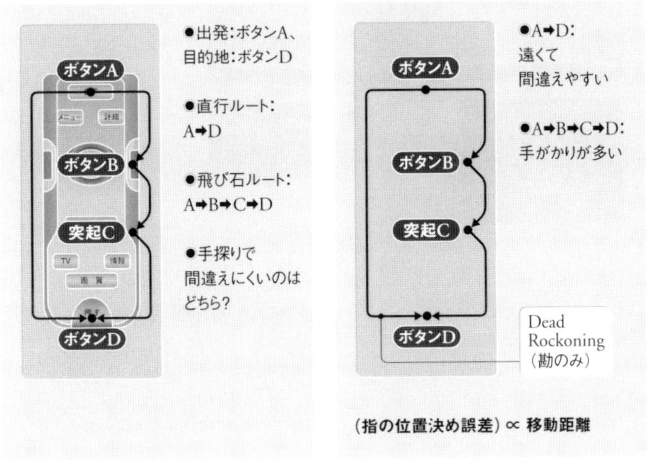

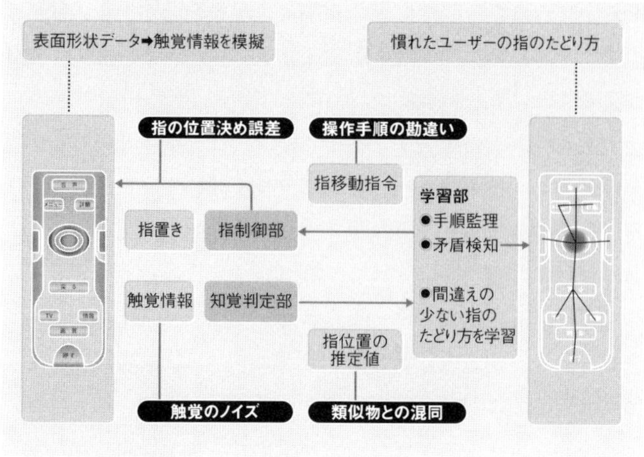

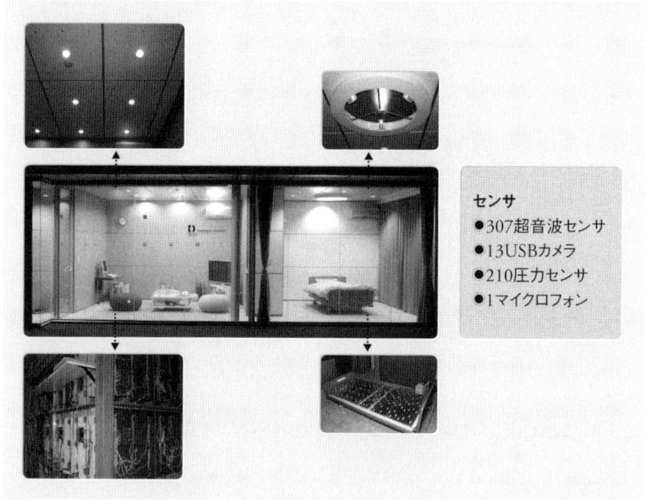

図25（上）——間違えるデジタルヒューマンによる指のたどり方学習シミュレーション
図26（下）——日常空間の計測をするセンサルーム
4×4 m、天井高2.7mの部屋の天井と壁に307個の超音波センサを333mmおきに設置。コップや椅子など室内のあらゆるモノにはウルトラバッジ（超音波3次元タグ）が取りつけられている。210の圧力センサを取りつけたベッドで、睡眠中の呼吸のようすや体位の変化も見守ることができる[▶column 01]。

ザインにすべきか。おのずと指先が目的にそって誘導されるような使いやすいインタフェースはどうしたら作れるか[▶図24・25]。デジタルハンドのデータが完備した暁には、工業デザインへの応用は多様にひらけるだろう。

“自動車メーカーなども関心を寄せて研究を支援してくれています。自動車のパネルデザインなども、煮詰まりすぎて設計のしようがなくなり、ユーザー評価もできなくなりつつある。あらゆる人間の行動モデルを再現できるデジタルヒューマンができれば、いろいろシミュレーションができる。もちろん最後はやっぱり生身の人間に聞くのでしょうが。”

日常生活の中で人間はどのように行動するかも徹底的に計測する。デジタル研究センターの広い実験室の一角に日常空間をこしらえて、赤ちゃん、子どもの行動形態をカメラ、音波センサ、圧力センサをいたるところにつけて、あらゆるもの、ティッシ

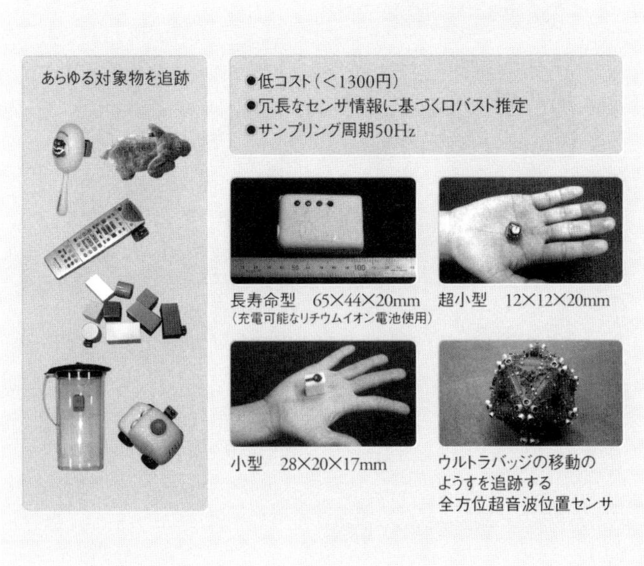

図27——人間活動の観察をするウルトラバッジ
日用品やおもちゃなどにウルトラバッジ(超音波3次元タグ)を取りつけて、あらゆるモノの移動のようすを追跡する。

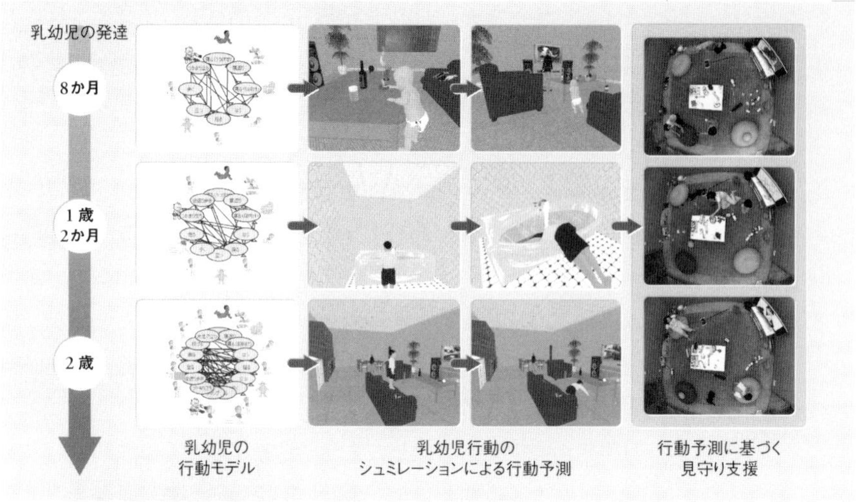

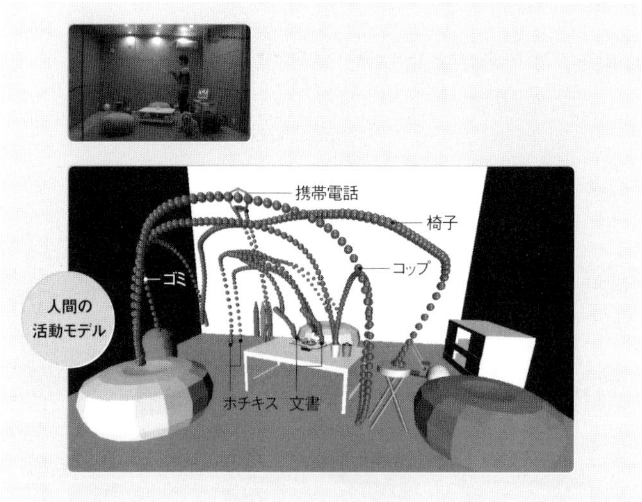

図28（上）——赤ちゃんを見守るデジタルファミリー
図29（下）——モノと人の位置と動きの計測
ウルトラバッチをつけたモノの移動のようすのセンシングにより、人間の活動モデルをつくる。

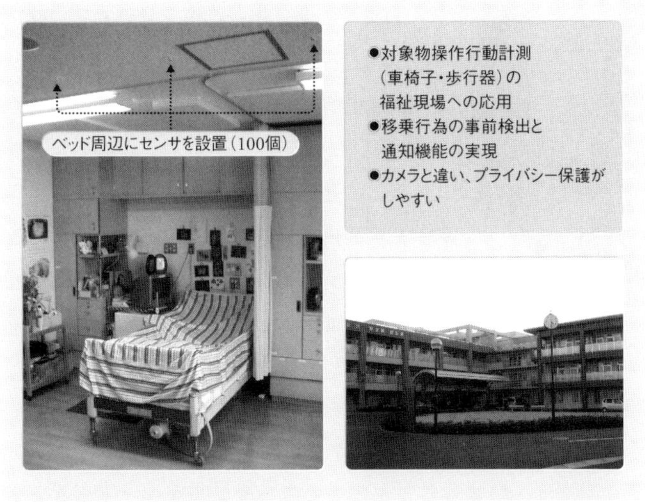

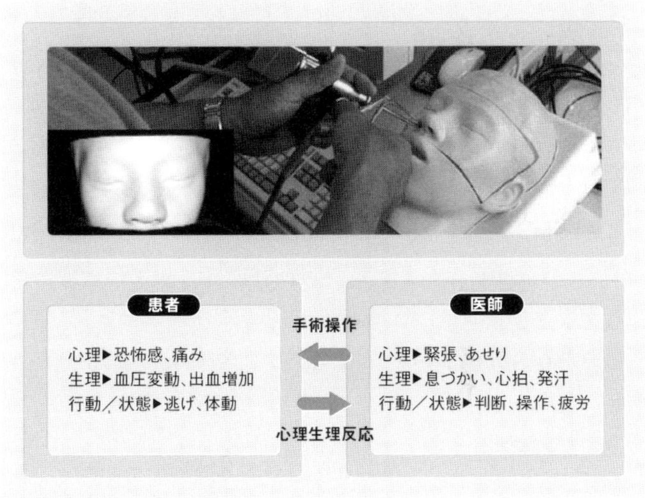

図30（上）――老人ホームで高齢者を見守る
図31（下）――モデル患者による手術シミュレーション

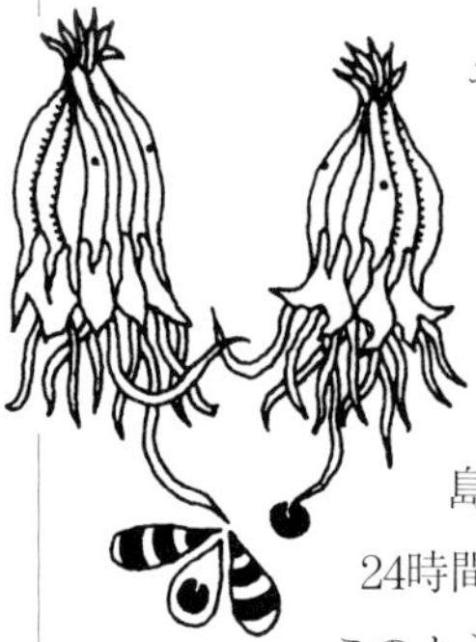

ュ一枚まで、どう使ったかを記録する[▶図26・27・28]。

“赤ちゃんの行動形態がモデル化できれば、危険な行動などを察知することもできますし、介護の現場でも応用できます。昭島の特別養護老人ホーム愛全園の協力をえて24時間動くシステムをつくりあげました[▶図30]。”

このような日常生活のモニタリングにさいしてはプライバシーに配慮して、デジタルヒューマン研究センターでは、超音波センサを用いた位置計測や活動計測技術に力を入れている。例えば、ベッド周辺ではカメラを使用することはできない。愛全園では、踏まれると感知する圧力センサをベッドの昇降側に配置した。ところが「痴呆」老人と呼ばれてきた認知障害の顕著な人も、センサにかからずに行動することを覚えてしまい、ふだんの反対側からベッドを降りようとして、怪我をしてしまうこともあったという。そこで愛全園では、超音波センサで老人の位置を検出するシステムを導入した。超音波信号なら画像としての情報をふくまず、しかも離れたところから位置検出をするので、プライバシーを尊重し心理的負担をかけずに「見守る」ことができる。こうしたセンシング手法の工夫とセンシングされる側の心の状態については、まだまだ今後の課題のようだ。

医療の現場でも、デジタルヒューマンの活躍の場はおおいにありそうだ[▶図31]。

“手術の技量を向上させるシミュレータも役立ちますが、さらに進んで、医者としてどういうことをすべきか、人間を扱う技術のシミュレータを作りたいのです。手術を成功させるのに医者の技量は大前提ですが、患者の心理状態も重要な鍵になる。医者の話し方や働きかけが、患者にどのような心理的影響を及ぼすのか、デジタルヒューマンでいろいろ試してコミュニケーション能力をあげてもらいたい。”

自動運転は金出教授の十八番《おはこ》とあって、車そのものと化した究極のドライバーアシスタントも構想している[▶図32]。ドライブの楽しみは人間から奪わずに、必要最小限のアドバイスや支援をしてくれる。ドライバーの精神的・生理的条件や運転の技量を理解していて、危険なものが前方にあっても十分回避できると判断すればそのまま走るし、パニックを起こしたら自動的に止まる。

“デジタルヒューマンができれば、その場で経験をつんだ人間のように考えその道で熟達した人間のように行動することができる。もちろん私が常日ごろいっているように「素人のように考え玄人として実行する」こともできる。人と同じようなことができる機械、人以上のことができる機械は絶対できると私は思って

図32――究極のドライバーアシスタント

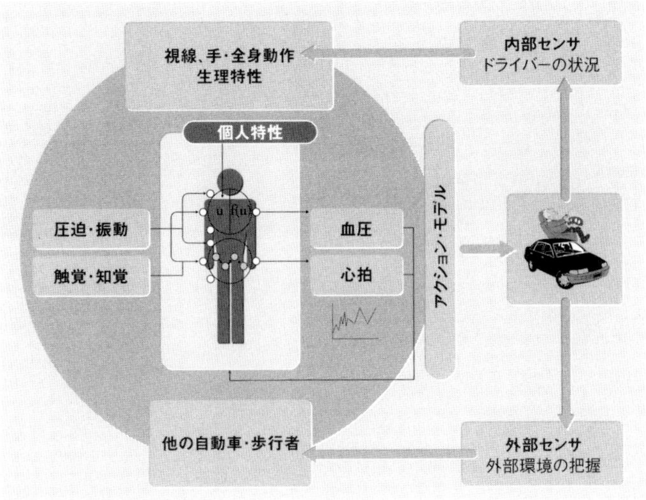

います。「できない」と言う人のほうが今は多いのですが、そういう人たちは「今できない」ということと「やって欲しくない」という願望がごっちゃになっている。私はできるできないという論議では、「できる」と断言します。”

アメリカのカーネギーメロン大学では人間にとって快適な環境とはどのようなものか、生活の質とは何かを究めるために、クオリティ・オブ・ライフ工学研究所も立ちあげるという。

大事なのは、人を安全に、安定的に、快適かつ優雅に助けるシステムを開発すること。やりすぎもしないし、助けてもらってよかったなという範囲を見きわめたいと、金出教授の立場はあくまでも明快だ。

参考文献

★01—— 金出武雄『素人のように考え、玄人として実行する』PHP研究所, 2003.

★02—— 産業技術総合研究所デジタルヒューマン研究センター編『デジタル・サイバー・リアル：人間中心の情報技術』丸善, 2002.

★03—— 井上博允＋金出武雄＋安西祐一郎＋瀬名秀明『ロボット学創成』[岩波講座ロボット学1], 岩波書店, 2004.

★04—— 稲葉雅幸＋加賀美聡＋西脇光一『ロボットアナトミー』[岩波講座ロボット学7], 岩波書店, 2005.

★05—— 産業技術総合研究所人間福祉医工学研究部門編『人間計測ハンドブック』(河内まき子＋持丸正明分担執筆), 朝倉書店, 2003.

★06—— 金出武雄＋持丸正明「デジタルヒューマン」『システム/制御/情報』Vol.46, No.8, pp.453-458, 2002.

★07—— 持丸正明「デジタルヒューマンとVR」『日本バーチャルリアリティ学会誌』Vol.9, No.2, pp.6-7, 2004.

★08—— 持丸正明「ディジタルマネキン」『日本機械学会誌』Vol.107, No.1033, pp.917-919, 2004.

column—01

睡眠時無呼吸症候群の診断

西田 佳史

2003年2月26日、最高時速約270キロメートルで疾走する山陽新幹線が岡山駅をオーバーランしてATC（列車自動制御装置）により緊急停止した。運転士が居眠り運転をしていたというので、「大惨事になったらどうする」などの非難があいついだが、その後、この運転士は睡眠時無呼吸症候群だったことが明らかになった。

睡眠時無呼吸症候群とは、10秒以上の呼吸停止（無呼吸）が1時間に5回以上、または1晩7時間の睡眠中に30回以上あるもので、睡眠不足になり、仕事中であろうと余暇のドライブ中であろうと所かまわず急に居眠りするようなリスクをかかえこむやっかいな病気である。日本では200万人の患者がいると推定されているが、朝の爽快感がないとか、なんとなく疲労感がつづくという程度の自覚症状しかないので、検査を受けるケースも稀だった。無呼吸症状に気づいた家人のすすめで病院に足を運んでも、手や胸、鼻の下などにセンサをつけて泊まらねばならず、違和感で眠れない人も多かった。

産業技術総合研究所デジタルヒューマン研究センターでは、被験者に日常生活と同じ状態で眠ってもらえるように、'体にいっさいセンサを装着しなくても睡眠時の呼吸状態を計測できるシステムを、東京女子医科大学と共同で開発した[▶図01]。

呼吸は身体にエネルギーを供給する酸素をとりこみ、二酸化炭素を排出する、生命にとって基本的な活動である。激しい運動をすれば自然に呼吸がひんぱんになり、安静にしていれば呼吸も穏やかになるのでふだんは意識もしないが、改めて見直すと、脳、循環器、呼吸器、呼吸筋、体内センサなどを総動員したきわめて複雑なシステムであることがわかる[▶図02]。総頸動脈にある末梢性化学受容体や、延髄にある中枢性化学受容体などの体内センサにより血液中の酸素や二酸化炭素の量をモニタして脳に送り、横隔膜や肋間筋などの呼吸筋を制御して呼吸量の調節をしている。

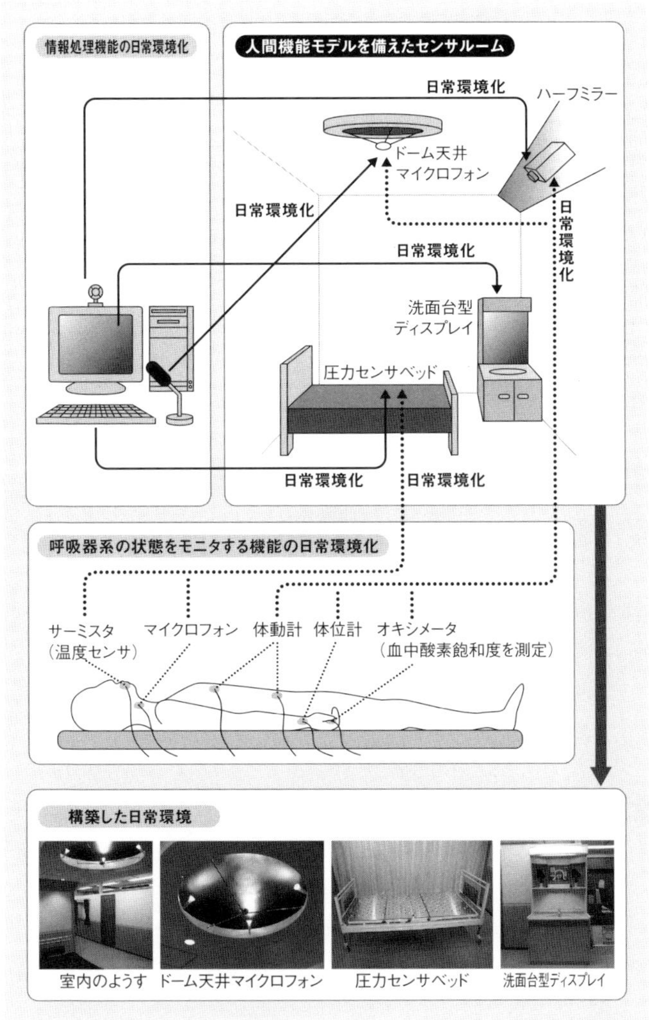

図01——日常生活空間さながらの計測ルーム

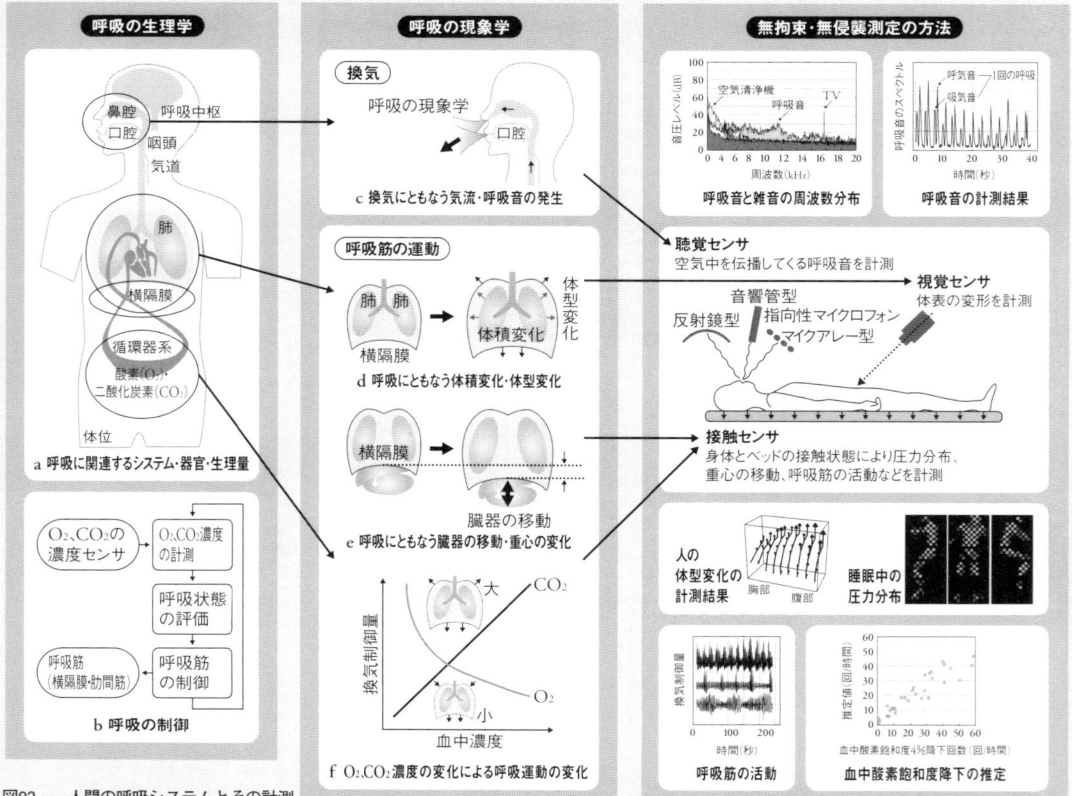

図02——人間の呼吸システムとその計測

睡眠時無呼吸症候群では、横隔膜などの呼吸筋の運動は生じているにもかかわらず、上気道がふさがって呼吸できない状況になる。この症状を正確に診断するために、以下の計測装置をそなえた日常生活空間さながらの部屋を開発した。

❶——圧力センサベッド：ふつうのベッドに210個の圧力センサを取りつけたシートを敷いて就寝中の体動を計測。圧力分布の変動により、呼吸曲線、血中酸素濃度の降下、体位の変化なども計測できる。
❷——ドーム天井マイクロフォン：間接照明としての機能と、集音装置としての機能をかねそなえた天井。マイクロフォンを天井曲面の音響学的焦点の位置に取りつけて、気道が閉塞しているときのいびきはもちろん、正常な呼吸音も計測できる。
❸——ハーフミラー(視覚センサ)：どういうときに無呼吸が生じるのか、体表の変化や体動、体位を計測して圧力センサベッドのデータを補足。
❹——洗面台型ディスプレイ：鏡としての機能と、呼吸状態の解析結果を表示する機能を兼ね備えた洗面台。鏡はバーチャル三面鏡、拡大鏡としても使えるし、コンピュータのモニタとして健康情報を表示することもできる。

私自身も試してみたが、熟睡できたし、被験者になってもらった学生に睡眠時無呼吸症候群が見つかるなど、この診断ルームの精度と環境は上々だった。

参考文献

★01——Y. Nishida, T. Hori, "Non-invasive and Unrestrained Monitoring of Human Respiratory System by Sensorized Environment." *Proc. of the First IEEE International Conference on Sensors (Sensor 2002)*, Vol. 1, pp. 705-710, 2002.

★02——牛久保朱美子＋高山幹子＋石井哲夫＋西田佳史「睡眠時無呼吸における呼吸パターンの解析」『耳鼻咽喉科臨床』Vol. 94, No. 2, pp.191-198, 2001.

★03——T. Kuga, M. Takayama, T. Ishii, Y. Nishida, "Respiration monitoring of sleep apnea syndrome using a pressure sensor bed."『口咽科』Vol. 13, No. 2, pp.1-11, 2001.

★04——Y. Nishida, T. Hori, T. Suehiro, S. Hirai, "Monitoring of Breath Sound under Daily Environment by Ceiling Dome Microphone." *Proc. of 2000 IEEE International Conference on Systems, Man, and Cybernetics (SMC2000)*, pp.1822-1829, 2000.

★05——Y. Nishida, T. Suehiro, S. Hirai, "Estimation of Oxygen Desaturation by Analyzing Breath Curve." *Journal of Robotics and Mechatronics*, Vol. 11, No. 6, pp.483-489, 1999.

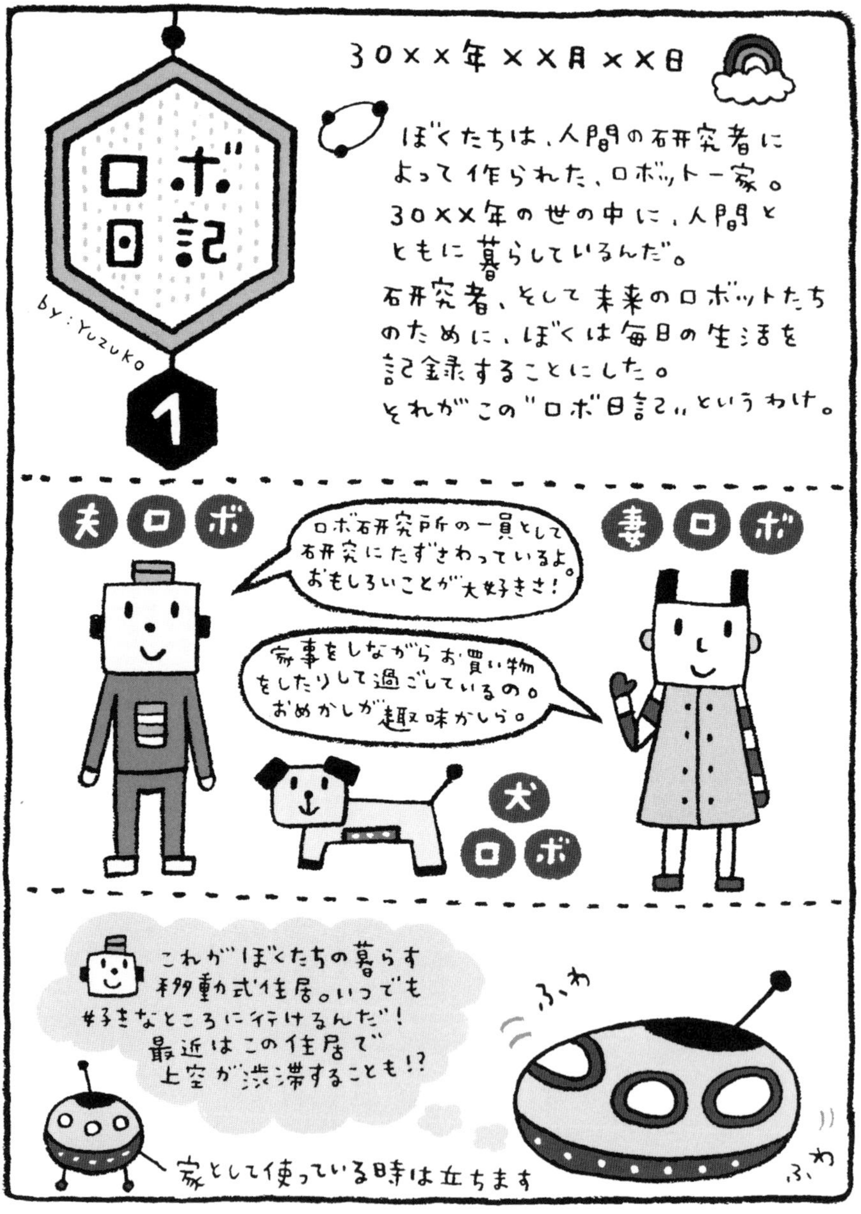
ロボ日記
by: Yuzuko
1
30××年××月××日
ぼくたちは、人間の研究者によって作られた、ロボット一家。30××年の世の中に、人間とともに暮らしているんだ。
研究者、そして未来のロボットたちのために、ぼくは毎日の生活を記録することにした。
それがこの"ロボ日記"というわけ。
夫ロボ
ロボ研究所の一員として研究にたずさわっているよ。おもしろいことが大好きさ!
妻ロボ
家事をしながらお買い物をしたりして過ごしているの。おめかしが趣味かしら。
犬ロボ
これがぼくたちの暮らす移動式住居。いつでも好きなところに行けるんだ! 最近はこの住居で上空が渋滞することも!?
ふわ
ふわ
家として使っている時は立ちます

ごはんを食べたり、何かを飲んだり…このあたりは人間とほぼ同じ。
特に違うのはお風呂。
湯船につかったりということはしないのよ。
左のような洗濯室に入って洗浄・乾燥をする、というしくみ。さっぱりして、とても気持ちがいいの！

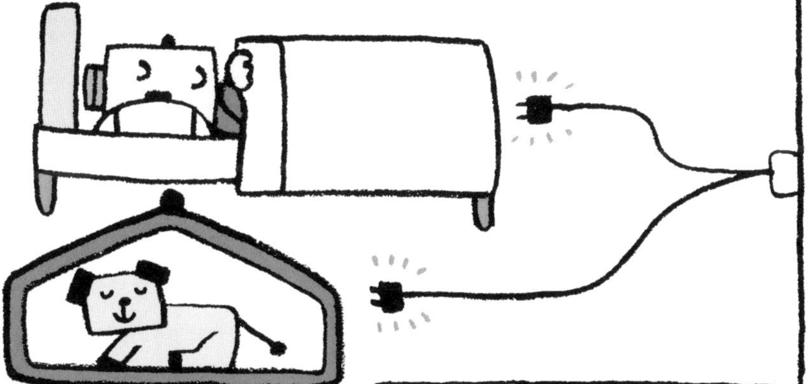

それから、ベッド。
見た目は人間用と一緒だけど、ロボット用ベッドは充電器が付いている！
足の裏にコンセントをさして眠るんだ。ロボットはエネルギーが命だからね。

ぼくの小屋にも、コンセントがついてるよ。

はじめまして、Dr.ホスピです。
ロボー家の主治医のような役割をしています。
ロボットは毎日のメンテナンスが必要。そこで、ここにその記録を記していくわね。

ロボ日記
2
30××年××月××日
天気がいいので、海岸まで家を
走らせた。これが、移動式住居の
いいところだ！
友人ロボにすすめられて買った
UVコートシャワーを浴びて
いざ、海へ!!
UVシャワー
UV
炎天下の散歩でも
体がヒリヒリしないので
これは快適！今度、
まとめ買いしておこう。
それにこのシャワーは
防水加工がしてあるので
水遊びだって平気！
人間に混ざって
泳いでみたけれど・・・。
体が重すぎて溺れそうに
なってしまった。大失敗・・・。
レモンの香りとソーダの香りの
2種類あり。さわやか!!
ワーッ!!
あなた！

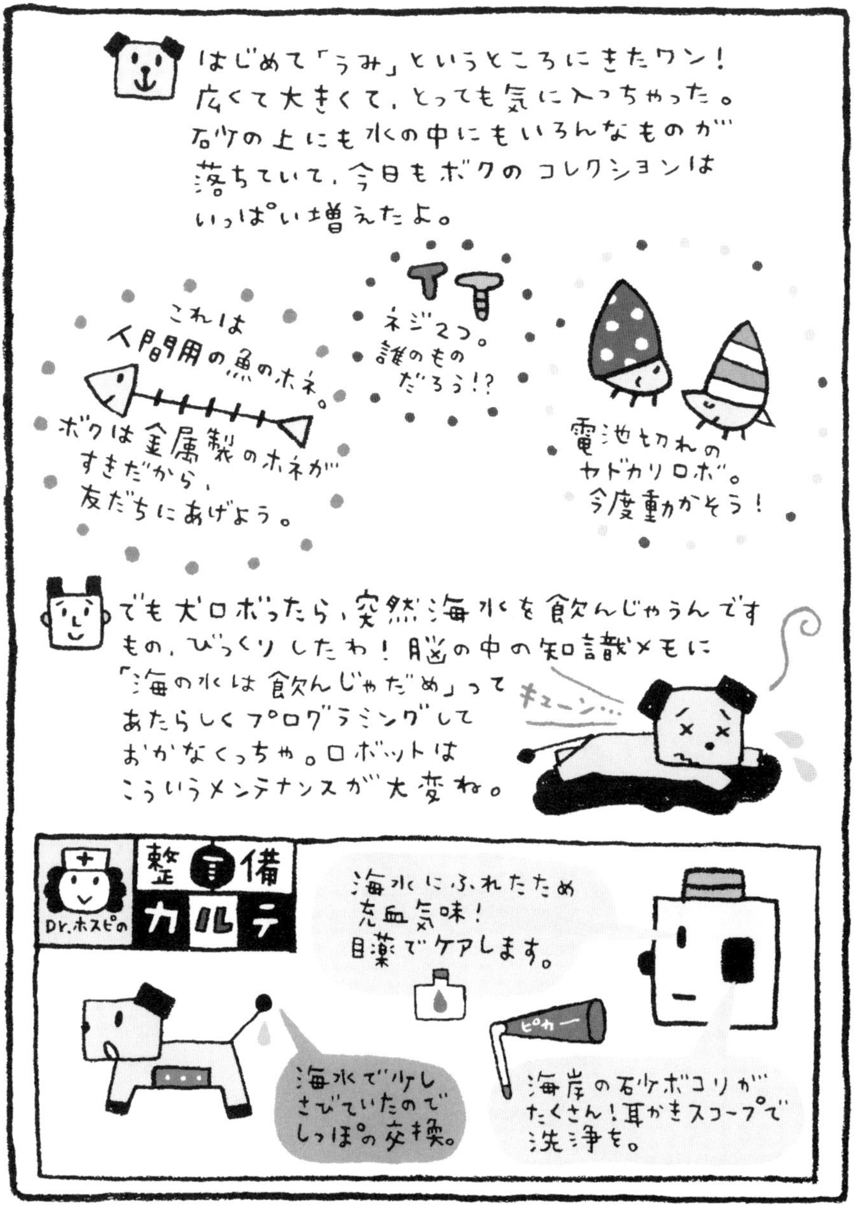
はじめて「うみ」というところにきたワン！
広くて大きくて、とっても気に入っちゃった。
砂の上にも水の中にもいろんなものが
落ちていて、今日もボクのコレクションは
いっぱい増えたよ。
これは人間用の魚のホネ。
ボクは金属製のホネがすきだから、友だちにあげよう。
ネジ2つ。誰のものだろう!?
電池切れのヤドカリロボ。今度動かそう！
でも犬ロボったら、突然海水を飲んじゃうんですもの、びっくりしたわ！脳の中の知識メモに「海の水は飲んじゃだめ」ってあたらしくプログラミングしておかなくっちゃ。ロボットはこういうメンテナンスが大変ね。
キューン…
Dr.ホスピの
整備カルテ
海水にふれたため充血気味！目薬でケアします。
海水で少しさびていたのでしっぽの交換。
ピカー
海岸の砂ボコリがたくさん！耳かきスコープで洗浄を。

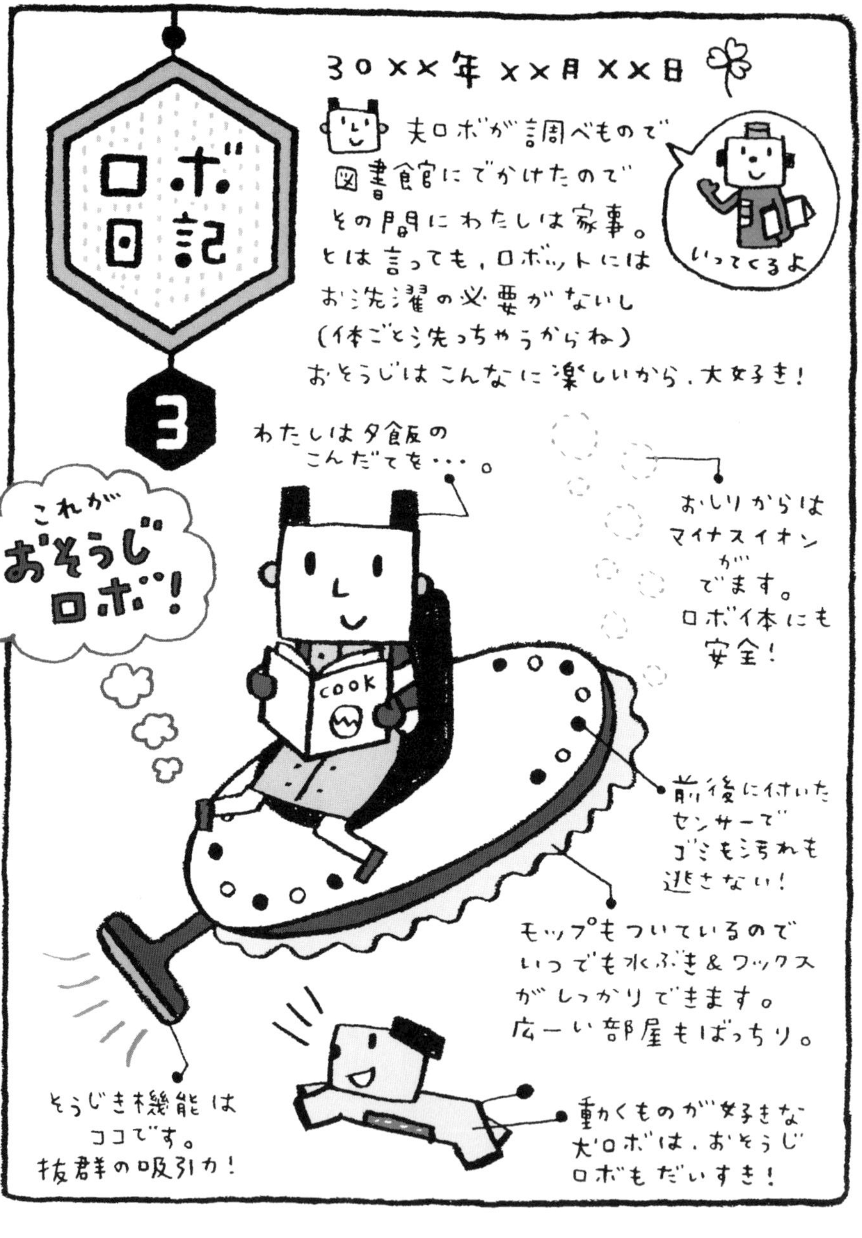
ロボ日記
3
30XX年XX月XX日
夫ロボが調べもので
図書館にでかけたので
その間にわたしは家事。
とは言っても、ロボットには
お洗濯の必要がないし
（体ごと洗っちゃうからね）
おそうじはこんなに楽しいから、大好き！
いってくるよ
わたしは夕飯の
こんだてを・・・。
これが
おそうじ
ロボ！
おしりからは
マイナスイオン
が
でます。
ロボ体にも
安全！
COOK
前後に付いた
センサーで
ゴミも汚れも
逃さない！
モップもついているので
いつでも水ぶき＆ワックス
がしっかりできます。
広ーい部屋もばっちり。
そうじき機能は
ココです。
抜群の吸引力！
動くものが好きな
犬ロボは、おそうじ
ロボもだいすき！

SUPER MARKET
人間と同じように、お買い物もするわ。30××年のスーパーマーケットは、人間もロボットも一緒に利用できるようになっているの。今日は近所に住む人間の奥様とバッタリ！たくさん立ち話しちゃった。
こんにちは！
Dr.ホスピの整備カルテ
少々暑いようなので妻ロボの服を通気性良くします
こまかいメッシュ素材！
研究用のメガネを新調して、視力低下防止を！
今日も掘り出し物がたくさんあったから、つい買いすぎちゃった！
飲むマニキュア。飲むと手足がばら色になるの！
ロボ妻は本当に買い物が好きだな。たまにはぼくにもおみやげがあってもいいのだけど….？！

ロボ日記
4
30XX年XX月XX日
XX
徹夜で研究をしすぎたせいで
夫ロボが風邪をひいて寝込んで
しまったの。顔色は白くなって
げっそりしてしまったわ…。
Dr.ホスピの指示のもと、
夫ロボのメンテナンス開始。
風邪の治療は、けっこう人間に
近いかしら…?
体力グラフ
栄養エキスは
ドクター特製の
唐辛子入り!
胃の中に直接
入れます
体力数値に
あわせて治療。
元気がないので
好物のダンゴ味の
点滴を。
犬ロボは心配して
お気に入りの本を
持ってきてくれたわ

ウーンウーン
汗をかいてます。人間と同じ。
スヤスヤ……
顔色がしましまになると回復の兆し！
ぱちっ
ああ、辛かった…。いろんな部分のネジがギシギシしたよ。看病してくれた妻ロボと犬ロボに感謝しなきゃ。そしてDr.ホスピ、ありがとうございます。ロボットでもこんなにひどい風邪を引くんだなあ。人間の気持ちがすこし、分かる気がしたよ。
目覚めた時に飲んだラムネのおいしかったこと！やっぱりロボットも健康第一だなあ。気をつけよう。
Dr.ホスピの整備カルテ
なんとか回復してくれてよかったわ。犬ロボったら、さっそく甘えちゃってうれしそう！しばらくはのんびりさせてあげようかしら。
キャンキャン！
あーん
伝染らないように風邪予防をしっかりと！
HIGH POWER
病み上がりの夫ロボにはハイパワーのバッテリー！

ロボ日記
5
30××年××月××日
久しぶりに、あたたかい地に
住む友人ロボがやってきた。
友人ロボとぼくは、
同じ研究所で作られた
いわば"幼なじみ"。
やあ!
いらっしゃい!
友人ロボは、お菓子工場の
経営をしている。中でも1番人気の
「おやつカプセル」は妻のリクエストしたおみやげ。
南国フルーツの味がして、とってもおいしい!
犬ロボ向けの新商品も持ってきてくれて
犬ロボはすっかり友人ロボになついてしまった。
ゲンキンなやつだなあ…やれやれ。
これが
おやつカプセル。
ゼリー状で
とってもフルーティ!
今のところはロボ限定。
DOG
犬ロボ向けの
ビスケット。低カロリーで
知能もアップするらしい!?

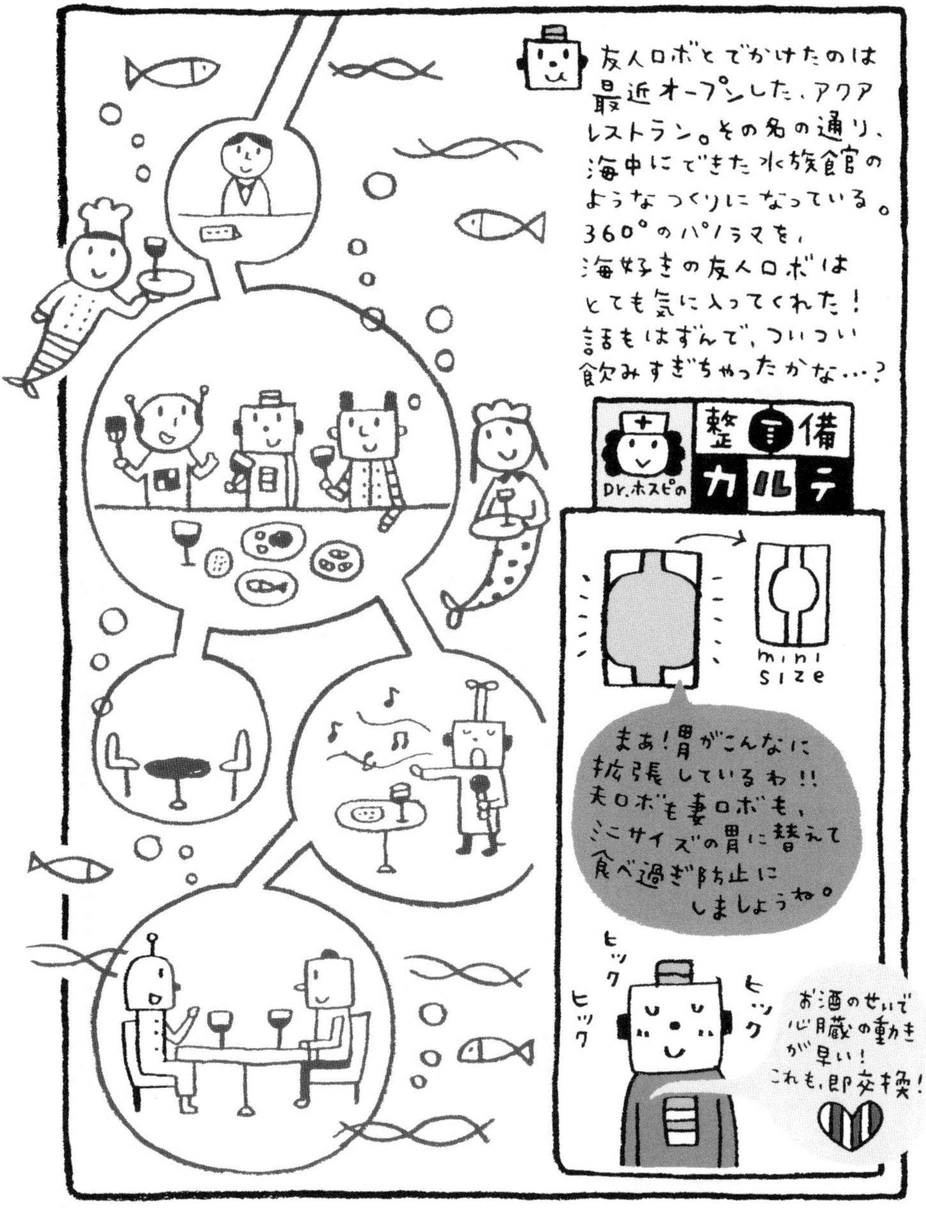
友人ロボとでかけたのは
最近オープンした、アクア
レストラン。その名の通り、
海中にできた水族館の
ようなつくりになっている。
360°のパノラマを、
海好きの友人ロボは
とても気に入ってくれた！
話もはずんで、ついつい
飲みすぎちゃったかな…？
Dr.ホスピの
整備
カルテ
mini size
まあ！胃がこんなに
拡張しているわ！！
夫ロボも妻ロボも、
ミニサイズの胃に替えて
食べ過ぎ防止に
しましょうね。
ヒック
ヒック
ヒック
お酒のせいで
心臓の動きが早い！
これも即交換！

30XX年XX月XX日
ロボ日記
6
今日は結婚記念日。
妻ロボとお月見ショーへ出かけた。
月面に住むうさぎたちの
おもてなしはどれも最高!
星空に浮かぶ月イスに座っての
ひとときは格別だったなあ。
デザートの流れ星ムースは
おいしかったからおすすめだな。
妻ロボもよろこんでくれたかな。
手品も踊りも歌も、
どれをとっても一流!の
うさぎたち。今度は月の言葉を
覚えて来たいなあ。

ドッグシッター施設でるすばんをしてくれていた犬ロボにはうさぎのぬいぐるみと星空キャンディをおみやげに購入。いいこにしておるすばんしているかしら…？
……
ビューン
うさぎさんが送り迎えしてくれる！
ドッグシッター施設は、ボクと同じような犬ロボがいっぱい！友だちをつくったりおもちゃであそんだりして、ご主人さまが帰ってくるのを待つんだ。
初めは心細くて、帰りたくなっちゃったんだけどもこもこで目がぱっちりした犬ロボちゃんが声をかけてくれたんだ。かわいくてやさしくって、それからはあっという間に過ぎちゃった。また来たいなあ！
Dr.ホスピの
整備
カルテ
月世界の言語が入った知能チップを入れてみます。毎日少しずつ言語を覚えましょう！
妻ロボの靴が、すりへってきてしまったわね。あたらしいブーツ型に変えましょう！

1-2

表現豊かな声の秘密

ニック・キャンベル

●ATRネットワーク情報学研究所
コミュニケーション創発研究室 主幹研究員

声の調子に隠された
感情、意図、態度のかずかず。
人にやさしい音声技術のポイントは
どこに潜んでいるのか。

口頭のコミュニケーションは文書によるコミュニケーションに比べると、録音しないかぎり記録も残らないし、あいまいで情報量が少ないと思われている。だが人間は他の動物たちと同じように、快不快、好悪、肯定否定などの生物にとって根本的な情報は、声の調子でストレートに伝えあっている。

イヌやネコはパラ言語的情報を理解している

●

ペットたちが声の調子で人間関係や心理状態を読みとるように、来たるべきパートナーロボットには、場の雰囲気を読んで欲しい。

1986年、京都府精華町の関西文化学術研究都市に産官学の協力により設立された研究所ATR[(株)国際電気通信基礎技術研究所]は、音声翻訳や音声合成技術の研究ではつねに世界をリードしてきた。2000年に開発したCHATRは、好みのタレントの声により日本語はもちろん多言語で音声合成できるシステムとして注目を浴びた。さらにCHATRを発展させたWizardVoiceも、2004年には商品化され、カーナビやさまざまな企業のコンタクトセンターなどで活用されている。

CHATRもWizardVoiceも、人間の音声を細かく分解した音声データベース(コーパス)の中から、出力したい文言に応じて最適な音韻を選び出し、それらの音声波形をつなぎ合わせるという音声合成方式なので、「人間的な話し方」になることを売りにしている。

だが、人間同士のコミュニケーションをこのような音声合成の手法のみから追究する姿勢に、ニック・キャンベルさんは違和感を覚えるという。

“音声によるコミュニケーションと紙に書いて文章で交わすコミュニケーションは、同じと思っているか、むしろ文章にした方が情報量が多いと思っている人がほとんどでしょうが、書き言葉にするともれてしまう情報があるんです。”

図01——多言語音声合成システムCHATR

図の左側は前処理、右側は実時間(オンライン)の処理を示す。前処理は音声の録音、ラベル化、インデックス作成、重み学習で、その結果は合成専用データベースとなる。オンライン処理は、韻律予測、音声単位選択、波形出力。インデックスは音韻の種類と音響的・韻律的特徴の知識ベースであり、合成出力時に予測したピッチ、声の大きさ、タイミングなどの情報によって、音声波形セグメントの候補を決定する。

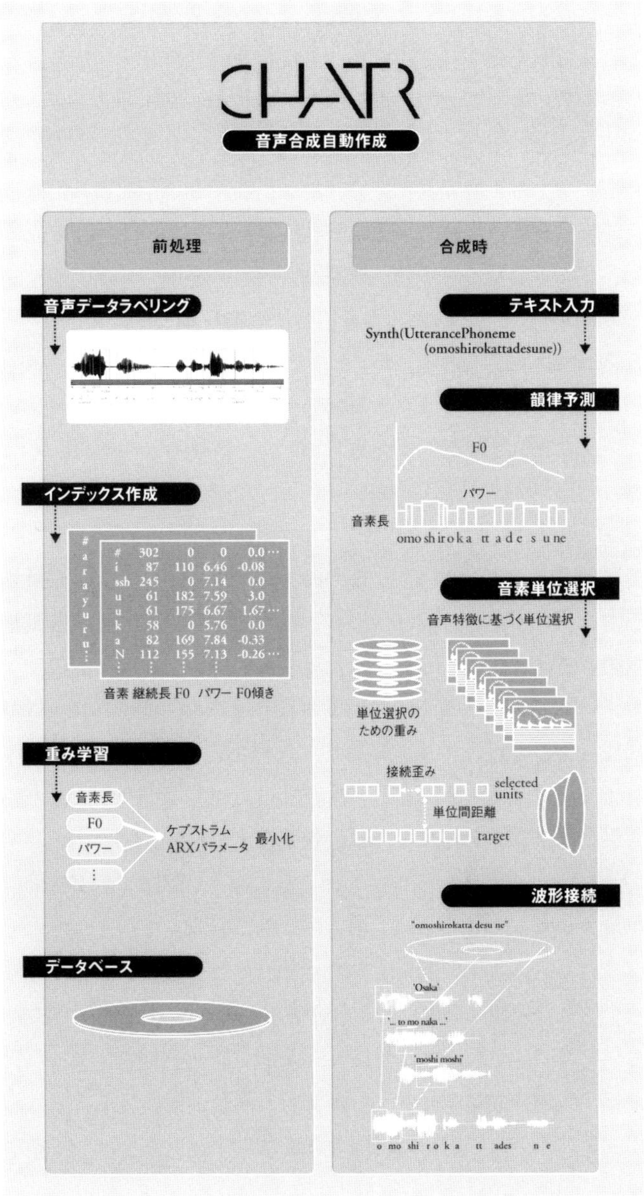

文字にするともれてしまう情報、パラ言語情報の研究では世界的にその名を知られる氏だが、日常会話のリアリティに着目している方でもあるので、以下、ニックさんとファーストネームで呼ばせていただくことにする。

ATRに身をおく研究者として、ニックさんも10年間にわたり自動翻訳・自動音声合成の研究を重ねてきた。CHATR開発を先導し、どんな話題も日本語、韓国語、英語、フランス語、ドイツ語の5か国語でしゃべれるようにした[▶図01・02・03]。

“技術の基本は、音のインデックスをつくるという発想です。1600円で買ったカセットブックで30分の黒柳徹子*さんの声をコンピュータに入れて解析して合成しました。黒柳さんの声らしくはなったのですが、本人に聞かせたら、私関西人じゃないとのコメントもきた。”

声は非常によく似ていて、息のぬき方や息の切り方もよく似ているが、アクセントがしっくりこなかったという。環境情報を考慮して、音韻環境(音と響き)による音の違いと、韻律環境(アクセント、イントネーションなど)による音の違いを選択すれば、言語的な強調などはひろうことができた[▶図04]。それでも信号処理しようとすればするほど、音声合成が追究する方向と人間の話し方にはかなりずれがあることを実感せざるをえなかった。

“人間のコミュニケーションとはどうも違う。私は実験心理学の出身ですが、20年ぐらい工学者の立場で研究してきました。工学者はたいへん頭が固くて、ロボットでも、人間の会話を認識してそれに適切な返事をしたら評価される。「これを持ってください」「はい、わかりました」というように、きれいな文章にしたがる。人間の会話のやりとりは文字と同じと思いこんでいるんです。でも、人間が「これ！」といえばロボットが「はい」でわかる。このほうが自然ではないでしょうか。”

＊黒柳 徹子
T. Kuroyanagi 1933-
東京青山に生まれる。東洋音楽学校(現東京音大)声楽科卒業。1954年NHKラジオ「ヤン坊ニン坊トン坊」でデビュー以来、テレビ、映画、舞台、CMなどでマルチタレントぶりを発揮。ベストセラー『窓際のトットちゃん』の印税で82年に「社会福祉法人　トット基金」を設立し、84年以降はユニセフの親善大使としても精力的に活動。

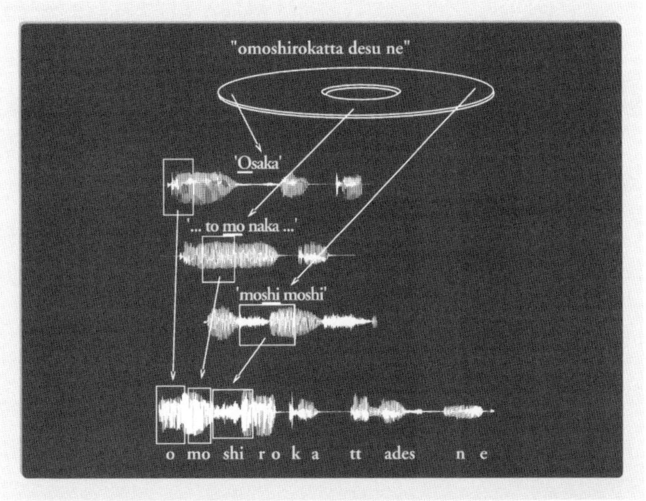

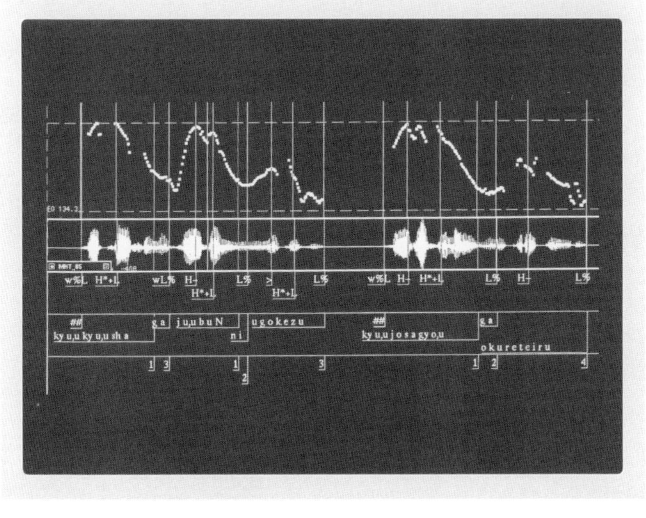

図02（上）――CHATRの波形接続音声合成手法

ランダムアクセスによる音声波形セグメントをそれぞれの最適環境から選んで、信号処理をせずに、接続し出力する手法。音声データベースが十分で、選択基準も十分であれば、人間の発話そのままのように自然に感じる。

図03（下）――CHATRの韻律のラベリング

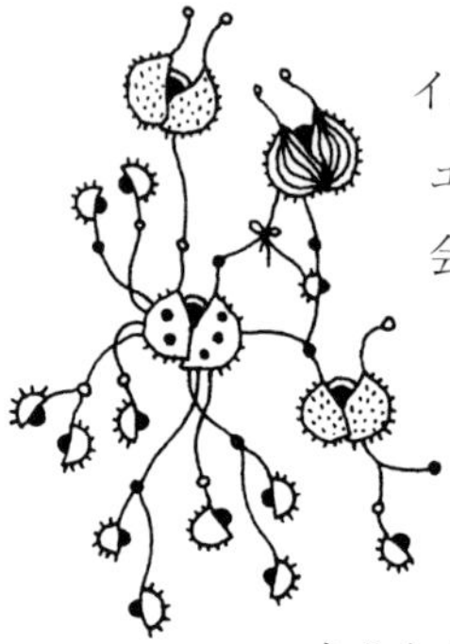

イヌやネコなどのペットは人間同士のコミュニケーションの場をかなり読んでいる。会話の内容を理解していなくても、楽しい会話がなされているか、険悪なのかは理解して、その場にふさわしいふるまいをしている。来たるべきペットロボットには、せめてネコなみの理解力をそなえて欲しい。

場の雰囲気を読むのに必要なのは、言語情報にもまして、パラ言語(非言語)情報が大切なのではないかとの確信のもと、ニックさんは日常会話の音声コーパス(データベース)づくりを開始した。

図04——同じ声、同じ言葉でも、イントネーションによって、意味が変わる

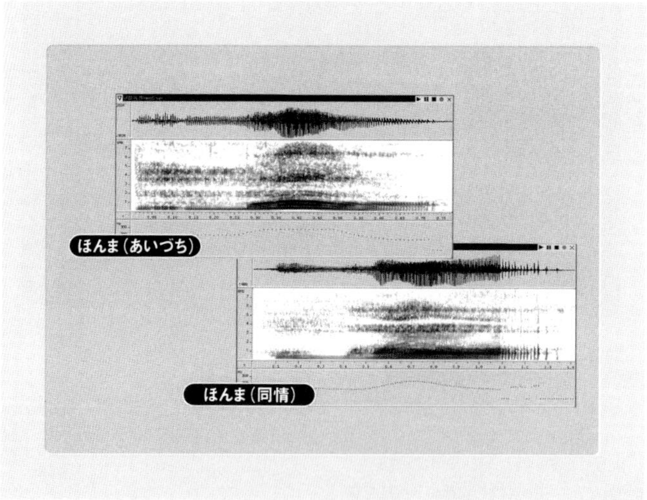

＊フランシス・ジャコベッティ
F. Giacobetti 1939-
マルセイユに生まれ、パリで育ち、1957年より写真家としてファッション、ヌード、広告など、時代を画すショットを撮り続ける。80年代後半より、ガルシア・マルケス、ダライ・ラマ、スティーブン・ホーキング、フィデル・カストロなどの肖像を追いかけている。

「あっ、ほんま」だけでも千変万化

●
テレビスタジオ用の小型ヘッドマイクをつけて朝から晩まで会話を収録。最初は意識しても3年目には気にならなくなり、出産当日も録音。

世界的なタイヤメーカー、ピレリ社が毎年制作しているカレンダーがある。1964年以来、毎年世界の巨匠カメラマンを起用してスーパーモデルを撮影し、コマーシャルフォト業界に一大センセーションを巻き起こしている。1970年版のカメラマンとなったフランシス・ジャコベッティ＊は、12枚の写真を撮るために、1000本のカメラフィルムを撮影地・バハマに持ちこんだ。ニックさんが日常会話のコーパスを作成しようとしたとき、このカメラマンのような心境になったそうだ。
“音声合成のためのコーパスなら10時間もあれば十分です。写真のベストショットを選びだすわけではありませんが、パラ言語情報を解析するには、実例として発話の部分が100時間は必要で、間《ま》を入れると1000時間のデータが必要と見積もりました。日常生活では、そんなにしゃべりつづけるわけではないので、録音時間としては、5000時間ぐらいの録音を目標としました。”
パラ言語情報には身ぶり手ぶりの果たす役割も大きいので、研究者としては併せて記録したかったが、被験者に心理的負担がかかりすぎるので、まず音声に限った。
大学の先生や学生25人に依頼して、朝から晩までテレビスタジオ用の小型ヘッドマイクをつけて生活しながら会話を録音してもらった[▶図05]。最初は周囲の目を気にしたり、しゃべり方を意識したりしたが、すぐに慣れて3年目には身体化されたという。この間に妊娠した被験者は、2004年11月11日の出産当日も平常と変わらず録音を続けてくれた。

“プライバシーもなくなるわけですから、被験者は偉かった。私にはとてもできません。なかにはプロジェクトの当初から4年半にわたり協力してくれている人もいます。おかげで「おはよう」「お疲れさん」といったありふれた言葉でも、相手や自分の体調などによってずいぶん変化することが明らかになりました。”

収録がすむと次は書き起こし。通常のテープ起こしなら、意味のある言葉の部分を起こしていけばいいので、だいたい収録時間の3倍を見積もればいいが、言いよどみや間《ま》、言い直しもすべて書き起こすので、5分の発話の書き起こしに1時間かかる。漢字などは読み方を注記して、人間でもコンピュータでも判断で

図05——被験者に朝から晩までつけてもらったヘッドマイク

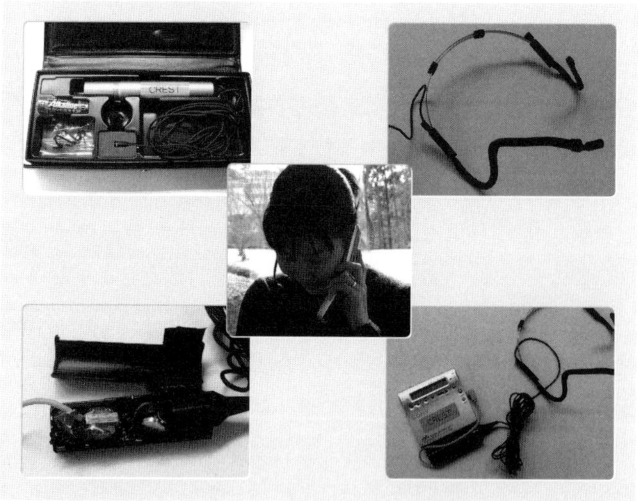

きるデータベースをつくる。
“スペースなしで印刷しても4450ページの本にして20冊、分類すれば70冊ぐらいになる膨大なテキストデータもできました[▶図06]。「あ、ほんま」だけでも3500例、「わはは」の笑いも同意から軽蔑をふくんだものまで2000種のバラエティがある。書くとすべて同じになってしまいますが、音声を聞けばすべて意味が微妙に違うことがわかります。”
人間の会話には、「ほほー」「なるほど」といった情報を伝えるためというより、自分の状態を示すための合図、グラント音(Grunts)が多いことも明らかになった。狩猟犬は吠え方の微妙な調整で細かいコミュニケーションをとっているが、サルなどの哺乳類はもちろん、カラスなどの鳥や昆虫にいたるまで、音声を出すことのできる生物なら、言葉がなくても十分にお互いの存在を伝えあったなごりだろうか。

図06——書き起こしデータ
「あっ、ほんま」も声の調子で意味がさまざまに変わる。

“実験心理学の立場で言語を研究しているころから、コミュニケーションは言葉によるものと長年思ってきました。でも日常会話のコーパスを作成してみて、言葉とまったく並列的に、声のもつ情報のコミュニケーションがあることに気づきました。”

論理情報の次は感情を入れればOKか?

●

喜怒哀楽がこめられている日常会話は1割に満たない。話の流れを円滑にしたり、相手との関係を示す情報が大半を占めている。

音声合成の世界では、つとに「論理の次は感情」として研究が重ねられてきた。できるだけクオリティの高い感性情報を入れようと、台本を用意してスタジオを借りてプロの役者に喜怒哀楽を表現してもらうことは、音声データベース作成の常套手段とされてきた。
“私もこのプロジェクトを始める5年前までは、感情すなわち喜怒哀楽のデータベースが必要と言っていました。世界中の研究はそういう方向で進められている。でも役者さんの表現は演技でしょう。日常生活ではそんなオーバーな表現はほとんどしません。”
感情についてラベル付けもしてみたが、どういう心理モデルを当てはめようとしても、どうもしっくりしない[▶図07]。録音データの中で、感情が表されている発話は1割に満たなかった。
そこで、もっと詳しく調べるために、毎週金曜日にミーティングをして、発話ごとに、挨拶、自己紹介、相づちなど、何をしているときの発言なのか、ラベル付けをしていった[▶図08]。さ

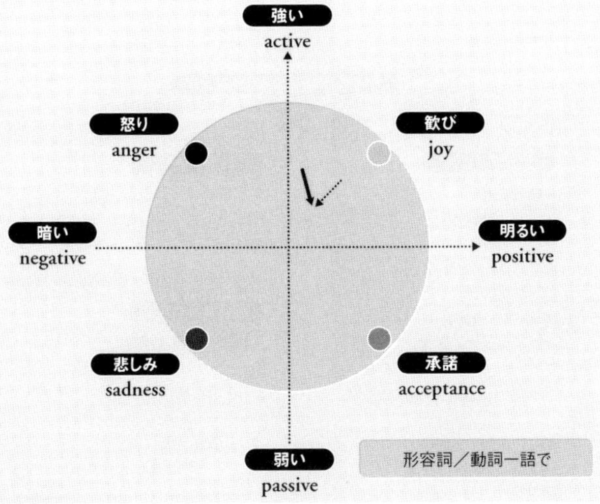

a	あいさつ	greeting	o	反論	argue
b	会話終了	closing	p	提案、申し出	suggest, offer
c	自己紹介	introduce-self	q	気づき	notice
d	話題紹介	introduce-topic	s	つなぎ	connector
e	情報提供	give-information	r	依頼、命令	request-action
f	意見、希望	give-opinion	t	文句	complain
g	応答肯定	affirm	u	褒める	flatter
h	応答否定	negate	w	独り言	talking-to-self
i	受け入れ	accept	x	言い詰まり	disfluency
j	拒絶	reject	y	演技	acting
k	了解、理解、納得	acknowledge	z	くり返し	repeat
l	割り込み、相づち	interject	r*	要求	request (a〜z)
m	感謝	thank	v*	確認を与える	verify (a〜z)
n	謝罪	apologize	*?	よくわからない場合	

図07（上）——**感情情報のラベリング**
喜怒哀楽の4つの次元で各発話の感情情報をデータベース化する。
図08（下）——**発話行為のラベリング**
各発話の意図情報、発話内容よりも、話者行為をラベル化する作業。

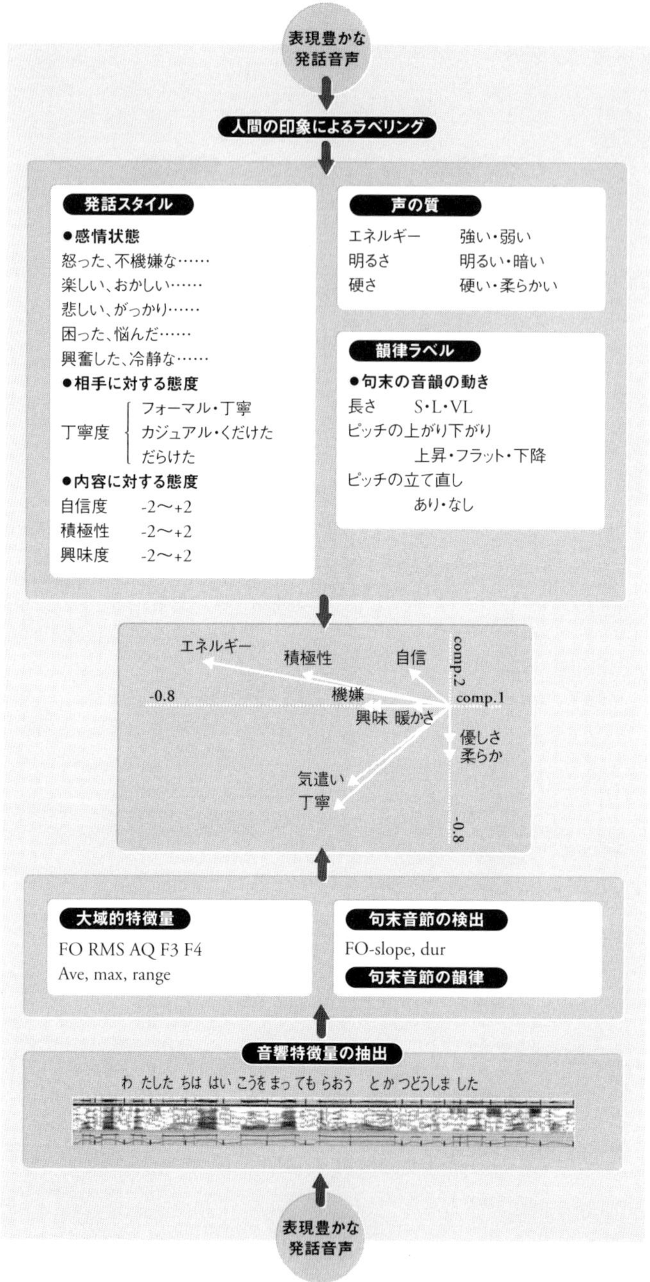
表現豊かな
発話音声
人間の印象によるラベリング
発話スタイル
●感情状態
怒った、不機嫌な……
楽しい、おかしい……
悲しい、がっかり……
困った、悩んだ……
興奮した、冷静な……
●相手に対する態度
丁寧度
フォーマル・丁寧
カジュアル・くだけた
だらけた
●内容に対する態度
自信度 -2〜+2
積極性 -2〜+2
興味度 -2〜+2
声の質
エネルギー 強い・弱い
明るさ 明るい・暗い
硬さ 硬い・柔らかい
韻律ラベル
●句末の音韻の動き
長さ S・L・VL
ピッチの上がり下がり
上昇・フラット・下降
ピッチの立て直し
あり・なし
エネルギー
積極性
自信
comp.2
-0.8
機嫌
comp.1
興味 暖かさ
優しさ
柔らか
気遣い
丁寧
-0.8
大域的特徴量
FO RMS AQ F3 F4
Ave, max, range
句末音節の検出
FO-slope, dur
句末音節の韻律
音響特徴量の抽出
わ たした ちは はい こうをまってもらおう とか つどうしま した
表現豊かな
発話音声

図09——人間の印象によるラベリング

らに、ていねいなのかくだけているのかといった相手に対する態度や内容に対する自信や積極性などを人の耳で聞きわけてラベル付けをした[▶図09]。「久しぶり」「おはよう」「そうそう」など、発話単位ごとにデータベース化して取り出せるようにする。録音時の情況をまったく知らない人間が後で聞いてどう感じるかや、実際に音声合成で使われる場面を限定はしない。

“音声合成には相手は誰かという設定がまったくありません。でも人間の会話は相手によって変わる。これがとても不思議でしかも重要なことなのではないでしょうか。お母さんはお姉ちゃんや夫に対してはほとんど同じ話し方をする。でも1歳、2歳、3歳の子どもには気を使います。子どもと話すときはピッチが高くなる。家族以外だと、ピッチが高くなるのは見知らぬ他人に対して気づかいするときです[▶図10・11・12]。言語がまったくわからない国に行って人の会話を聞いても、声のトーンで人間関

図10――音響特徴を分析する

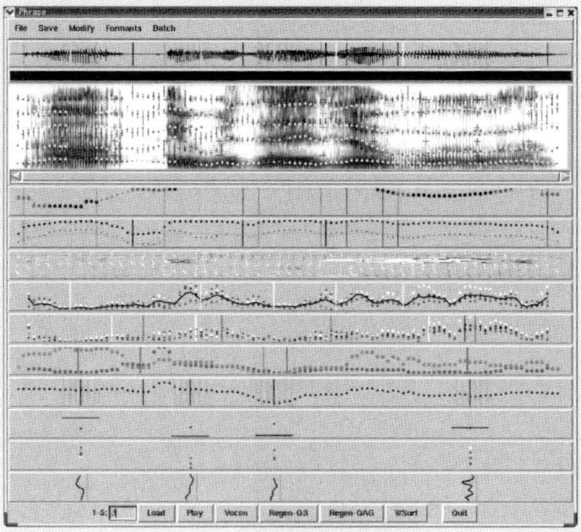

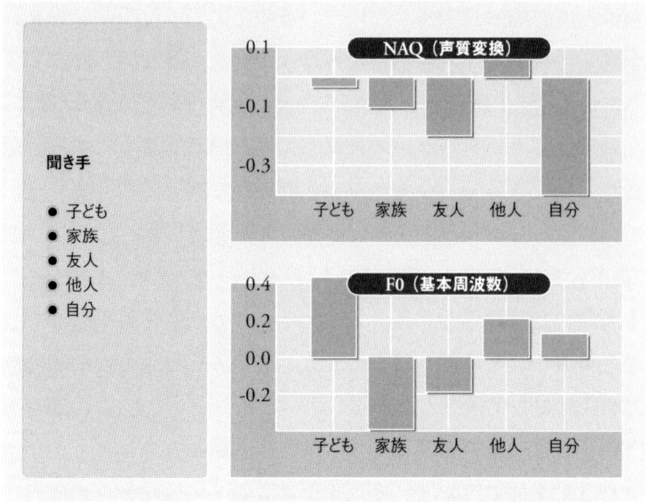

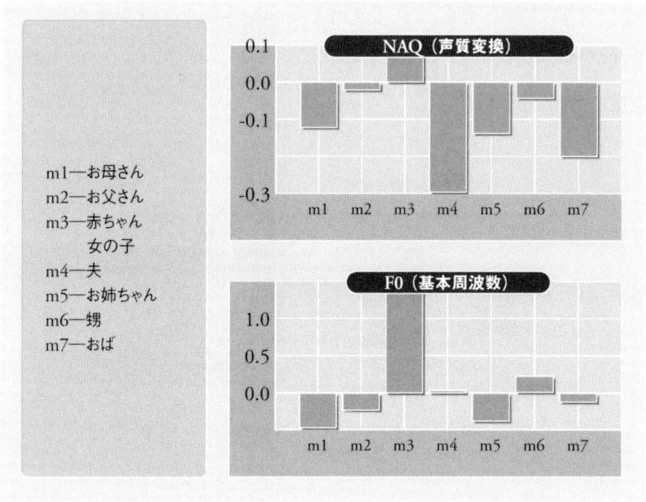

図11（上）――聞き手によって、韻律も声質も変わる
図12（下）――家族内でも相手によって話し方も話し声も変わる

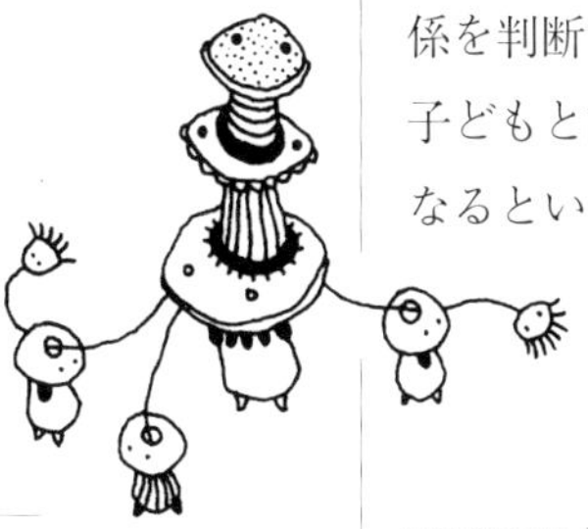

係を判断できるはずです。”
子どもと話すときと他人と話すときにはどちらもピッチが高くなるといっても、子どもと話すときの声の柔らかさと、他人と話すときの声の柔らかさは聞き分けられる。
対話音声は以下の2種類に大別される。

I型発話▶言語的情報(information)を重視
文字情報だけで十分に識別・理解できる
A型発話▶感性的情報(affection)を示す　韻律や声質情報も必要
目的は感情や態度情報を示す

A 型発話の中でも日常会話では感情が顕わに示される例は少なく、対話の流れを確認したり相手との関係を示している例が多かった。
ニュース、天気予報やカーナビなど、目的がはっきりしている内容を伝えるにはI型発話のみを対象とする現在の音声合成の手法で十分だが、ロボットとともに日常生活を送るようになったら、A 型発話も取り入れて、家族なみの会話を交わせるようにしたい。「そのヘアスタイル素敵！」と褒めるときにはちょっとピッチを上げて言ってもらいたい。
次世代の生活情報に欠かせない音声合成技術として、ニックさんは情報のタイプ、話し手の状態、話す相手、話す環境などを考慮にいれたNATR(Next-generation Advanced Text Rendering)を開発して携帯電話で使えるようにした。

情報のタイプ▶I型情報、A型情報、それぞれに適した話し方に。
話し手の状態▶興味のある／なし、気分の良し／悪しなどを設定。
元気がよければ弾んだ声になる。

a:「もしもし」
b:「あっ、もしもし」
a:「こんにちは」
b:「こんにちは」
a:「あはは」
b:「久しぶりっすね」
a:「久しぶりですねー」
b:「今日は会わなかったが、え、どこで待っとんたんですか、今日」
a:「僕はもう、直接8階のほうに」
b:「ああ、そうなんですか」
a:「はい」
b:「ふーん」
a:「7階ですか、今日」
b:「はい、僕、7階です」
a:「ははは」
b:「はい」
a:「何時ごろ来たんですか」
b:「いま、さっきぐらい、ですかね」
a:「さっきぐらい、ははは」
b:「ちょっと今日は遅刻してしまって」
a:「まじ?」
b:「はい」
a:「ぎりぎり?」
b:「ぎりぎりってこともないですけど」
a:「はいー」
b:「はい、自転車やからあせった」
a:「あぁそうですか、自転車できてんですか」
b:「あぁ来てますよ」
a:「えっ?　京町(?)のほうじゃなかったでしたっけ」
b:「あぁ京町ですよ」
a:「でしょう」
b:「はい」
a:「京町から奈橋(?)すぐですか」
b:「まあ20分ぐらい」
a:「ああ、そんなもんで来れるんや」
b:「はい、自転車できても20分ぐらいなんで」
a:「ああそうなんですか」
b:「だから、自転車のほうが」
a:「楽ですね、待つ時間がないんでね」
b:「はい」
a:「ああほんなら俺も頑張ってちゃりんこで来ようかな」
b:「え、来れるんですか」
a:「最初はちゃりんこで来ようかと思ってたんです」
b:「はい」

図13——男性ふたりの電話の会話

相手▶ 他人か友人か家族か。気を使うか使わないかを設定する。
環境▶ 街の中か会社か家庭か、どこで話すか。

条件設定は絵文字でも選べて、イエスかノーを答えればいい。選択すると、どんな文章も音声で送信できる。FOMAであれば、どこでもダウンロードして使えるようになっている。

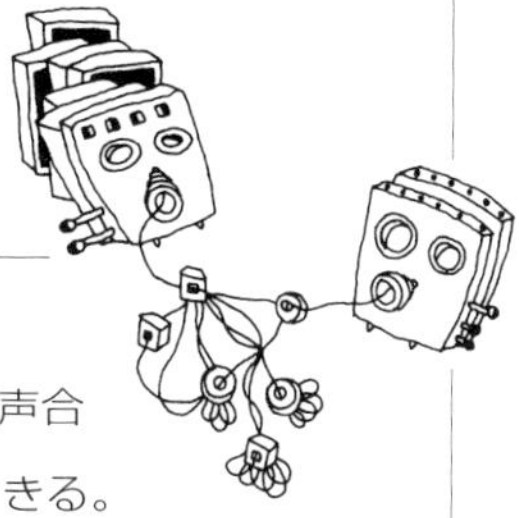

日常会話を音声合成する

●

発話単位でラベル付けされたコーパスから音声合成をすれば、ほとんど違和感のない会話ができる。

次にニックさんは電話で話しているふたりの男性の1分間の会話を聞かせてくれた[▶図13]。アカデミックにはまったく内容のない会話だが、1分ぐらい続いている。7階にいたとか8階にいたとか自転車で通うといった言語内容は10秒ぐらいで伝わっていて、あとの50秒間は情報を伝える目的ではなくコミュニケーションしている。
"これを文章にして既成の音声合成にかけると、しらじらしくて聞いていられません。CHATRで黒柳さんの声でやってもおかしい。笑い声がとくに難しいんです。NATRで4年半録音しつづけた女の人の発話単位のデータベースを使うと、かなり自然になります。"
NATRは元気設定にもできて、さらに生き生きとしゃべるようになる。教えられなければ音声合成とは気づかないだろう。
"半自動合成です。機械が自動的に合成して、人間が聞きながら調整する。高度メディア社会の生活情報になるには、このレベルをめざさねばなりません。”

発話様式による「場」の情報処理は次のステップ。心理学も工学も従来、言語にあまりにも頼りすぎていたと反省をこめて振り返る。人間の状態を的確に記述するには、どのようなモデルでどのような要因を考慮すればいいのか。

“今はパターン認識、画像認識がもっぱら花形で、音声研究は当たり前すぎて、もう十分だと思われています。でもマンガは一本の線だけでも顔になりますが、アニメのキャラクタの音声は人間の吹き替えでないとつまらない。それを誰も不思議に思わない。声はまだまだ奥深い研究テーマですよ。”

CHATRの時代に、ニックさんは慶応大学の飯田朱美さんとの共同研究で、発症して2年目のALS（筋萎縮性側索硬化症）の患者さんの声を録音しておいて、3年目で声が出なくなったときに奥さん

図14——ロボットは何を聴こうとしているのか？

と会話するための合成音声を作りあげた。声のコミュニケーションの豊かさは、極限状況になればなるほど切実に実感されたという。
“娘は学校で友達と十分にしゃべっているはずですが、家に帰ってすぐまた携帯電話でしゃべっている。なぜでしょう。あれは情報を交換したいのではなくて、サルの時代から毛づくろいしあっているコミュニケーションの代わりだと思う。”
胎児は7か月ともなれば耳で音を聞いている。生まれたばかりの赤ちゃんはコントラストの強い絵柄を見分けると言われているが、いずれにしても視覚が発達するのは生まれ落ちてから。この差はとても大きいとニックさんは見る。胎児はイントネーションやリズムやトーンを聞いている。お母さんが怒ってアドレナリンがふえたことも感じとる。危険や安全を音で感知している。コンピュータや介護ロボットも、ここまで進んでくれれば素晴らしい［▶図14］。
“高度メディア社会ともなれば、どこでもコンピュータ、どこでもセンサがある。しかも機械が遠慮深くなっていて、テレビも場の雰囲気を読んでくれる。来客のときは静かにしているし、お気に入りのドラマを忘れそうになっていたら、「今日はどうしますか」とか声をかけてくれる。”
椅子が人の声を聞き分けるようになれば、座っている主の声が疲れているようだと判断したら、楽になるように自動的に調整する。家具を賢くする技術としても貢献したいと意気盛んだ。
検索システムに応用して声の調子で情報検索できるようになれば、飲食店探しに役立てたり、声のトーンからドライバーの体調や心理をうかがって自動運転に切り替えたりする装置も考えられるだろう。
家電メーカーや車のメーカーが興味を示しているので、実用化の道も開かれてゆきそうだが、ニックさんの姿勢はあくまでも基礎研究として包丁を提供する立場で、料理する方がいろいろな使い方をしてくれればいいと、これも明快だった。

若い研究者に向けては、「遊んで」が口癖。子どもは遊ばないと頭が変わらない。「お茶目」なことをどんどんやって、科学の保守的な面を破っていけとけしかける。間違ったら、後で大きく頭を下げればいい。これは若いときだけではなく、年とってもそうすればいいこと。間違うと、そのときは恥ずかしいが、必ず後で大きな財産になると請け合った。

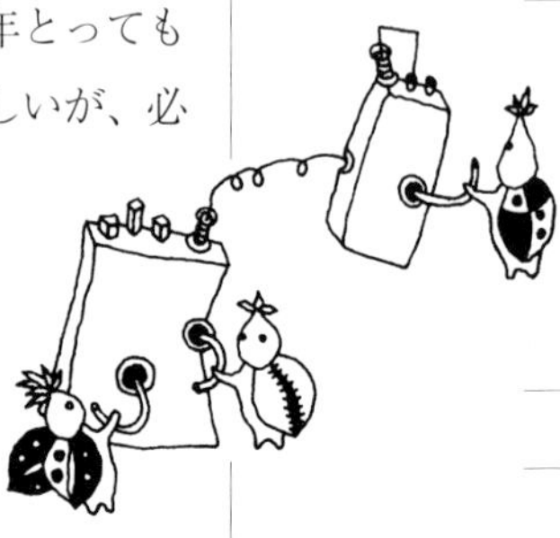

参考文献

★01—— 定延利之編『「うん」と「そう」の言語学』ひつじ書房, 2002.

★02—— Sadanobu, Toshiyuki, "A natural history of Japanese pressed voice." 『音声研究』第 8 巻, 第 1 号, 日本音声学会, pp. 29-44, 2004.

★03—— Aubergé V., Cathiard M., "Can we hear the prosody of smile?" Núméro special Emotional Speech, 40, *Speech Communication Review*, 2003.

★04—— Audibert N, Aubergé V, Rilliard A., Rossato S., "Capturing the emotional prosody in live but in lab." *Prosody & Pragmatics*, 2003.

★05—— Iida, A., Higuchi, F., Campbell, N., Yasumura, M., "A corpus-based speech synthesis system with emotion." *Speech Communication*, Vol. 40/1-2 pp. 161-187, 2003.

★06—— Iida, A. and Campbell, N., "Speech database design for a concatenative text-to-speech synthesis system for nonspeaking individuals." *International Journal of Speech Technology*, Vol. 6, Issue 4, pp.379-392, 2003.

★07—— ニック・キャンベル「音声文法のこれからの課題について」『文法と音声』音声文法研究会編, くろしお出版, pp. 272-279, 2004.

★08—— ニック・キャンベル「発話音声の特徴：音声文法からの観点」『音声と文法III』音声文法研究会編, くろしお出版, pp. 161-182, 2001.

★09—— 舛田剛志＋戸田智基＋川波弘道＋猿渡 洋＋鹿野清宏「韻律的に多重化した音声データベースの設計と発話速度におけるその評価」『電子情報通信学会論文誌』Vol. J87-D-II, No.2, pp.447-455, 2004-2.

★10—— Nick Campbell, "Getting to the Heart of the Matter: Speech is more than just the Expression of Text or Language." *4th International Conference on Language Resources and Evaluation*, pp. VII-IX (Keynote Speech) 2004.

1-3

身ぶりは口ほどにものを言う

渡辺 富夫

●岡山県立大学情報工学部情報システム工学科 教授

身体的リズムの引き込みをうながす
コミュニケーションシステム。
共感や同情は身体的インタラクションから始まる。

会話して気持よく話せる場合とそうでない場合があるのはなぜだろうか。
身体的リズムの引き込み現象は、会話の内容にもまして
共感の場の成否を大きく左右する。

生まれたばかりの赤ちゃんにはじまる

●

お母さんの語りかけに対する赤ちゃんの体の動きの反応の観察から、うなずきマイクが誕生した。リズム同期があるだけで話しやすくなる。

1974年、ボストン大学のウィリアム・コンドン*博士らは『サイエンス』に新生児の一見ランダムに見える動きについて、注目すべき論文を発表した。お母さんが話しかけると手足をばたばたさせている赤ちゃんの動きを分析した結果、相互に引き込み合って、リズム同調していることが示され、このような引き込み(エントレインメント)現象こそ、コミュニケーションの始まりであり、言語獲得への第1歩であるというのだ。

この論文にいち早く反応したのが、当時東京大学医学部の小林登*教授と、同大工学部の石井威望*教授だった。

“石井先生は東大医学部を終えたあとに、ノバート・ウィーナー*のサイバネティクスに惹かれて工学部に入り直された方で、小林先生と医学部では同期生でした。そのおふたりがコンドン博士の論文に注目され、人間が肉眼で観察した結果だったので、これをきちんと画像で検証しようということになりました。私がちょうど大学院生だったので、実際にデータを取ってコンピュータ解析しました。1977年にスタートして以来、この引き込みによるコミュニケーションについては、25年間、四半世紀にわたって追いつづけています。”

コンピュータで自動解析とはいえ、マイコンを部品を買って組

＊ウィリアム・コンドン
W. S. Condon
ボストン大学医学部教授。生後1日から2週間の新生児16人を対象に、大人が話しかけたときのようすをビデオおよび音声収録し、新生児が大人同士の会話のときと同じように身体反応を同期させていることを見いだして、1974年に発表、話題をよんだ。

＊小林登
N. Kobayashi 1927-
東京大学医学部教授、国立小児病院小児医療研究センター長、国立小児病院長、国際小児科学会の会長・理事などを歴任。免疫アレルギー学をはじめ、乳児行動科学、小児生態学などの新しい研究分野をひらく。共編著『ヒューマンサイエンス』(中山書店1985)で毎日出版文化賞受賞。

み立てて、アナログ・ビデオテープに収められた画像と音声をそれぞれデジタル変換するシステムづくりから始めなければならなかった。

“愛育会総合母子保健センターに通いつめましたが、赤ちゃんはほとんど寝ている。やっと起きたかなと思うと泣き出す。それが収まるとまた寝てしまう。そんなことのくり返しです。機嫌のいいときにようやくビデオ収録できる。でも生後1日から6日までの赤ちゃんにつき合えたことは面白かったし、システムづくりを一から始めるのも大変でしたが夢中になりました。最初はお母さんが語りかけると赤ちゃんの反応はピクッピクッとした動きにすぎないのですが、それでいっそう話しかけるようになって引き込みが強調されてゆくのです。”

人間は生まれながらにしてかなりのコミュニケーション能力をもっていると確信した。しかし「母と子のコミュニケーション」では工学部の学位論文にはならない。苦肉の策でこしらえたのが、うなずきマイクだった。1982年に試作したマイクは、レベルメータがうなずきのタイミングで点滅する単純なもの。それでも話しやすくなったと好評で、無事学位を取得できたという。

心が通う身体的コミュニケーションシステム

●

うなずきロボットは、コミュニケーションの促進役。情報を発するのも、受け取るのもあくまでも人間という立場に徹したい。

大人になると、言葉によるコミュニケーションの比重が圧倒的に大きくなるため、スポーツや愛情表現などの場は別として、身

＊石井 威望
T. Ishii 1930-
東京大学医学部卒業(医師国家試験合格)後、機械工学科に学士入学し卒業後1年通産省につとめて大学院入学。1973年より東京大学工学部教授。人工臓器、自動制御、都市交通システム、技術文明論など、人間=社会システム全般にわたる幅広いテーマで活躍。『ヒューマンサイエンス』には小林登らとともに共編著者として参画。

＊ノバート・ウィーナー
N. Wiener 1894-1964
ハーバード大学言語学教授の父の特訓により神童ぶりを発揮、11歳でタフツ大学入学、14歳でハーバード大学大学院へ進み18歳で数理哲学の博士号をえる。第2次世界大戦中に軍の弾道計算の仕事に従事。このときの自動制御に関する研究を1947年「サイバネティクス」に発展させる。『サイバネティックス』(1948/岩波書店1962)。

体的コミュニケーションを意識する機会はめっきり少なくなってしまう。だが、分娩によってふたつの個体に分かれてしまった母と子が、引き込みによって一体感を取り戻そうとするのは、あらゆるコミュニケーションの原点だと渡辺教授は語る。引き込みは耳が聞こえるようになる胎児のときからやっているし、化学的な反応までさかのぼれば原生動物の細胞レベルで始まっている。

“一緒にいて話しやすい人となんだか気まずく感じる人がいますが、後者はうまく同期していない場合が多い。引き込みは、情報を発したり受け取ったりするときの場の共有感や一体感に不可欠の要因。当たり前すぎて私たちはふだん意識することがありませんが、ユビキタス(いつでもどこでも)時代となってコンピュータを介したコミュニケーションが日常になったからこそ、身体的コミュニケーションの重要性を見きわめていきたいのです。”

図01――心が通う身体的コミュニケーションシステムE-COSMIC

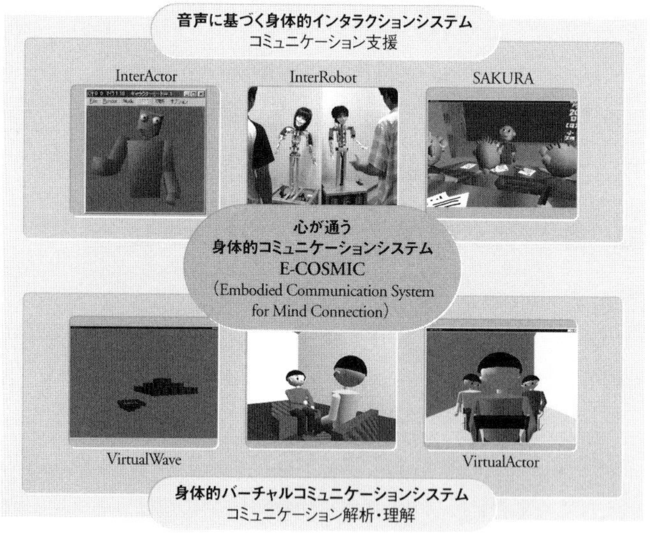

「引き込み」をいかに活かすかをテーマに、心が通う身体的コミュニケーションシステムE-COSMIC（Embodied Communication System for Mind Connection）を考案した［▶図01］。

E-COSMICはふたつのシステムからなる。

ひとつは、コミュニケーションを解析・理解するための「身体的バーチャルコミュニケーションシステム」。会話者それぞれが自分のアバター（化身／バーチャルアクター）をVR（バーチャルリアリティ）空間にもってきて対話する［▶図02］。

まばたきや視線、うなずき、身ぶりなど、身体的な動きが同期している場合とそうでない場合、3人以上の集団になった場合といったように、条件をさまざまに変えながら、実験することができる。

“身ぶりは無意識にやっていますし、さまざまな要素が混じっているので、何が本質的なのかわかりません。このシステムを使

図02——身体的バーチャルコミュニケーションシステム

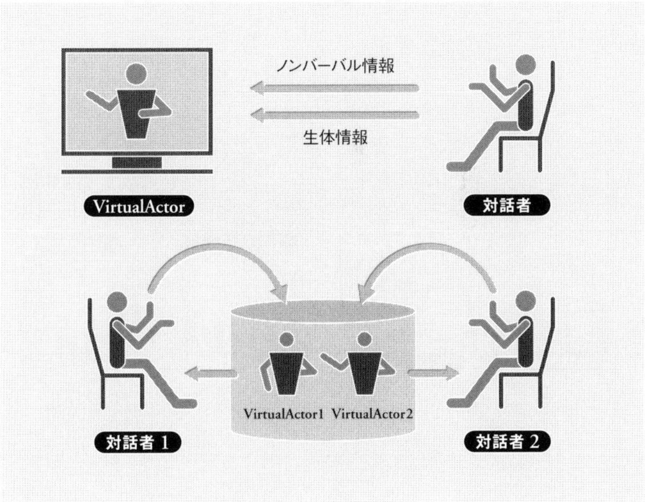

えば、うなずきや身体各部の動きを自由にとりあつかえるので、実験もしやすくなる。例えば頭の動きをVR空間でぱっと止めてしまうと、会話はずいぶんやりにくくなる。”
四半世紀前にはビデオに撮ってひとコマひとコマ処理するほかなかった画像も、それに伴う音声も、実験が終わったときにはデジタル・データとして記録されている。解析したいパラメータも自由に取りだすことができる。赤ちゃんの機嫌をとっていたころとは隔世の感がある。
“心理学の実験では、対面したときの会話と横に座ったときの会話がどう変わるかということを同じ被験者で続けることは不可能ではないにしても、難しかった。条件の変更などはVR空間なら楽ですから、あらゆることができます。物理的な制約をこえて、徹底的にコミュニケーションを解明することができる。”
呼吸や心拍、顔の皮膚温度などの生理情報も加えて、生体リズ

図03——音声に基づく身体的インタラクションシステム

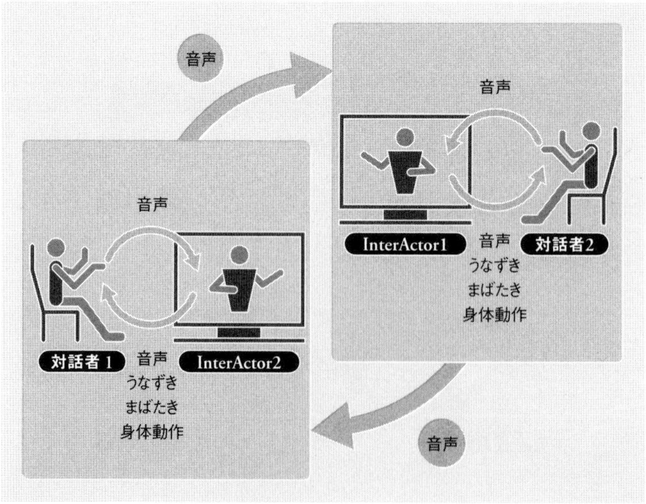

ムの引き込み現象を総合的に調べる装置としても、期待できそうだ。

もうひとつは、コミュニケーションを実際に支援する「音声に基づく身体的インタラクションシステム」[▶図03]。音声のみからロボット(インタロボット)やVR空間のキャラクタ(インタアクター)の身ぶりをつくる[▶図04]。教師のインタアクターと複数の学生のインタアクターを配置したVR教室(SAKURA)もプロトタイプが開発され、学習の場における引き込み現象の研究に用いられている[▶図05・06]。

“私はロボットに人間のような知能を持たせようとはまったく思っていません。あくまでも情報を出すのも受けるのも人であって、ロボットは声からコミュニケーション動作を作るだけ、それに徹したい。テレビ電話に話しかけるとキャラクタがうなず

図04— インタアクターを応用したニュース解説

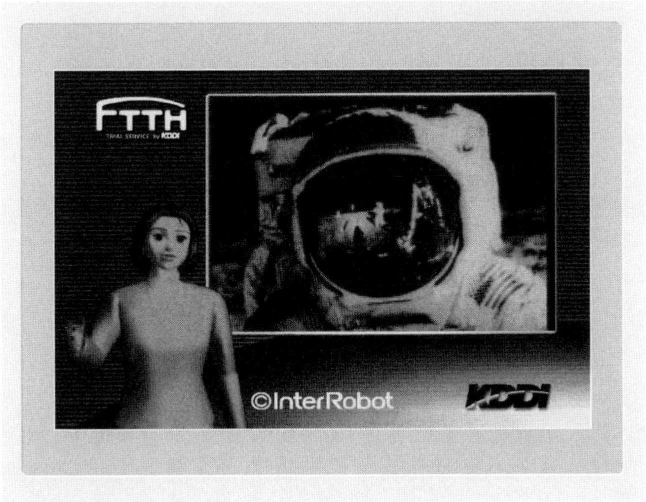

図05（上）——教師のインタアクターと複数の学生のインタアクターを配置した仮想教室（SAKURA）
図06（下）——インタロボットを用いた身体的集団コミュニケーションシステム（SAKURA）

いてくれれば話しやすくなりますし、「みんな元気にやっているか」とお婆ちゃんが遠く離れた家から話しかけると、ぬいぐるみが声に同期して動作をする。”

情報源はあくまでも人がもっている。このような媒介者としてのロボットなら、発展しても安全だ。

“ロボットがどんどん自律的に知能をもつようになったら、じきに人間を抜いてしまう。えんえんデータを蓄積して忘れることのないロボットに、生半可な人の知識はかないません。ロボット3原則*で、人間にはそむかないとか言っていたとしても、無理ですよね。”

人とかかわるロボット。人がいないと何の役にも立たないロボットを作りたい。未来は人間が思いっきり手間暇かけられる社会になってほしいと願う。ロボットに心をもたせるのはチャレンジングなテーマだが、渡辺教授はそこには踏み込まないと立場を鮮明にしている。

＊ロボット3原則
SF作家アイザック・アジモフが短編集『アイ、ロボット』(1950)で発表したロボットが守るべき3原則。ロボットは[1]人間に危害を加えない、[2]その限りにおいて人間に服従する、[3]その限りにおいて自己を守る。

場づくりに参加する楽しみを実感してもらいたい

●

煽動の技術につながるネガティブな面もふまえながら、教育や日常生活の中で、場を共有することの楽しさや充実感を求めていきたい。

2002年3月以来、子どもが話すと動くインタロボットにVR空間のインタアクターを加えたシステムを日本科学未来館に常設展示して、子どもたちが遊べるようにしている[▶図07]。

“日本科学未来館にはASIMOもいますが、動く時間は決められている。インタロボットはいつでも遊べますよと言うと「えっ動くんですか」とびっくりされる。子どもがいたずらして首がそっぽを向いていたりすることはありますが、ON／OFF制御だけの単純なシステムなので、常時動いています。万が一壊れることがあっても、子どもを傷つけることはありません。”
音声情報のみから数理モデルで30分の1秒ごとに頭と首と手の動きを制御している。
ボディデザインもロボットとして完成させるよりも、頭巾《ずきん》とスタンドカラーのジャケットを着用させて、親近感をもたせるようにした。春休み、夏休み、冬休みなど、来場者がふえる季節の前にメンテナンスにいくだけで、問題なく動いている。
“インタロボットを介して話すと話しやすいらしくて、盛り上がってますよ。声だけでロボットは動くのですが、子どもは自分でも手を動かして「おいで」とか「いくよ」とか言っている。”

図07――日本科学未来館の常設展示では、子どもたちがいつも遊んでいる

集団の引き込み現象についてはSAKURAで実験も始めている。VR教室で先生が消費税の値上げの必要性について同じ話し方をしていて、学生が同期して聞いている場合と学生がてんでんばらばらに聞いている場合のふたつのプログラムを用意した。看護学校の52人の1年生のうち、半分の26人には熱心に聴いているほう、他の26人にはだらけているほうを見てもらった。
「消費税は何%にすべきだと思いますか？」という質問に対して、引き込み現象がおきている画像を見た人の平均は6.9%、もう一方を見たグループの平均は5.3%だった[▶図08]。さらに引き込み現象を見たグループに、散漫な教室を見せても結果は変わらなった。散漫な教室の授業を受けたグループに引き込み現象のおきている授業を見てもらうと、答えの平均は7.7%ぐらいまであがった[▶図09]。
“話し手としては、だんだん引き込むのが効果的なのかも知れま

図08（左）——**引き込みのある教室とだらけた教室の生徒の反応**
消費税率アップの必要性を訴える講義はどのくらいアピールするか。
図09（右）——**1回目とは別の教室の講義をもう一度聴いてもらう**
だらけた教室の授業を受けてから引き込みのある教室の授業を受けたグループへの効果が著しい。

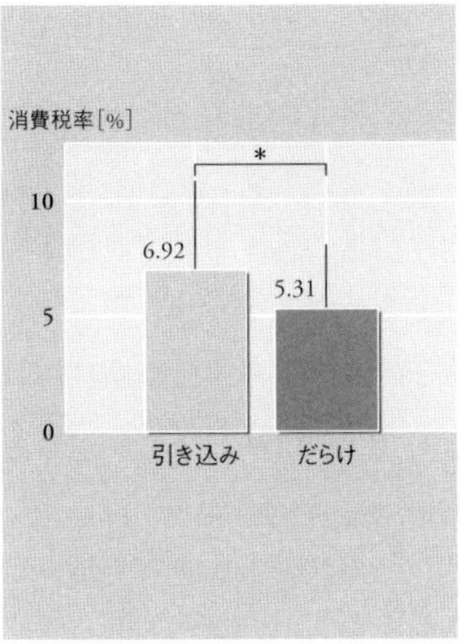

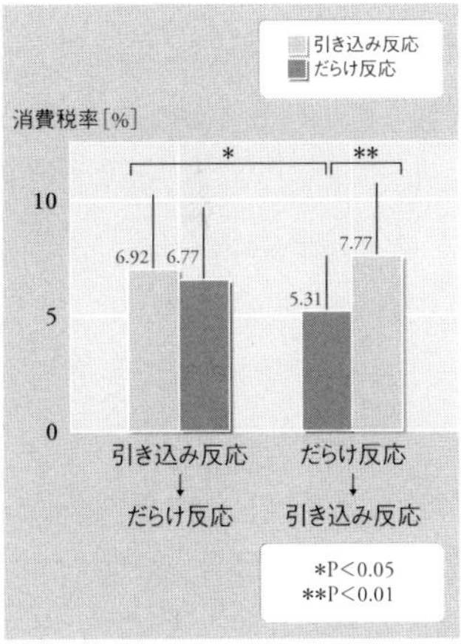

せん。学生には「授業中に寝て話を聞きそびれても他人に迷惑をかけるわけではない」などとは、とんでもない了見だと言いたい。学習の場づくりはそこにいる人全員がかかわること。これが大事なんです。”

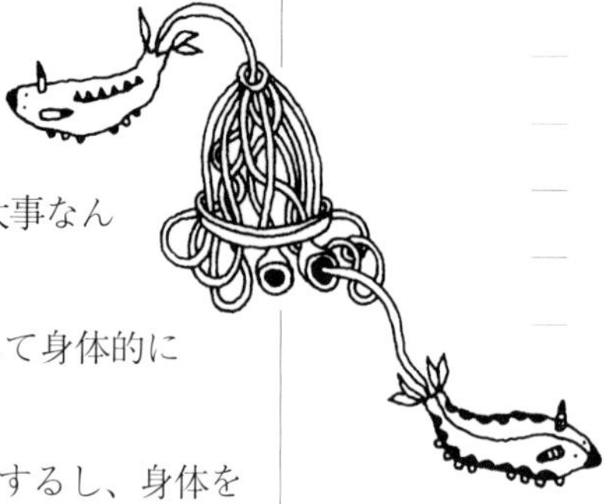

学校の場は100年たとうが、みんなが場を共有して身体的に獲得することが大事だと強調する。

“身体を介さずに修得する知識は怖いような気がするし、身体を介さないと修得できないと思います。雑音を調整しながら同調をとりながら、学ぶ。授業中にコミュニケーションにおける引き込み効果の話をし、かかわることの重要性を訴えれば、学生も真剣になる。日本科学未来館でのシステム展示も、そんな願いから実現したものです。”

説法のうまい人の講話を聞いている聴衆の自発的なうなずきの揃いかたと、実験で思いっきりうなずいてくれと依頼した学生たちのうなずきの揃い方はみごとに一致しているという。

ちゃんと話を聞けば自然にうなずくし、話すほうも話しやすくなって、いい話が聞ける。ただし、集団の引き込み現象には煽動の技術につながる危険な側面も否めない。

“引き込み現象というのは、長い生命史のなかで育まれたものだけに、サブリミナル効果とははるかに次元を異にする効果をもたらす可能性があります。引き込み現象のネガティブな側面も見きわめつつ、明らかになった事実を公表して注意を喚起することが大切だと考えています。そういう面もふまえながら、教育の現場や日常生活を楽しくするような技術開発を進めたいと願っています。”

20人学級と40人学級ではどうちがうのか、何人かが引き込みを乱す反応をしたときに全体がどうなるかなど、理想の教室づくりを模索する実験も構想中だ。

山形県の産業科学館に2000年創設時より受付を任されているインタロボットは、2004年の展示入れ替えの節目もこえて、現役で働いている[▶図10]。ロボットの中身を見せた3階展示も継続された。

“私が行ったら、ビデオカメラで事務室の人が見て答えてくれて、ちゃんと受付ロボットが「渡辺先生」と身ぶりで応対してくれました。”

地元の人たちが毎日たずねてきてロボットに愚痴やうわさ話をして、思い思いに親しんでくれているそうだ。

名古屋市科学館には寿司ロボットを展示した[▶図11]。「たまご」とか「トロ」といった注文に応じて動いてくれるように見えるので、知っている限りの寿司ネタを言って遊ぶ子どもがひきもきらなかったという。

図10——山形県産業科学館の受付ロボット

21世紀の幕開けから活躍している。

看護学校の先生もロールプレイング・カウンセリングなどに役立ちそうだと、関心を寄せている。
“「子どもを元気づけるプロジェクト」というのもやっているんですが、ぬいぐるみ(インタロボット)やキャラクタ(インタアクター)で親子のコミュニケーションを支援する。誰かと喧嘩したとか、失敗したとか、なかなか親には言えないけど、ライオンさんなら気軽に話せたりする[▶図12・13・14]。親も心配していてもなかなか直接には聞けないことを聞き出したり、ふだんとは違う目線でアドバイスができる。サンタクロースのようにワクワクとした体験や思い出をいっぱい作ってもらいたいのです。”
いちばんいいのはface to face に決まっている。これに優るコミュニケーションは絶対にないと渡辺教授は断言する。でも日常のお母さんと子どもという固定された関係では話しにくい場合や、すでに信頼関係が結ばれていて違うキャラクタで遊びたい場合

図11——名古屋市科学館の寿司ロボット
2002年7月20日から9月1日まで展示され、子どもたちの注文に応じた。

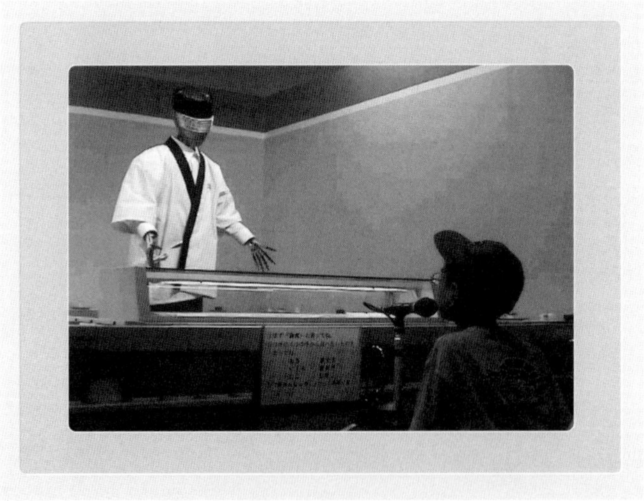

うなずき君

図12（上）――動物キャラクタを仲立ちにすれば、しゃべりやすくなることもある
図13（下）――身体的インタラクション玩具、うなずき君
うなずき動作と腕を動かすだけだが、黙って聞いてくれるとそれだけで癒される。

には、サポートしようという姿勢だ。

また、子ども病院に入院していて顔や姿は見せたくないけど、同じ状況の子どもや元気に遊んでいる子どもたちとコミュニケーションしたいような子どもには、ぜひ使って欲しいと願っている。

赤ちゃん学会や子ども学会では保育や教育の現場にたずさわる人たちともお互いに情報交換をしている。

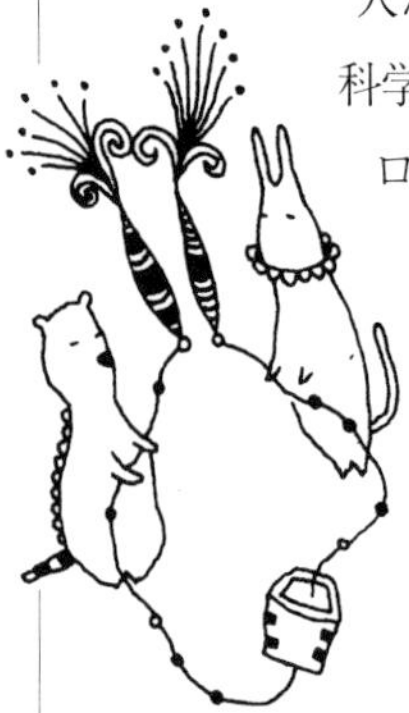

科学技術振興機構が推進している「脳科学と教育」プロジェクトにも2003年から参加して「コミュニケーションにおける身体性の役割」を脳神経科学ともリンクしながら研究を続けている。

図14——ガムより小さなうなずきキャラクタ

リズム同期から見えてくる応用の可能性

●

引き込み現象をうまく活用すれば、機械は人にやさしく、人も機械にやさしくなれる。コロンブスの卵の発想。

ロボットやキャラクタを介さずとも、機械そのものとの引き込み現象も応用の可能性が見えている。
“音声入力のカーナビなどでも、話し声に対して街の風景そのものが反応したりすると、リズムをもって話すようになる。するとアクセントや抑揚や休止がはっきりして、言葉のある場所が明快になり、音声認識も格段にあげることができます[▶図15]。”

図15——街の風景がうなずくカーナビゲーション
人もしゃべりやすくなって、音声認識率もアップする。

パイオニアのカーナビにこの技術を入れることが決まっているという。従来、音声認識は入ってきた情報をフルに信号処理して認識率をあげようと努力してきた。もちろんそれも大事だが、人に話しやすくさせれば、重要な言葉では音量もあがって、認識しやすくなる。音声合成では置き去りにされてきたうなずきなどの引き込み現象を見直せば、人間だって機械にやさしくなれる、コロンブスの卵の発想だ。

“切符の予約をしたり検索するときの音声認識率を格段にあげることができます。音声のリズムのみに反応するので、英語でも何語でもOKです。”

言葉という言葉にはリズムがある。赤ちゃんが宇宙人の中に放り出されても、まずは宇宙人のリズムを覚えて言葉を獲得してゆくはずだとの揺るがぬ自信が、シンプルなシステムと広い応用の可能性を生みだしているようだ。

“機械をどんどん高性能・高精度に究めていこうという発想もありますが、私は非完結にしておくのも大事ではないかと考えています。声は生の韻律情報が伝わるので、単純な表情や動作でも、人が読みとってくれる。能のように非完結設定にしているほうが、かえってリアリティがあるのではないかという立場なのです。”

とはいえ留まっているわけにもいかないので、次のステップとして、意味を入れることも考えている。「ときどき」とか、「とっても」、「大変」といった副詞を認識すると、強弱がつけられる。音声認識をさせたうえで、強調づけをやる。言語性を入れると文化の差も出てくるので、微調整も必要になりそうだ。名詞を認識するのが次の段階。

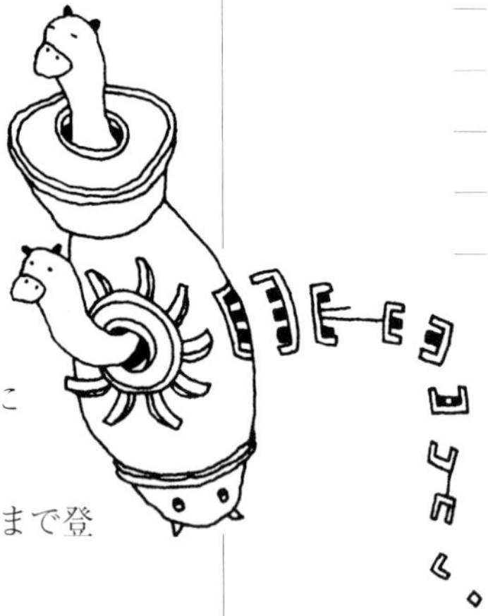

ハガキにしても、電報にしても手紙にしても、今まで登

場して消えたメディアはない。その意味で音声から動作をつくるこのシステムは、基盤技術になるのではと予感している。今は海外からの見学者が来ているが、2、3年たったら当たり前の技術になって誰もこなくなるのが目標。基盤技術になって、いたるところに入っていくのが理想という。そのためにも、音声から豊かなコミュニケーション動作を自動生成する身体的コミュニケーション技術を確立し、人と人をつなぐシステムに寄与したいと願っている。

2000年3月にはベンチャー企業、インタロボット株式会社も立ち上げた(05年3月現在社員6人)。使われる場所や用途に応じて、CGキャラクタやロボットのデザインやシステムをカスタマイズして世に送りだしている[▶図16]。

身体的コミュニケーションを代理するだけのロボット。力も弱

図16――倉敷を訪れた小学生にも大人気のコミュニケーションロボット

2004年9月、倉敷で開催されたIEEE「ロボットと人間のインタラクティブコミュニケーション国際ワークショップ」(大会長：渡辺富夫)の屋外展示のひとこま。

くて何ももてないしお茶の一杯も出してくれないけれど、和《なご》む。ポリシーは一貫している。

参考文献

★01——渡辺富夫「心が通う身体的コミュニケーションシステムE-COSMICの開発」『機械の研究』Vol.53, No.1, pp.9-16, 2001.

★02——渡辺富夫「人とロボットの同期現象」『テクノカレント』No.357, pp.2-11, 2003.

★03——渡辺富夫＋大久保雅史「身体的コミュニケーション解析のためのバーチャルコミュニケーションシステム」『情報処理学会論文誌』Vol.40, No.2, pp.670-676, 1999.

★04——渡辺富夫＋大久保雅史＋中茂睦裕＋檀原龍正「InterActorを用いた発話音声に基づく身体的インタラクションシステム」『ヒューマンインタフェース学会論文誌』Vol.2, No.2, pp.21-29, 2000.

★05——Watanabe, T., Okubo, M., Nakashige, M. and Danbara, R., "InterActor: Speech-Driven Embodied Interactive Actor." *International Journal of Human-Computer Interaction*, Vol.16, No.1, pp.43-60, 2004.

★06——渡辺富夫「身体的コミュニケーションにおける引き込みと身体性：心が通う身体的コミュニケーションシステムE-COSMICの開発を通して」『ベビーサイエンス』Vol.2, pp.4-12, 2003.

相互テレイグジスタンスやデジタル大極殿オペラ計画、都市の危機管理システムや環境学習、文化遺産のデジタルアーカイブ化などユビキタス生活を楽しむための実践的研究。

【第2部】

伝える

――時間・空間のバリアを超えて

PEMCO
GASOLINE
CONTAINS
LEAD

電話の声を初めて聞いた人は、
「隣りに本人がいるのか」と驚いたことだろう。
21世紀に入り、等身大の立体映像を送りあう相互コミュニケーションが、
いよいよ現実のものとなろうとしている。

2-1

離れていても存在感を伝えあう

舘 暲

●東京大学情報理工学系研究科 システム情報学専攻 教授

遠距離でもすぐそばにいるかのように
顔を合わせて対話できる
相互テレイグジスタンスシステムの展望と、
それがもたらす次世代の日常生活。

テレイグジスタンスの原点、盲導犬ロボット

●

人間の見ている世界は網膜に投影された像から再現された一種のバーチャルリアリティ。ならば遠くの場所のようすも機械で再現できるはず。

街角のブースや書斎に居ながらにして、世界最高峰のチョモランンマ(エベレスト)登山から、ロンドンでショッピングと思えばシンガポールでデートしたり、関西の被災地で災害救助に活躍、果てはウィンブルドン・テニスまで楽しめる——舘教授のアイディアをSF仕立てにした「アールキューブ・ストーリー」(1996)には、テレイグジスタンス(遠隔臨場感・遠隔制御)が日常生活に浸透した社会のようすが颯爽と描かれている[▶図01]。

当時通産省(現・経済産業省)と東京大学という「お堅い」組織の共同プロジェクトの構想が、SF物語として示されたとあって、話題になった。アールキューブ(R^3:Realtime Remote Robotics:実時間遠隔制御ロボット技術)構想の仕掛け人にして推進者、舘教授は、「誰でもがどこへでも行ける」テレイグジスタンスの立場から「ユビキタス」(Ubiquitous)時代の幕開けを準備し、牽引しつづけてきた。

“通産省の工業技術院機械技術研究所でロボット研究をやるようになった1975年当時は、工業用のロボットしかなかったのですが、もっと日常生活に役立つ新しい観点のロボット研究をやりたいと思って、盲導犬ロボットはできないかと考えたのが、今日にいたる一連の研究のスタートです。人間の見ている世界は網膜に投影されている像から再現しているわけですから、離れ

た世界の情況も機械で再現できるはずだと思いました。”

当時、愛犬と毎日散歩していたことや、少年時代に『Book of Knowledge』という子ども向けの百科事典シリーズの盲導犬の巻を読んで、盲導犬がSeeing Eye dogと呼ばれて、神が与えてくれた目の役割を果たすことなどに感動した記憶が伏線となっていたという。

盲導犬の訓練所を訪ねて、訓練の過程を調べてみると、ロボット研究への大きなヒントが潜んでいた。

“盲導犬の訓練は2段階あって、まず第1段階は主人のすべての命令に服従する。主人が「左」と言えばそのとおりに従う。それができるようになると、次に、「賢い不服従」という大事なことをマスターする。「進め」と命令されても、前に危険なものがあるときは従わない。イヌが通れる場所でも、人間が通れなかったり、頭がぶつかるような場所も避けなければならない。さらに

図01——「アールキューブ・ストーリー」(1996)**より**
ストーリー自体は颯爽としているが、イラストのイメージは90年代半ばという時代の制約は否めない。

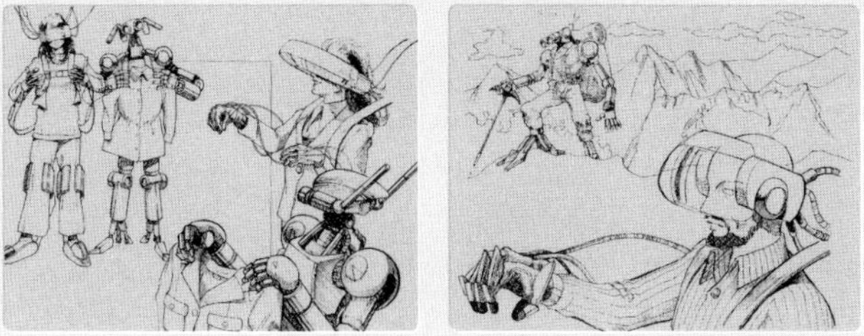

重要なのは、人間とイヌのコミュニケーションで、それを超音波でやるように設計しました。”

「賢い不服従」はアイザック・アジモフ*が唱えたロボット3原則に通じるもので、ロボットが生活空間に入るさいにも必須の要素として、舘教授は「安全知能」と一言で表現することにした。

折りしも、インテルがマイクロプロセッサを発売したころで、これを組み込めば技術的にも可能になるとの予感があった。実際に環境をセンシングして盲人をガイドする世界初の盲導犬ロボットMELDOGをマークIからマークIVまで開発し、技術的可能性を示したが、実用化までには至らなかった。

その後、1979年から80年まで、MITで義肢や義足の研究を進めていたロバート・マン*教授と共同研究する機会をえて、帰国後、機械技術研究所の廊下を歩いている時に、突然、テレイグジスタンスとロボットを結びつける構想がひらめいた。タイミングよく通産省の課長補佐から新しいロボットのアイディアを求められ、早速話したところ、「それは面白い」ということになり、休日を返上して計画書をつくって、国家プロジェクトの準備をした。

1983年から足かけ8年にわたる通産省の大型プロジェクト「極限作業ロボット」は、こうして日本発の「テレイグジスタンス」のアイディアを駆動力としてスタートを切った。ロボットの感覚器(センサ)を通じて環境情報を人間に提示しつつ、人間の操作をそのままロボットにフィードバックして、人間がその場にいるような感覚で作業できるようにする。原子力プラントの点検・保守、宇宙や海洋での探査、災害時の救助作業などの極限状況で作業するロボットを想定してシステムを構築すると、平常時には土木建設や農林水産業、医療福祉、警備、レジャー、訓練・テスト用など、応用の可能性はいっきに拡がった。「ユビキタス」

＊アイザック・アジモフ
I. Asimov 1920-92
ロシアのペトロビッチに生まれ、3歳でアメリカに移住。ボストン大学医学部の生化学の准教授をへて作家活動へ。SF、科学解説書、推理小説など著作は500を超える。1950年に短編集『アイ、ロボット』でロボット3原則(ロボットは[1] 人間に危害を加えない、[2] その限りにおいて人間に服従する、[3] その限りにおいて自己を守る)を発表。

＊ロバート・マン
R. W. Mann
職業学校卒業後、第2次世界大戦の兵役をはさみ製図工としてベル研究所に勤務。1953年よりMITで教鞭をとり、59年にはCADを開発。60年以降はバリアフリー技術をリードし、義肢や義足の開発、コンピュータによる点字翻訳などを推進する。75年にはバイオメカニクスとリハビリテーションのための、ニューマン研究所を設立。

が今日のようにマスメディアに登場しない当時から、舘教授はテレイグジスタンスを「人をユビキタスにする技術」として説明してきた。
“私なりにロボットの進化を整理すると、極限作業ロボットは第3世代のロボットに当たります。第1世代ロボットは工場の中にいて同じことをくり返していた。第2世代は、感覚(センサ)にしたがって違う動作をするけれど、やはり工場の中にいた。工場の中ならロボットに都合のいいように環境全体を設計できます。第3世代のロボットで、初めて工場の外で車輪や4脚で移動するようになる。ロボットで可能なことは自律的に作業するけれども、難しいところは人間が操作する。また極限という場所が想定されていて、しかも人は専門家しかいないとういう条件でした。当然次の第4世代として、一般社会に出て人と接するロボットを考えたくなります。”
1992年に東京大学教授となり、95年に冒頭に紹介したアールキューブ構想を立ちあげた。極限作業ロボットの時には特別の回線を結んでテレイグジスタンスにしたが、一般回線を使って老若男女がどこからでも自在に2足歩行ロボットを遠隔操作する世の中のようすをSF物語にして発表した。
“アールキューブ構想が世に出た96年、ホンダの技術者たちが、「これはまさにわれわれがいま研究していることです」とアプローチしてきました。その年の12月にホンダは自律型2足歩行ロボットP2を発表したのですが、実際に歩いているようすを見て、まるで人間が中に入っているようだと、皆大変なショックを受けました。”
その後、ホンダのP3の歩くようすがテレビコマーシャルで流され、全世界に衝撃をもたらしたことは、私たちの記憶にも新しい。このロボット技術とテレイグジスタンスを組み合わせれば、アールキューブ構想を実現できるという確信をもった舘教授は、通産省が1998年度から5か年計画で推進した官産学共同の大型プロジェクト「人間協調・共存型ロボットシステムの研究開発」(HRP：Humanoid Robotics Project/プロジェクトリーダー：井上博允*東京大学教授)にもサブプロジェクトリーダーとして積極的に関わった。

“P3が出たあと、富士通や川田工業など、ほかの企業もヒューマノイドロボットに参入してきました。技術というのは不思議なもので、ひとつ存在証明があると、それを真似するわけではなくても、どこでもできる技術になる。できると思ってやるのと、できないと思ってやるのは大変な違いです。HRPの後半は、プラント保守、対人サービスなど5つの分野で利用実験をしながら、その結果をフィードバックして人間型ロボットや操作装置(コックピット)の改良を重ねました。2000年春には、舘研究室と川崎重工業と松下電工、ホンダで、P3の改良版であるHRP-1を使って、世界で初めて2足歩行ロボットにテレイグジスタンスすることに成功するなど、対人サービスやビル管理の分野では、アールキューブの入り口にさしかかったと言える段階にまでなりました。”

*井上博允
→p.25

電話ボックスに代わる公共のテレイグジスタンス装置

●

せっかくの恋人同士の語らいもお互いにゴーグル姿では興ざめ。
裸眼のまま360度の3次元空間に没入できる「ツイスター」。

HRPが佳境に入った2000年秋、科学技術振興機構の推進する戦略的創造研究推進事業(CREST)「高度メディア社会の情報技術」の

研究テーマのひとつとして、舘教授の提案する「テレイグジスタンスを用いる相互コミュニケーションシステム」が採択され、平行して走りだした。

“CRESTではface to face、あたかも対面している状態を作りだす新しいコミュニケーションシステムの開発にテーマを絞りました。遠隔地にいる人同士のコミュニケーションは、長い間電話にたよってきた。最近はテレビ会議などもありますが、やはり参加者に存在感がなくて無視されがちです。最初は話に加わっていても、いつの間にか忘れられてしまって、人数の多いその場だけが盛りあがってしまう。「もっと存在感を」と思って考えたのが、テレイグジスタンス・コミュニケーションシステムです。”

最近は携帯電話の普及で、街角から公衆電話が姿を消しつつあって、いざ探そうとすると一苦労するが、舘教授は将来のコミュニケーションシステムとして、街角やオフィスに電話ボックスのような一時的に占有できるブースを復活させたいと構想している。

“公共あるいはオフィス用のテレイグジスタンス電話というのを考えています。会議室なり家庭なり、360度の映像を再現する装置です。会議なら、そこに出席している人たちが等身大で見える。簡単なケースはそれぞれ別のボックスに入っているふたりの面談でしょう。もうひとつは家庭に置きたい。日本の家庭には公衆電話ボックスなみでは大きすぎるので、デスクトップにしてふだんはテレビを見ていて、テレイグジスタンス電話に切り替えれば3次元の通信ができる。さらに携帯、ウェアラブルにすることも視野にいれています。”

まず、公共スペースにおくテレイグジスタンス装置として、あ

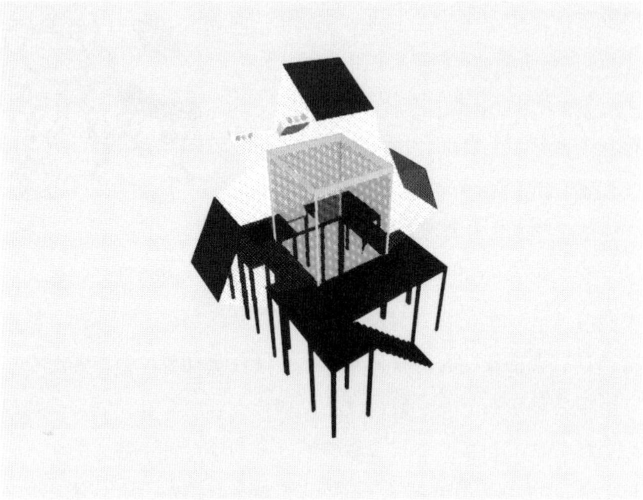

図02——大型VR空間
CABIN（東京大学・IML）
5面の3次元表示ができる。

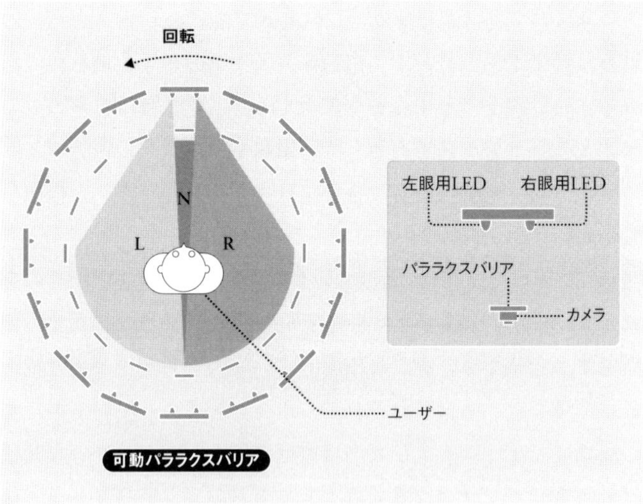

図03——可動パララクス（視差）バリアの原理
内側のパララクスバリアにより、右目用のLED列からの光は右目に、左目用LED列からの光は左目に入るようにして、これを回転させて立体視ができるようにした。回転するとバリアは見えなくなり、連続的な360度の視野の3次元画像が得られる。

まり大きくせずに360度見渡せるような3次元空間をつくることにした。大型バーチャルリアリティ(VR)空間としては、イリノイ大学のCAVEや東京大学のCABIN[▶図02]などのシステムがあるが、3メートル四方とか2.5メートル四方の部屋に加えて、バックヤードが長さでその3倍、体積では27倍必要になる。また立体視のために、シャッター眼鏡をかけなければいけないので、face to face とは言い難くなる。恋人同士の語らいが、お互いにゴーグル姿では興ざめだ。

“あくまで裸眼立体視で360度見えるようにしようと目標設定をして、「可動パララクス(視差)バリア式」という円筒の回転装置を考案しました。”

右目用、左目用にそれぞれフルカラーのLEDを短冊状の基盤に縦に密に並べ、光源列より内側にバリアを設けて、右目用の光源列からの光は右目に、左目用からの光は左目に入るようにし

図04——全周フルカラー裸眼立体ディスプレイ「ツイスター」4

中に入って自分の映像を映しだせば、左右の反転しない他人が見た自分の姿が映るバーチャルミラーにもなる。

て、これを回転させて立体視ができるようにした[▶図03]。回転する円筒状のLEDを、提示したい映像がその位置に来たときに見せたいパターンで点灯すれば、バリアは見えずに360度の映像だけが見えるようになり、VR空間が出現する。

名づけて、「ツイスター」(TWISTER：Telexistence Wide-angle Immersive STEReoscope)、世界初の眼鏡のいらない360度VR空間であり、テレイグジスタンス・コミュニケーション装置だ。SIGGRAPH(シーグラフ)2002で発表し、大きな反響を呼んだ。2004年末の時点では、ツイスター3とツイスター4が開発されていて、LEDの進歩のおかげで、4のほうが映像が明るく鮮明になった[▶図04]。

“中村修二*さんが開発した青色LED が使えるようになったので、ツイスターは実現できました。アイディアと技術の進展の歩調が合った。欧米の研究者は何でも電子的にやろうとするので、機械装置を回したりするようなことは考えつきません。われわれ

＊中村 修二
S. Nakamura 1954-
徳島大学工学部大学院修士課程修了後、日亜化学工業株式会社入社。窒化ガリウム(GaN)系の半導体材料を用いて青色および緑色を発する発光ダイオード(LED)とレーザーダイオード(LD)を開発。2000年よりカリフォルニア大学サンタバーバラ校材料物性工学部教授。東京地裁が日亜化学に200億円の支払いを命じた同社との発明対価をめぐる係争では、東京高裁において、8億4000万円で和解が成立。

図05——テレイグジスタンス・コミュニケーション
遠隔地の恋人同士がバーチャル空間でデートする。

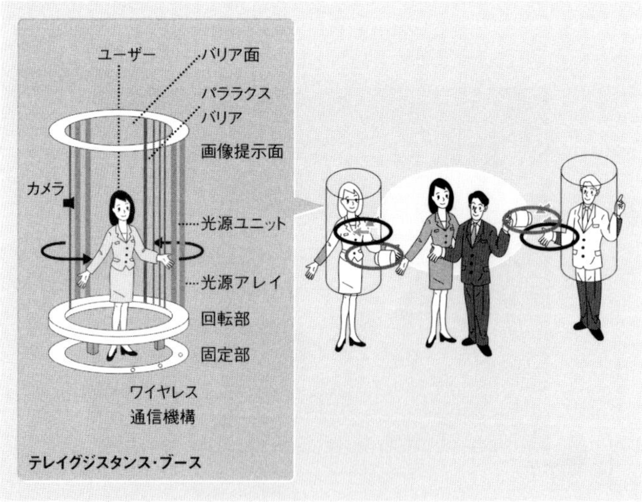

にはロボティクスとかメカトロニクスの伝統があるので、機械と電気と光の技術を統合しようと挑戦する気になりました。高速で液晶のスリットを動かせるようになれば電子的にも可能でしょうが、現状では無理です。”
中にいる人の360度の映像を撮るためにCCDカメラもバリアの部分につけて、いっしょに回す。複数のカメラをつけてもLEDの発光を妨げないし、回転すれば見えなくなる。ツイスター3と4で通信するところまできていて、2005年のプロジェクト終了までには完成し、日本科学未来館にもツイスターを展示して、舘研究所との通信実験がおこなわれる予定だ[▶図05]。
“バーチャルミラーといって、ツイスター4についているカメラで自分の映像を撮りながら、リアルタイムで映しだすこともできます。この像は通常の鏡と違って、右手を上げたときに、相手も右手をあげる。他人が見た自分の姿が見えるわけです。”
最近、カメラ付携帯をコンパクト代わりに使っている女性がいるように、これはファッションチェックをするのにも利用できそうだ。撮影した位置と提示する位置をずらしてゆけば、立体で、等身大の自分の姿が360度チェックできる装置になる。

家庭用の切り札登場

●

複数でコミュニケーションできる小型テレイグジスタンス装置「シーリンダー」は、「ツイスター」の発想を逆転して誕生。

LEDの列を回転させるツイスターの技術を開発した舘教授は、発想を逆転させて、円筒の中にLEDの列を置いて、その光をスリットの間から外に出しながら回して3次元の映像空間にする装置も開発した。名づけて「シーリンダー」(SeeLINDER) [▶図06]。

“シーリンダーがツイスターより進んでいるのは、どの方向からも完全な映像になっている点です。ツイスターの場合は右目と

図06——「ツイスター」を逆向きにした裸眼立体ディスプレイ「シーリンダー」
家庭やオフィスに置けば、複数の人が取り囲むこともできる。

左目だけに映像を与えているので、光線の中でも限られた情報しか再現していませんが、シーリンダーはホログラムと同じようにすべての情報を再現しています。小型化できるので、これは家庭用の切り札になりそうです。”

これもスリットを回転させたのがミソ。立体の1点から発せられた光は、方向によって遮られる部分がでてくる。こうした光の情報を360度にわたって再現しようというのが、シーリンダーの趣旨だ。光の情報をすべて再現するためには、本来なら球面状にすべきところだが、目が横に並んでついている人間は、上下方向はあまり見ようとしないので、円筒状でも大半カバーできるというしだい。

内側のLEDを回しつつ、外側のスリットを入れた円筒も回転させることによって、LEDやスリットの数をさほどふやさずとも、ひとつの点から発せられた光情報を360度再現して、円筒の真ん

図07——「シーリンダー」の原理

1分間に100回転するLEDアレイの外側に、逆回りに1分間に1800回転する円筒形パララクスバリアを配置。回転によって光線の方向を走査し、時分割で視差画像を表示する。

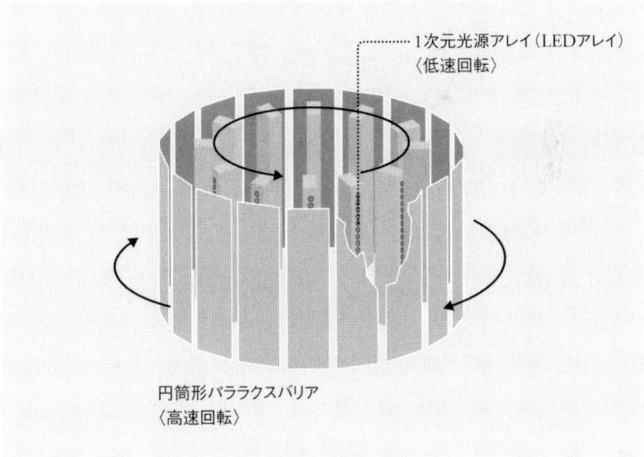

中に3次元の立体を浮かびあがらせる[▶図07]。
“シーリンダーは当初の予定にはなかったのですが、追加成果で誕生しました。これを家庭において、オフィスにあるツイスター内にいる人とコミュニケーションができます。シーリンダーのいいところは、居間なり会議室にポンとおいて、多人数で共有できることです。どの方向から見ても見え方も対応しているので、「同席している人」として無視されにくい、でしょう(笑)?まだリアルタイムではなく、『スターウォーズ』でレイア姫が3次元記録再生されていたようなものですが、名古屋大学の圓道智宏助手と共同でリアルタイムにしようとしています。”
すでに某広告会社より、街角の広告塔で試してみたいとアプローチがあった。

「顔」が見えるロボットだから安心

●
匿名性とテレイグジスタンスが結びつくと危険な面も生じる。誰がロボットを動かしているのか、顔の見えるシステムが必要。

舘教授は著書『バーチャルリアリティ入門』(ちくま新書)の中で、「バーチャル」(virtual)という言葉を「仮想」とか「虚構」「擬似」などと訳すのは間違いであると指摘している。本来は、「本質的」あるいは「ほとんどリアル」という意味であり、「バーチャルリアリティ」は訳さずに使うか、「VR」と略称にするか、あえて訳すなら「人工現実感」とするよう薦めている。
平面に遠近法で書かれた絵を見ると、私たちは3次元空間を感じることができるが、これも一種のVR空間ということができるだろう。もともと私たちが「見ている」と思いこんでいる3次元空間そのものが、網膜像から再構成されたVR空間であることは、盲導犬ロボットの研究を思いたったときの舘教授の考察どおりだ。
“2次元に関しては、人間は長い生命史の過程で見なれた物体は、そのあるべき大きさに頭の中で変換する能力を養ってきました。ところが、3次元はそうはいきません。網膜上では、近くの小さな物体と遠くの大きな物体の像が、同じ大きさになることもある。でも瞬時に両眼立体視をして物体の位置と大きさを割りだしてしまいます。”
テレイグジスタンスの操作コックピットに表示されるVR空間について研究を重ねてきた舘教授は、3次元は現実に近いので、かえって拡大解釈しにくいのだと推論する。
“小さな模型に3次元が再現されていて、それを見ながら操作するよう頼んでも、かえって見にくいので、むしろ2次元のほうが見やすいという感想をたびたび耳にしました。携帯に3次元の映像が出ても人はミニチュアとしか見ません。最近になりVR技術が進展して、3次元を等身大で作れるようになり、初めて一般に受け入れられ、利用される道が開けてきました。”
かつての飛び出す立体映像は、ことさら遠近感をつけるために距離を強調しすぎて疲れてしまうという難点もあった。この点もなるべく自然な遠近感を心がけたという。実際にツイスターに入って360度の3次元映像を見ると、まったく新しい視覚体験なので圧倒され、めまいを覚える気がするのは否めないが、そういった点も今後、改良が重ねられてゆくことだろう。
相互コミュニケーションのために開発されたツイスターを、舘教授がこれまで研究を重ねたロボット(分身)を使うテレイグジスタンス装置としても使う可能性は十分ある。ツイスターにいながら遠隔地のロボットを操縦して、登山やショッピングをする、まさに「アールキューブストーリー」の世界だ。
“その場合、ツイスターにいる人は臨場感があってハッピーなのですが、ロボットが歩き回る場に居合わせる人にとっては、しぐさや声が再現されているとはいえ、ロボットとしての存在感しかありません。これをどう解決するかがつぎの課題です。”
2003年『タイム』誌が年末に発表する「今年の注目すべき発明」に選ばれた再帰性投影技術(Retrorefrective Projection Technology: RPT)が役に立つと見込んでいる。
入ってきた光をもときた方向に戻す「再帰性反射材」をスクリーンに使う技術である。もともと交通標識や装飾用に使われていた素材が、50ミクロンほどのガラス玉となり壁や衣服に塗布できるようになった[▶図08]。
『タイム』誌で選ばれたのは、「オプティカル・カモフラージュ」、人が透明になって見えるというユーモラスな使用例だ。11月24

図08――小さなガラス玉による再帰性反射

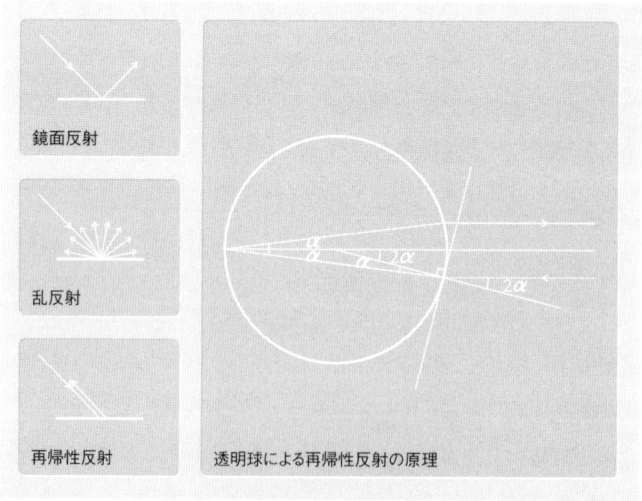

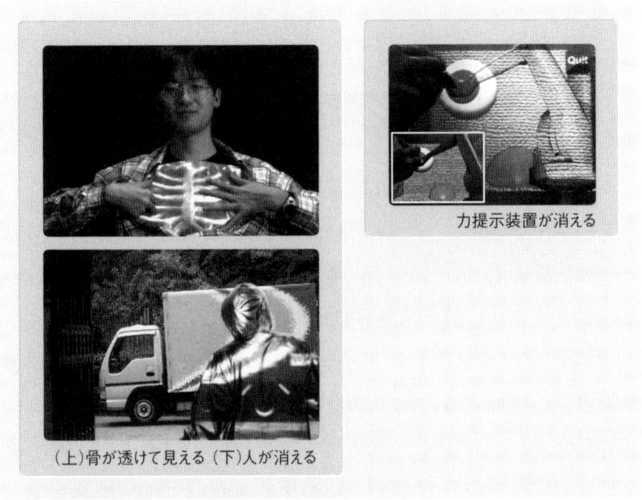

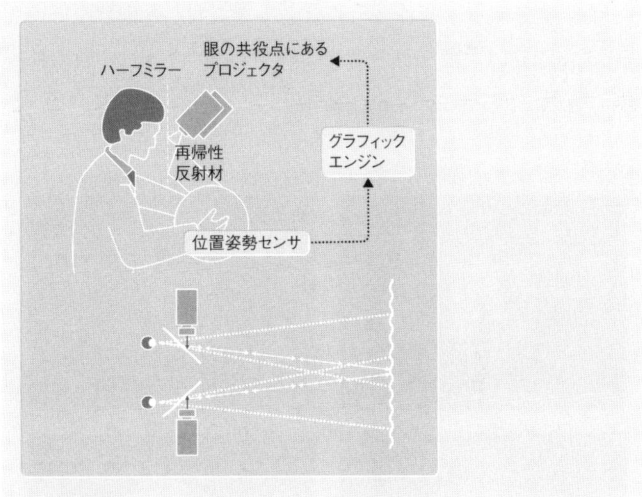

図09(上)——**再帰性投影技術による、オプティカル・カモフラージュ**
2003年『タイム』誌(11月24日号)の「今年の注目すべき発明」に選ばれ、話題を呼んだ。
図10(下)——**ヘッドマウント・プロジェクタ**(HMP)**の原理**

日号に、舘 暲、稲見昌彦、川上直樹の3名の発明として紹介されている。再帰性反射材を塗布したコートを着た人の後ろの情報をカメラで撮影して、こちら側にいるヘッドマウント・プロジェクタ(HMP)をかけた人の位置から見た画像に補正して、ハーフミラーを使ってコートに投影すると、ちょうど目から見るように光を出して戻すので、明るい映像が得られ、その部分が透けているように見える[▶図09・10]。

“もともとオーグメンテッド・リアリティ(AR)、現実空間に情報や映像をつけ加えるために開発した技術で、もっと実用的な使用例も想定しています。例えばリフォーム工事のさいに壁の裏の配管や配線を確認しながら作業するとか、工場で配線するときに指図書を見ながら作業したり、小さな穴しか開けない内視鏡による腹腔口手術などの場合に開腹手術のように内臓全体を

図11——誰が動かしているのか、顔の見えるロボット
ロボットに再帰性反射材を塗ってHMPで見れば、ロボットを動かしている人の顔がわかる。

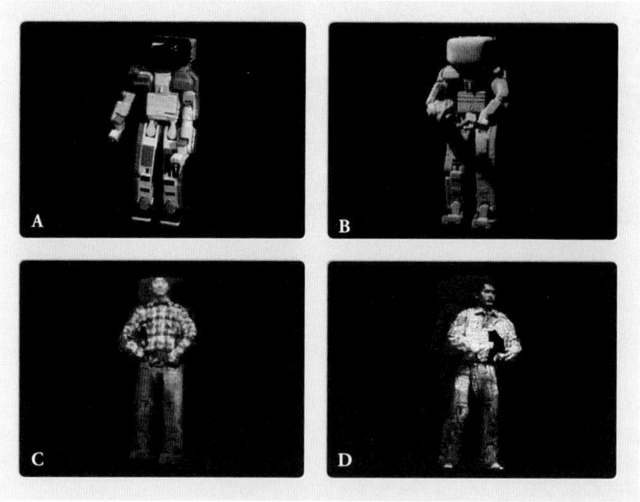

見ながらできる情況を作りだすなど……。”
この再帰性投影技術を使えば、ツイスターにいる人の映像を遠隔地で活動するロボットに投影することができる。いろいろな場所で活動したり作業したりするには、ロボットが欠かせない。既存のロボットでも、再帰性反射材を塗布すればすぐ使えるのも利点だろう[▶図11]。唯一の難点は、ロボット側にいる人が、透明とはいえ、眼鏡型のヘッドマウント・プロジェクタをかけねばならないことだ。
“仕事をしなければ、シーリンダーが映像としてはお薦めです。遠隔手術や介護の場面では、ロボットが必要になりますが、誰に命を託しているのか、背後で操縦している医師や介護士の顔が見えたほうが安心です。匿名性のものには不安感がつきまとうものです。誰が責任をもって、誰が管理しているか、顔が見えて、もし操縦しているなら操縦者がわかって初めて人間と共

図12——顔や姿を見ながら握手もできる相互テレイグジスタンス

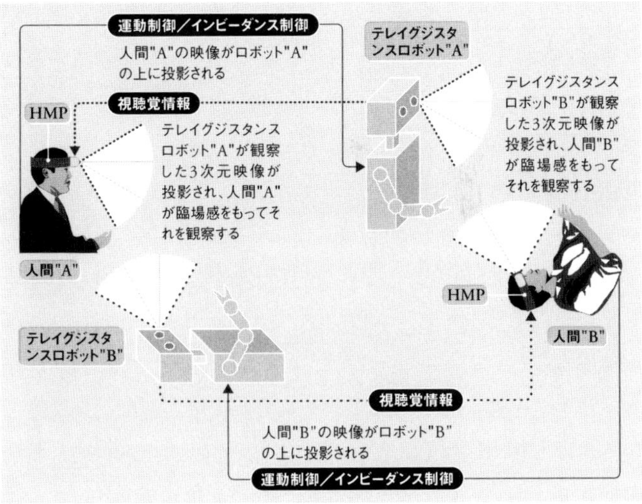

生できるロボットになるのです。”
将来のロボットを考えたときに、安全知能と、非匿名性と、分身性が重要と舘教授は強調した。
ロボットやシーリンダーが用意された貸し会議室に世界各地のメンバーが集まって、ミーティングや共同作業をするような日も、いずれ到来するかもしれない。

繊細な皮膚感覚の再現に挑戦

●
色に3原色があるように、触覚にも基本になる感覚が見いだせれば、VR体験はさらに豊かになるだろう……

“顔と顔を合わせて、できれば握手もしたい[▶図12]。”という舘教授は触覚についても要素技術として研究している。
触覚のうち、固有受容感覚といわれる、筋肉や腱に由来する姿勢や運動の感覚については、すでに双方向に力を伝えるロボット技術が開発されているが、より繊細な皮膚感覚については研究そのものが遅れている。
“皮膚感覚については標準センサもないし、研究方法もまだ確立されていません。そこで色がRGB(赤緑青)の3原色で再現できるように、触の3原色のようなものが考えられないだろうかと想定しました。”
皮膚感覚をとらえるセンサには、マーケル触盤、マイスナー小体、パチニ小体などがあって、それぞれ変位、速度、加速度といった違う刺激に反応している[▶図13]。それらを選択的に刺激できれば、本質的(バーチャル)に同じ触感を再現できるはずだ[▶

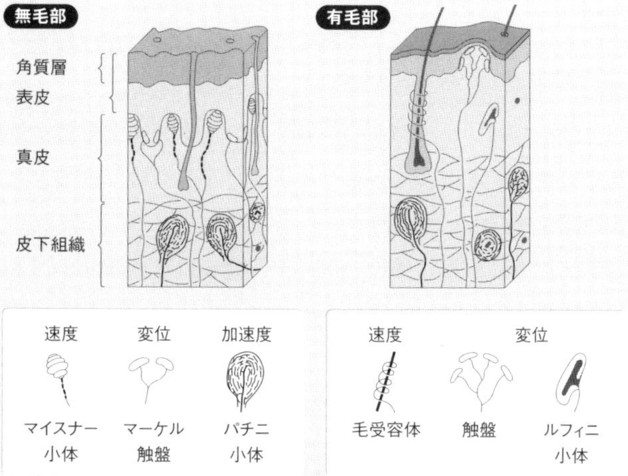

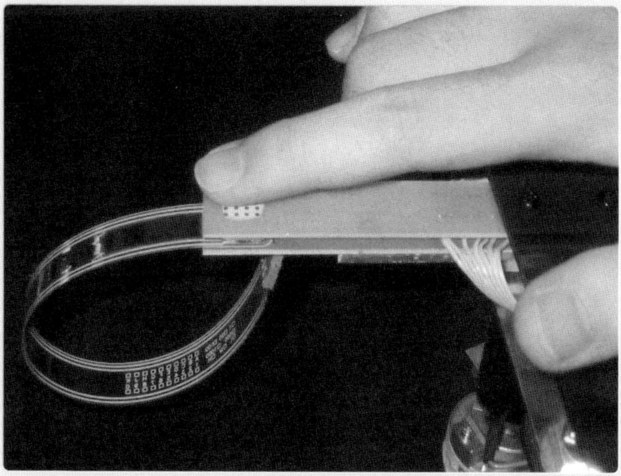

図13（上）——皮膚感覚をとらえる生体センサ
舘研究室では、マイスナー小体については選択的に電気的刺激を与えることに成功した。
図14（下）——電気刺激による触原色の試み

図14]。

“3つのセンサのうち、マイスナー小体(速度センサ)だけは選択的に刺激できることを発見しました。これまで触覚に対する電気刺激は陰極でおこなうのが通説でした。しかし条件を整えれば陽極でも刺激できて、しかもマイスナー小体だけが刺激されることが明らかになりました。”

マイスナー小体の縦に伸びる部分が、陽極に反応するのだという。マイスナー小体が分離できたので、指先のすべり感に関しては、電気刺激を使って再現する可能性が見えてきた。

一方、ロボットの皮膚感覚である圧覚センサについては、盲導犬ロボット以来の蓄積がある。ふつう力センサというと、1軸でいろいろな方向がわかるが、1点しかわからない。感圧導電ゴムのようなものは、複数の力点がわかるが、垂直方向の力しかわからず、回転やひねりを感じることはできない。両方の利点を

図15——ロボットの指先につけられる圧覚センサ

透明のシリコン層に赤(内側)と青(外側)のマーカーを2層入れて、パターン変形のようすを撮影して、逆問題をといて力のようすを再現する。

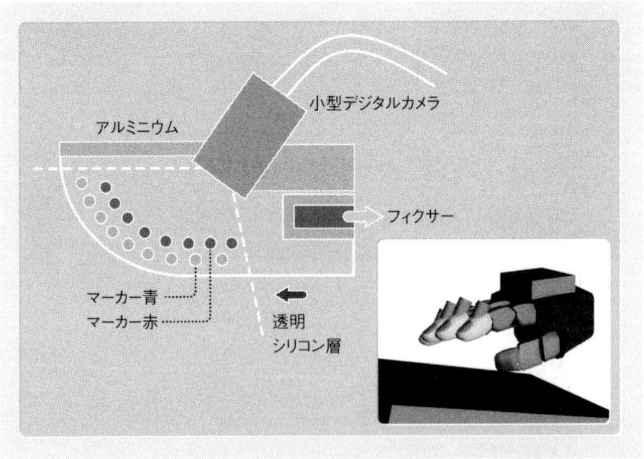

いかすために、透明なシリコン層に赤と青のマーカーを入れ、力の分布のパターン変形を撮影・再現してロボットの指先に伝えられるシステムを開発した[▶図15]。
さらに嗅覚や味覚など、人間の感覚メカニズムの探求とそれを工学的に再現して次世代コミュニケーションを開拓する舘教授の試みは、当分のあいだつきることもなさそうだ。

参考文献

★01——舘 暲「バイスペクトル分析による雑音に埋もれた周期信号の分離」『計測自動制御学会論文集』Vol.9, No.6, pp.729-738,1973.

★02——舘 暲＋小森谷 清「第三世代ロボット」『計測と制御』vol.21, no.12, pp.1140-1146, 1982.

★03——舘 暲『自然とロボット（盲導犬）』桐原書店, 1985.

★04——舘 暲「テレイグジスタンス：未来の夢と現在の技術」『日本ロボット学会誌』Vol. 4, No. 3, pp. 295-300,1986.

★05——安西祐一郎＋坂村健＋舘 暲ほか『電脳都市感覚』NTT出版, 1989.

★06——通産省アールキューブ研究会『アールキューブ』日刊工業新聞社, 1996.

★07——舘 暲『ロボットから人間を読み解く：バーチャルリアリティの現在』[NHK人間講座], 日本放送出版協会, 1999.

★08——舘 暲監修・編『バーチャルリアリティの基礎1：人工現実感の基礎＝臨場感・現実感・存在感の本質を探る』培風館, 2000.

★09——舘 暲『ロボット入門：つくる哲学・つかう知恵』ちくま新書, 2002.

★10——舘 暲『バーチャルリアリティ入門』ちくま新書, 2002.

★11——Susumu Tachi, *Telecommunication, Teleimmersion and Telexistence*, Ohmusha / IOS Press, 2003.

2-2

生活を共にする情報パートナー

木戸出 正継

●奈良先端科学技術大学院大学情報科学研究科　教授

いつでもどこでも情報編集活動を支援し、
記憶の拡張やナビゲーションをしてくれる
情報パートナーの将来像。

埋蔵文化財として世界遺産に登録された平城京跡が
2010年の遷都1300年記念にむけて、再び脚光を浴びようとしている。
木戸出教授の情報パートナーが活躍する
晴れの舞台ともなりそうだ。

ウェアラブル技術の可能性を探る

●

ふだんは背後に隠れていて、本当に必要なときにふっと現れてくれるような装置が理想だが……

携帯電話の機能の進化はめざましいものがある。通話やメール、カメラ機能は当たり前になり、電子マネー機能やクレジット機能のほか、音楽配信や映像配信など、情報端末としてますます用途はひろがりそうな勢いだ。

常時コンピュータを着用する、「ウェアラブル」の発想を初めて耳にしたときには、実用化するのはまだ当分先だろうと思っていたが、携帯電話の発展と浸透ぶりを見れば、使い勝手がよくてファッション性に優れたシステム・装置が世に送りだされれば、一気に普及しても不思議ではない。

“常時身につけるという意味では携帯はもはやウェアラブルの領域にはいりつつある。僕たちがやろうとしているのは、既存のウェアラブル技術をふまえながら、少し先の可能性を探りたいということです。これまで情報というと、いかに大量の情報を目的にそってすばやく処理するかということを第一目標にしてきましたが、情報によって遊ぶ、日常生活で自然に使えて、これがないと面白くないというものをめざしています。”

楽しく使える情報パートナーWIPS(Wearable Information Playing Station)を考えるにあたり、オフの時間はネイチャー指向という木戸出教授は、個人的に欲しいと思う機能を優先させた。

“人生楽しくやらなあかんし、ボケずに長生きしたい。アメリカの国立公園56をすべて制覇するのを目標にして、現在半分を少し越えた程度まで達成したのですが、どっぷり自然につかったときでも、地理に関する情報や出会った動物や植物についての知識が得られると嬉しい。もうひとつは企業に勤めていて転勤が多くて、引っ越しごとにステレオ、テレビ、ビデオとかの配線をはずしてはまたセットし直すのが大変だった。最近の新しいコンピュータ周りのシステムも、それなりに難しくなっている。そんなときに、相談センターに連絡して、その道のプロのアドバイスを受けながら共同作業できれば助かる。”
整理して、以下の3つの課題のもとに、応用と、必要なインタフェースと、プラットフォームを考えることにした。

❶——モノ忘れ防止：情報パートナーが常時動いて記録して必要なときに取りだせる記憶拡張アルバム。
❷——旅行ガイド：旅行中のオンライン提示。車窓からの眺めや自然観察などへの知的ナビゲーション。
❸——専門家のアドバイス：AV機器の接続やPCネット接続などについて専門家との知的共同作業を支援。

ユビキタス情報ネットワーク環境と情報パートナーがどう連携するのか、システムも検討する[▶図01]。
“着ても楽しくないと、誰も使ってくれないのはわかってますし、企業にいましたのでLSIやディスプレイなどの開発が重要なことも重々承知していますが、今回の課題からははずしました。ドイツやスイスの研究グループのように布に組み込める配線やセンサの開発も大事ですが、今は産業界に「どんなことができるんや」を示したい。”

どんなイメージか。両手が自由に使えるよう(ハンズフリー)にす

知的応用
拡張記憶アルバム
●記憶の要約・編集・検索
• ユーザー注視検出
• 注目映像抽出・記録
• 映像情報の構造化
• 画像連想検索
知的ナビゲーション
知的共同作業支援
●複数ユーザー・地点での空間共有
空間共有
ウェアラブルコンピュータ
没入型提示装置
ウェアラブルインタフェース
着用指向インタフェース
●耐雑音・ハンズフリー音声認識
• 極小規模マイクアレイ
●ささやき声・つぶやき声
拡張現実インタフェース
●実環境とVR 環境の位置合わせ
• GPS、ジャイロセンサ、ビデオ情報の統合
●実環境アノテーションと情報共有
GPS
ジャイロ
着用指向ビジョンインタフェース
●バーチャル入力デバイス
●身ぶり認識・物体認識
プラットフォーム基盤
他者の
ウェアラブル
ウェアラブルOS
• HW資源管理
• コンテキスト
アウェアネス管理
(ミドルウェア)
front-end
DBMS
ウェアラブル
データベース
●知的
データ交換
back-end
DBMS
●階層的データ要約
●追記型履歴データベース
●XMLデータベース
ウェアラブルネットワーキング
• 無線通信環境での
セキュリティ・プライバシー保護
• 動的グループ形成
●映像の
オンライン
要約
サーチエンジン

図01——ユビキタス情報ネットワーク環境と情報パートナー
いつ、誰が、どういう場所で、何をしようとしているかに即して必要な情報が手軽に取りだせるようにシステムを構築。

るのは大前提として、ファッション性も研究課題からはずすとはいえ、できるだけ若者に受けるように格好よくしたい[▶図02]。ヘッドマウント型デバイス(装置)には、シースルーの小型ディスプレイをつけ、カメラでユーザーが見ているモノを記録し、イヤフォンとマイクにより音声情報の提供とユーザーが聞いている音を収録する。用途に応じて腕時計型のディスプレイ、カメラ、マイク機能のそろったデバイスも使う。環境を知るためにマイクはネクタイや肩などに複数取りつける。自分の喋った声がわかるマイクと口の動きを読みとるカメラもつけたい。
“コンピュータは回路をベストの中に入れて洗濯できるようにしようという方向になりつつありますが、僕たちは腰につけている。問題は電池。寝ているときはオフにするにしても、18時間動く電池があるか。太陽光発電とか、足の動きで自家発電とか、これも課題ではある。”

図02——情報パートナーの利用者イメージ
いかにファッショナブルにするかが課題。

完全に両目を覆ってしまうゴーグル型のHMD（ヘッドマウントディスプレイ）でも実世界を見せることは可能だが、やはり周りの世界をそのまま見て欲しいのでシースルー型のHMDにした。製造現場や医療現場、飛行機のメンテナンスの現場など特殊分野の限定された使い方なら没入型でも問題ないが、周囲の人とアイコンタクトができなくなっては、失うものが大きすぎる。
だが、目の近くにあるディスプレイを見たり実世界を見たりして、頭がフラフラしないだろうか？
“確かに実世界を見わたすには焦点を無限遠点に合わせなければならないので、頻繁にディスプレイと実世界をいったりきたりすると、目が回ってしまう。焦点を揃えるのも課題です。いろいろ問題点はありますが、まずは課題を摘出しておく。”
最終的には、ふだんは背後に隠れていて、本当に必要なときにふっと現れてくれるような装置が理想というが、まだまだ実現には遠いという。

モノ忘れの不安から解放する

●
当たり前すぎて覚えようとしないことから、しっかり覚えておきたいことまで、必要に応じて思い出せる「記憶拡張アルバム」。

年を重ねるごとに顕著になるモノ忘れ。置いたと思った場所に眼鏡や手帖などがなかったりすると、探しだすまで必要なコトが果たせないいらだちと、衰える一方の記憶力に対する不安感の二重のストレスにさらされることになる。
ふだん当たり前にしている動作は、無意識にやっているので、何か特殊な事象がその前後におきていない限り、記憶を甦らせようとしても、白紙状態でお手上げにならざるをえない。
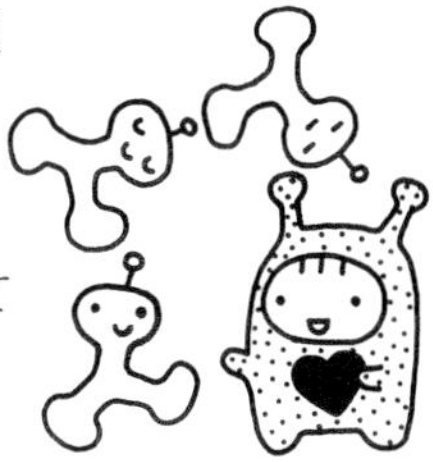
記憶拡張アルバムは、常時自分の目で見ているものと同じ映像記録をとって、必要なときに取りだせる、ビジュアル版の備忘録だ。
まずは対象となるモノや場所を登録する。ヘッドマウント型のデバイスに取りつけたカメラで日ごろ自分が見慣れている目線に近い映像を記録して、腕時計型入力デバイスのジョグダイヤルを片手で操作して、ウェアラブルPCに名前をつけて登録しておく。

場所の記憶▶お気に入りの街角や店、観光スポットなどを登録しておくと、そこを訪ねようとするときや現地で検索すると、前回同じ場所にいったときの映像が自動的に検出されHMDに映しだされる。
モノの記憶▶眼鏡や手帖、財布、愛用のカップなど、置き忘れると困るアイテムを事前に手に取りあげて登録しておくと、それがどこに置かれているのか、自動的に検出されHMDに映しだされる。

“モノを見るなんて人間には簡単なことですが、画像認識で対象となるモノのみを背景から切りだすには一工夫必要です。ふつうのCCDカメラのほかに、近赤外光を発して反射光を検知するセンサをつけました。反射光の強さは距離の2乗に反比例する。手に持ったモノは至近距離にあるので、カラー画像から近赤外光の反射の強い所をひろって、肌の色をした手の部分を差し引けばお目当てのモノだけが取りだせます[▶図03]。”

見る方角が変わると同じモノと認識できない問題は、登録時に複数の角度からの映像を記録して、事前に学習させておく。

モノ忘れというのは、基本的には身近な空間に自分が無意識に置き忘れたモノなので、このシステムで見つけだすことは確かに簡単になるだろう。しかし、自分が目を向けていないときにバッグから落ちてしまったり盗まれたりしたモノを追跡することはできそうもない。本当に大事なモノには、物流の世界に浸透しつつあるICタグ(RFID)を個人もつけるほかはないのだろうか。あるいは商品につけられたICタグを、購入者が持ち物管理にも活用できるようなシステムを構築する可能性も考えられる。その場合は、本人だけが活用できるなら問題ないが、他人に覗かれるリスクが生じてプライバシー保護をどうするかが課題になる。

図03――手にもったモノを認識する

カラー画像から近赤外光の反射の強い所をひろって、肌の色をした手の部分を差し引く。

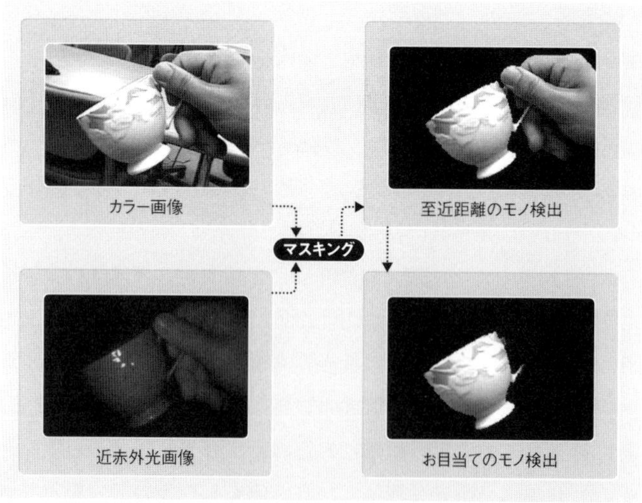

個人的にモノ忘れでいちばん困っているのは、人の名前が思い出せないことだ。どこかで会った顔であることはわかっても名前も会った時期や場所も忘れている。もっとひどい場合は、ひんぱんに顔を合わせていてどういう人かは熟知しているのに咄嗟に名前が出てこないこともある。こんなときに、いま対面しているのは、「××の○○さん」といったコメントも同時に出て、前回会った場面の映像が流れれば、冷や汗をかかずにすむだろう。個人の顔の認識はまだまだ難しく大変そうだが、容量的な問題はすぐにクリアされるはずなので、有力な応用例として折り込みずみという。

あらゆるモノが記憶装置

●

人との一期一会の出会いを大切にしたいから、場所や家具に記憶を埋めておく。

ICタグはすでに机や書棚はじめ、木戸出研究室のいたるところに2500枚ぐらい貼られている。会議のさいに記録をとりたいと思えば会議テーブルのICタグにさわれば、指示者の目線の映像情報を記憶してくれる。翌日になって、「昨日の議論はどんな展開だったか」を点検したければ、テーブルのICタグにさわると映像情報が甦る。

同じモノに複数のICタグをつけて情報をふりわけることも可能だし、家具のように大きなモノでなくても、名詞や手帖などの小物にICタグをつけて、必要に応じて映像情報を取りだすこともできる。

“モノに記憶を貼りつけて、後でいろいろ利用するという発想です。研究指導や打ち合わせなどで重要やと思えばICタグにさわればいいので、せっかくひらめいたアイディアをその場かぎりで忘れてしまうようなことも防げます。場所の記憶を共有したいときにも活用できるでしょう。”

かつて記憶術*は建築や街並みの構造に託して覚えたい情報を頭にしまいこみ、建築や街並みの光景を想起することによって記憶を再生した。現在では、記憶力というと、創造性とは対極にある能力として、低く見られる傾向があるが、印刷術発明以前で書物もひろくはゆきわたらなかった中世時代は、記憶することこそ知性や創造性の証であるばかりか、人間性や徳性の証として尊敬の的となったという。

自分が相手の名前を忘れてしまうことを棚にあげて、相手が自分のことを忘れてしまうと、人格が否定されたように感じることも事実だ。ユビキタス時代になればなるほど、一期一会の出会いのかけがえのなさは大きくなる。記憶拡張アルバムは、人との出会いを大切にするツールとしても応用が期待される。

今後は、印象に残った場面だけを取りだしたいときのために、脳波や心拍、発汗、眼球の動きなどの生理情報を活用する手法も検討中だ。異性とのデートやコンサートなどで、頭で意識して印象深かったり感動したと思ったりしたことと、身体の反応は違っていたなんてことも、近い将来には明らかになるのかもしれない。

さらに次世代インタフェースとして、視線制御でロボットやさまざまな機器を動かすことも提案する。

“モノを見つめただけで視線を察知して意図したところへ移動してくれるロボットとか[▶図04]、視線を感知して温度調整してくれるエアコンなども考えています。キーボードは日常生活にな

＊記憶術
古代ギリシアからルネサンス期までの記憶術をめぐる精神史については、F・イエイツ『記憶術』(水声社1993)、中世のディープな諸様相についてはM・カラザース『記憶術と書物』(工作舎1997)参照。

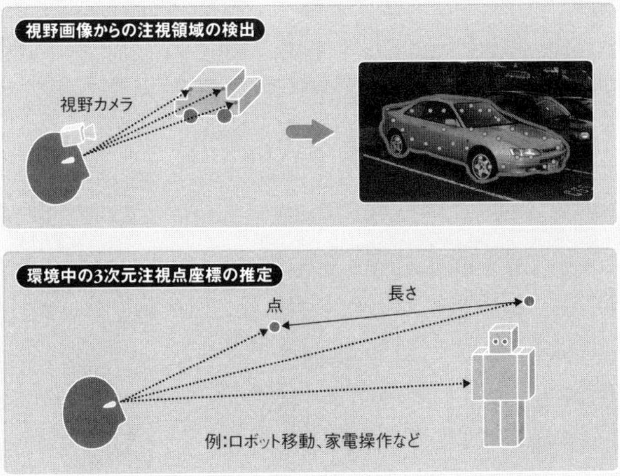

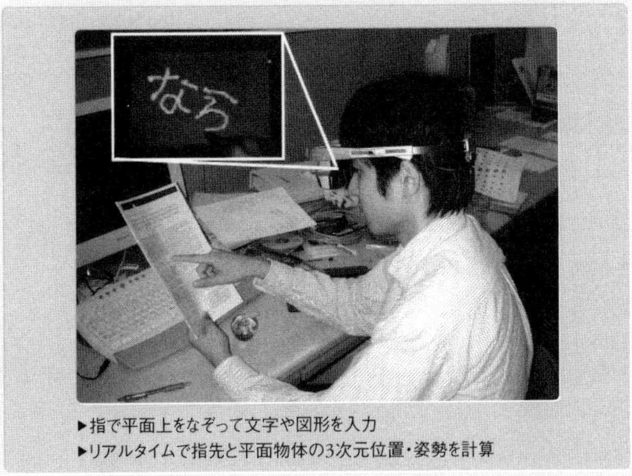

図04（上）——視線でロボットに指示をする
視線の方向にロボットが移動する。
図05（下）——どこでもタブレット
本やアタッシュケースなど、どんな平面でも指でなぞれば入力できる。

じまないので、「どこでもタブレット」という平面インタフェースも試作しました。凹凸のある面や曲面はだめですが、机や壁やアタッシュケースなど平面ならどこでも接した指の動きでコンピュータに指示することができる[▶図05]。”
平面に接した指の位置情報をカメラでひろうので、手書きの文字や図形のオンライン入力ができるというしだい。ある企業が興味を示していて、実用化しそうとのことだ。
音声記録については、二つ以上のマイクを使って、ある特定の人がしゃべっていることだけを取りだせるようにもしたい。ささやき声、つぶやき声で音声だけでは判読できないときには、唇の動きも読んで読唇術も利用する。やりたいこと、やるべきことが、つぎつぎに浮かんでくる。

2010年平城京1300年記念でイベントを企画

●
埋蔵文化財として世界遺産に登録された平城京跡が、当時の人々や歌舞音曲とともに甦る「デジタル大極殿オペラ」。

情報パートナー開発のプロジェクトのなかで、モノ忘れ防止の次に力を入れているのが、自然観察にも歴史探訪にも役立つ知的ナビゲーションシステムだ。趣旨は実環境をVR環境と融合させることで、より豊かなものにしようとする、拡張現実感(Augmented Reality: AR)とか複合現実感(Mixed Reality: MR)とも呼ばれるシステムと同じもので、医療や産業の現場、アミューズメント分野では、すでに実用段階のものだ。
アウトドア派の木戸出教授は、戸外での活用を優先させた。

“風景を見たら、その見ている風物に対する情報を提示したいということから始まったのですが、ちょうど2010年が平城京が開かれてから1300年目に当たるというので、奈良県が一大イベントを企画して、協力を要請されました。予算がないのにどうするんや、という根本的な問題がありますが、またとない機会なので、乗ってみようと思っています。”

平城京は710年、元明天皇*により奈良盆地の北端に造営され、聖武天皇*が一時、都を転々と移した時期を除くと784年の長岡京遷都まで、古代日本の中心として繁栄をきわめた。約132.5メートルのグリッドを基盤に作られた整然とした都の中央北端の平城宮には、天皇が住む内裏や大極殿、朝堂院の建物が建ち並んでいた[▶図06]。

平城宮の南端の中央にそびえていた朱雀門と東院庭園は1996年に復元されたが、2010年には大極殿を再現して、その内部や周

図06——平城京

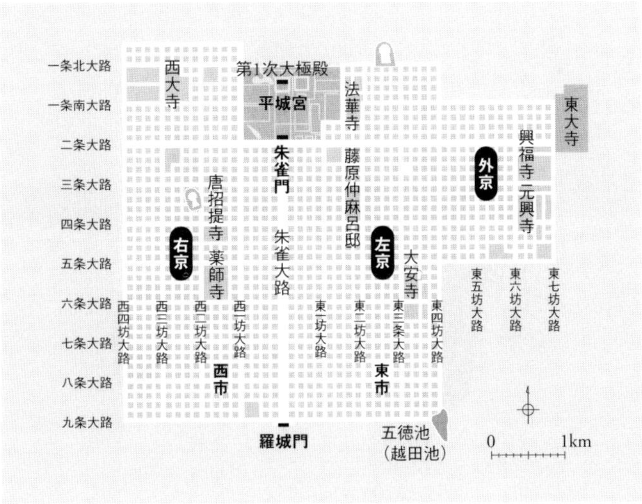

＊元明天皇
Emp. Genmei　661-721(在位707-15)
天智天皇の第四皇女で、25歳で没した先帝文武天皇の母。文武の子で自らの孫にあたる首皇子(後の聖武天皇)が成長するまでの中継ぎとして即位。和同開珎の発行や、平城京への遷都、『古事記』の撰上、『風土記』の編纂などを推進。715年に娘の氷高皇女に譲位(元正天皇)。

＊聖武天皇
Emp. Shomu 701-56(在位724-49)
藤原不比等の娘を皇后に迎え(光明皇后)、藤原一族の後見で統治をはかるが、天然痘の猖獗で不比等の息子4人が病没して政情不安定になり、740-45年、平城京をでて都を転々と移す。この間、全国に国分寺、国分尼寺を建設するとともに、743年、大仏の建設を計画。749年には娘に皇位を譲る(孝謙[のち重祚して称徳]天皇)。

辺を実際に歩き回りながら、MR空間を楽しめるように計画中という。

再現された大極殿について解説するだけでなく、遺跡にそってバーチャルに再現された都を実際に歩き回ると、当時の衣装をまとった人々が登場して、話し声や宮廷音楽が聞こえてくるようにもしたい。あるいは空から見たらどう見えるか。無線操縦のヘリコプターにカメラを積んで、実景の上を飛びながら、バーチャルに復元した建築を好きな角度からみられるようにもしたい[▶図07]。

“自分がどこにいて、何を見ているかをリアルタイムで感知してその角度にふさわしいCG画像を提示する技術はすでに研究段階としてはクリアしました。でもまだ課題はある。今雨ふっているのにきれいなCGデータが出てどないしますねん。今夕方なのに、陰がなにもないCGデータが出てどうするのか。”

図07——平城京タイムトラベル
リアルな事物とバーチャルな事物が同時に体験できる。

幾何学的整合性はとれたが、光学的整合性については今後の課題とのこと。朝、昼、夕方、夜ぐらいの時間変化には対応できるが、実際に自然のなかでやるときには、雨や風や雲の動きなど、まだまだ取り組むべき課題は山積している。

“夜は大極殿でオペラを上演します。キャストはメインの5人ぐらいが実際の歌手で、あとはコンピュータシステムからのバーチャル俳優や音楽隊で構成する。観客はそれぞれの場所から、リアルな俳優とバーチャル俳優が重なりあって飛んだり跳ねたりするアクションも楽しめる。「デジタル大極殿オペラ」を夢としてかかげている[▶図08]。演出を誰がするのか、大きな問題ですが。”

夢の実現のためには、社会や企業を巻き込んで盛りあげたいとのこと。

一大イベントでなくても、もっと地道な応用の可能性もある。文化財の発掘・保存に力を注いでいる奈良文化財研究所の人たち

図08——デジタル大極殿オペラ
リアルな俳優とバーチャル俳優の協演が楽しめる。

図09——災害救助ナビゲーション
無人ヘリコプターにカメラを搭載して災害現場を探査

にCGによる史蹟の再現技術を見せたら、関心を示してくれた。1998年に奈良市の東大寺・興福寺・春日奥山・正倉院などとともに世界遺産に登録された平城京跡は、埋蔵文化財としての指定というだけあって、なにぶんにも広大で、発掘調査を終えているのはたかだか3割。全部終わるにはさらに1世紀はかかると言われている。文献資料はかなり残されているので、CGで再現して実際の発掘現場で応用すれば、無駄ぼりや損傷をさけることができると、身をのりだしてきたという。平城京でプロトタイプができれば、各都道府県で発掘・保存を推進している埋蔵文化財センターでも応用されていくだろう。

また無線操縦のヘリコプターにカメラを搭載して実景の画像データを収録する技術は、そのまま災害救助などの緊急時にも役立つシステムとして応用することも可能で、奈良先端科学技術大学院大学の地元、生駒市と技術協力をしている[▶図09]。

専門家との共同作業

●

子育てやホームパーティの演出から急病の応急処理まで、MR空間を共有しながらプロの発想と技をリアルタイムで借りる。

3番目の生活情報技術として、気軽に専門家のアドバイスが得られるシステムの実現もプロジェクトのなかで進めている。
専門家がいるセンターには没入型バーチャルリアリティ空間があって、そこにはユーザーの家庭の空間情報がリアルタイムで送られ、家族の誰がどう動いているかや、光のあたり具合などの環境変化も再現されている。家庭の実空間にいるユーザーは情報パートナーを身につけて専門家とMR空間を共有している[▶図10・11]。
“家庭というのはスタジオと違って、実にさまざまな要素が入り交じっているので、共有すべき空間を定義する必要がある。要素技術はすでに整いつつあるので、それをいかに組み合わせて、お洒落なインテリアとしてデザインするかが課題です。”
自宅の空間を日常的に第三者と共有するのはセキュリティの面でも不安だし、抵抗感があるが、家具の配置やインテリアのアドバイス、ホームパーティの演出など、生活空間そのものに対して専門家のアドバイスを必要とするケースなどは、確かに便利だろう。また子育てや介護にさいしても、予期せぬ事故や病気にみまわれたときに緊急アドバイスが得られれば、適切な救急処置もできて安心だろう。
“あとはいかに使い勝手を良くするか。インタフェースで機器を操作するのは面倒なので、「手のひらメニュー」というのも考えています。手のひらや指の部位を示すだけでHMDのメニューが選べて指示が出せる。”

高度情報化やIT化が進めば進むほど、生身をどう使うかが大きくクローズアップされてくる。技術には光と陰の両側面があるので、そのあたりをどうするかも忘れてはならないと自戒する。

“東芝では日本語ワープロを作ったチームにいたのですが、だいぶ普及してから、「先生、あんたらが日本語ワープロ作ったおかげで、私は漢字を忘れました」と言われた。「日本文化を後退させてます。どう責任とってくれますか」と。ウェアラブルもええことばっかりとは限らない。”

研究には新奇性が必要だが、情報技術が今後ますます日常生活に入り込んでゆくかぎり、世の中でどう役に立つのか、ネガティブな側面があるとすればそれはどういうものかを事前に考え

図10——気軽に専門家と共同作業する

部屋の模様替えや子育て、老人の介護支援にリアルタイムでプロのアドバイスを受ける。

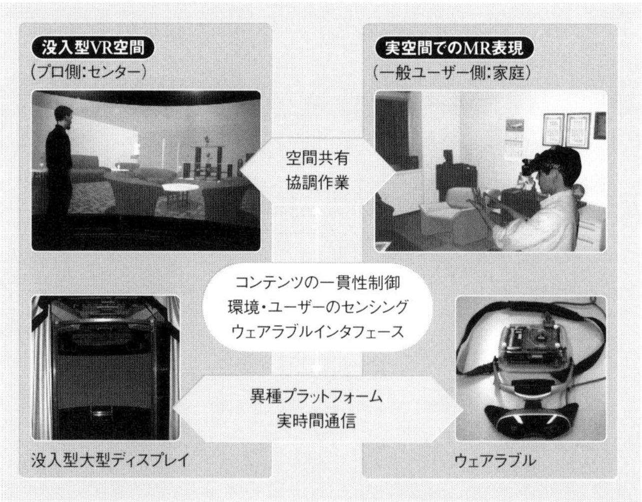

図11——共同作業支援のための要素技術

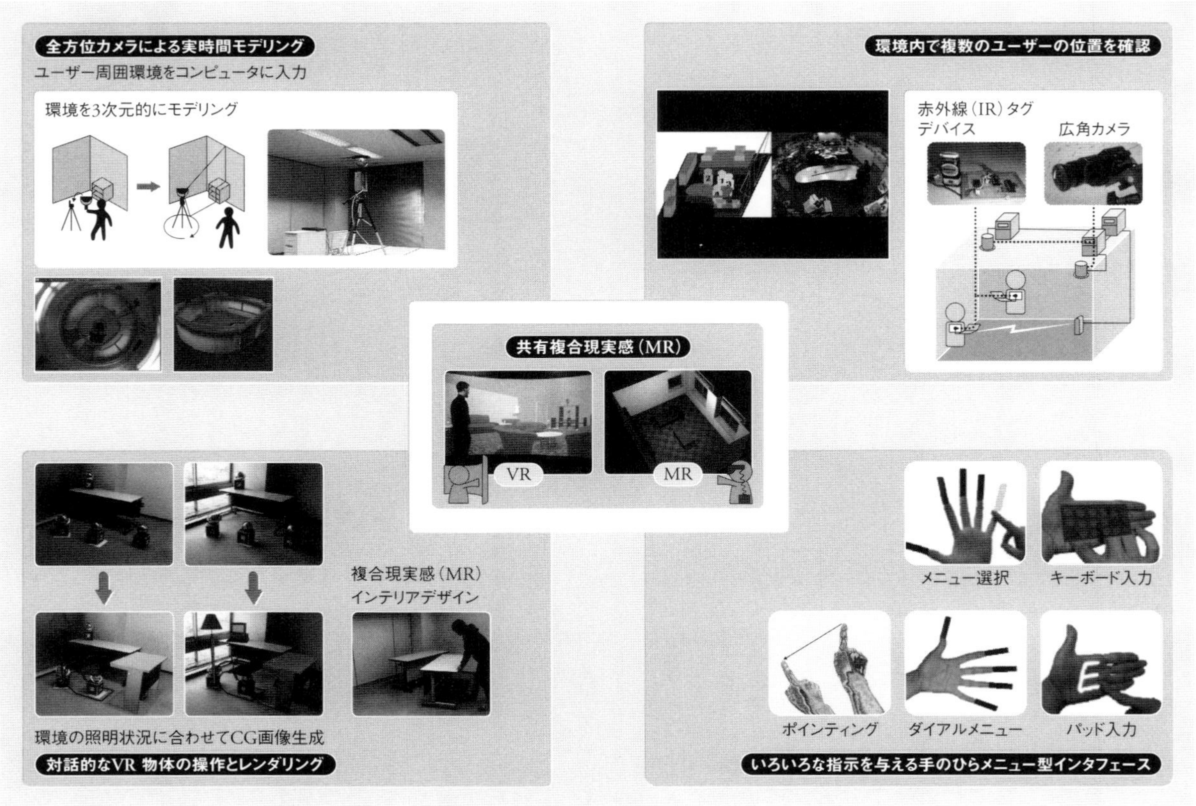
全方位カメラによる実時間モデリング
ユーザー周囲環境をコンピュータに入力
環境を3次元的にモデリング
環境内で複数のユーザーの位置を確認
赤外線（IR）タグ
デバイス
広角カメラ
共有複合現実感（MR）
VR
MR
複合現実感（MR）
インテリアデザイン
環境の照明状況に合わせてCG画像生成
対話的なVR 物体の操作とレンダリング
メニュー選択
キーボード入力
ポインティング
ダイアルメニュー
パッド入力
いろいろな指示を与える手のひらメニュー型インタフェース

ておくべきだという。

実際に日常生活でリーズナブルな値段でいつも使えるようなシステムに仕上げられるかは、企業や諸機関・団体との共同研究が欠かせない。HMDについては関連メーカー数社と協力して目標仕様を検討しはじめ、記憶支援に関しては関東地方の病院が関心を示していて、脳障害の人のリハビリテーションのために情報交換をおこなっている。

参考文献

★01——Woodrow Barfield & Thomas Caudell, *Fundamentals of Wearable Computers and Augmented Reality*, Lea, 2000.

★02——板生 清『ウェアラブルへの挑戦：マイクロ情報端末が拓く世界』工業調査会, 2001.

★03——坂村 健『ユビキタス・コンピュータ革命：次世代社会の世界標準』角川oneテーマ21, 2002.

★04——Yuichi Ohta & Hideyuki Tamura, *Mixed Reality*, Ohmsha, Ltd./Springer-Verlag, 1999.

★05——美崎 薫『未来型生活アイテム Digital Dream Tools：夢が現実になったSF小道具』ソフトマジック, 2003.

★06——美崎 薫『ユビキタスコンピューティング』ソフトマジック, 2003.

★07——*Proc. of the International Symposium on Wearable Computers*, IEEE Computer Society Press, 1997-.

★08——*Proc. of the International Symposium on Mixed and Augmented Reality*, IEEE and ACM, 2002-.

★09——木戸出正継「ウェアラブルで日常生活はどう変わるのか？：日常生活を拡張する着用指向情報パートナー」『ネイチャーインタフェイス』20号, ネイチャーインタフェイス, 2004年4月.

★10——天目＋神原＋横矢「"平城京跡ナビ"観光案内のためのウェアラブル拡張現実感システム」『画像の認識・理解』pp.1121-26,［シンポジウム MIRU2004 論文集］, 2004年7月.

★11——Y.Manabe, et al., "Wearable Computing for Virtualizing Real Space. "*Proc. of the 3rd CREST Workshop*, pp.75-83, Oct.2004.

2-3

デジタルシティのユニバーサルデザイン

石田 亨

●京都大学大学院情報学研究科 社会情報学専攻 教授

異文化の老若男女、障害者がバリアなしにふれあえる生活情報空間の構築。非常時の危機管理と環境学習をパイロット・アプリケーションとして。

情報学のテーマを、効率の良いシステム・プログラムを間違いなく構築することから、さまざまな人々の生活に即したシナリオにそって試行錯誤をくり返しながら組みあげるように大転換させる、いとも大胆な研究のフロンティア。

研究なのか活動なのかわからない面白さ

●

さまざまな得意技をもったボランティアがつぎつぎに参加したオープンラボ「デジタルシティ京都」にはじまる。

マーシャル・マクルーハン*が「グローバル・ビレッジ(地球村)」(『グーテンベルクの銀河系』1962)と呼んだ世界像は、電子的メディアにより地域的なバリアが取りはらわれ、世界中の人々が地球村の住民としてネットワークで結ばれるというイメージだった。1990年代のインターネットの急速な進展は、一面ではマクルーハンの予言を実現する方向で、研究にせよアート活動にせよ、関心や目的を共有する人々が国境を超えて自由にコミュニケートする環境を用意した。と同時に一方では、あまりに急速なグローバル化に対する反省もふまえ、顔の見える範囲の地域情報を大切にしようと、身近な街の生活情報をきめ細かくフォローして再構成・発信する活動をも促すことになった。
石田教授はこの地域性に根ざしたデジタルシティの試みに刺激を受け、自ら活動でもあると同時に研究でもあるプロジェクト「デジタルシティ京都」の旗振り役をつとめてきた。
“もともとデジタルシティという表現をしたのは1994年、オランダのアムステルダム市だったといわれます。地方選挙のさいにアムステルダム市民と政治家の交流を促進しようと草の根ではじめられた。フィンランドでもヘルシンキ市が中心となってコンソーシアムが組織され、市民にむけてさまざまな情報サービスが提供されるようになりました。

＊マーシャル・マクルーハン
M. McLuhan 1911-80
カナダのアルバータ州に生まれる。トロント大学教授、同大学文化技術センター所長などを歴任。『グーテンベルクの銀河系』(1962/みすず書房1986)、『メディア論』(1964/みすず書房1987)でテレビやコンピュータなどの電子メディアの発達による20世紀後半の大変革を予言する。

1997年に「社会的インタラクションとコミュニティウェア」というワークショップを京都でやったところ、これらヨーロッパのデジタルシティに関わっている人たちが続々やってきて、熱気をもたらしたのです。”

アメリカでも80年代半ばからコミュニティネットワークが組織され、草の根活動を支えてきた。アメリカでは「都市（シティ）」はスラム化したイメージがあって好まれず、「エレクトロニック・ビレッジ」と表現されることが多く、ニュアンスは多少異なるにせよ、草の根的な根本精神はヨーロッパと同じだ。

“98年に、けいはんなのNTTコミュニケーションズ科学基礎研究所の部長だった服部文夫*（現・立命館大学教授）さんに、「企業の中だけで研究するのでなくて、オープンラボをやりたいが、いい研究テーマはないか」と打診されました。「都市を対象にした研究をやりたいのですが、場所を提供してくれますか」と相談したら、打てば響くようにすぐOKがでました。”

京都は都市といっても街のイメージで「シティ」という語感に悪い印象はない。歴史的な情報は豊富だし、アート活動など先鋭な動きも活発で、素材には困らない。オープンラボ「デジタルシティ京都」は、順風満帆でスタートした。

“98年から1年半ほど、プロではない人たちが集まって、「デジタルシティ京都」づくりに熱中しました。レストランや学校などのホームページを5000集めて地図に貼りました。「ジオリンク京都」と呼んでいます。研究なのか活動なのかわからないほど面白い体験でした。”

海外からも、スタンフォードの社会心理学でドクターを取得した人が参加したり、ホイットニー美術館ビエンナーレに初めてのウェブデザイナーとして出品した人がシリコンバレーからやってきたりした。

＊服部 文夫
F. Hattori 1950-
1975年早稲田大学大学院理工学研究科修士課程修了後、NTT電気通信研究所に入所。データベース、知識工学、エキスパートシステム、エージェントなどに関する研究開発に従事。NTTソフトウェア株式会社でソフトウェア開発の現場を経て、2004年より立命館大学情報理工学部教授。

“技術的開発はほとんどしなくて、丹念にコンテンツを作りあげていきました。それを四条繁栄会にもちこんだところ、情報化推進室というものがすでにあって、3次元の映像を見せたら、大変興奮して「ぜひやりましょう」とすぐ反応してくれました。ただし、寄り合いの承認が必要という。もめるのかなと心配したところ、2日後には答えが出て「いくら写真を撮ってもかまいません」と腕章まで用意してくれた。「ご理解いただけたのですか」と聞いたら、お年寄りは「わからんから、若い衆がやりたいのならやって見ろ」と任せてくれたというのです。”

四条通りのデジタル化は相当早く、インターネットカフェができたのも、全店舗にISDNが入ったのも、全店舗ウェブで電子決済ができるようになったのも、四条通りが日本で最初とアピールもされた。

アマチュア撮影隊が四条通りを撮影してデジタルシティを作ろうとしているとの噂を聞きつけ、祇園の商店街も協力を申し出てきた。

“素人がデジカメでとって、ビルのCG にぺたぺた貼るだけの技術ですから、「祇園は無理だろう」というのが正直な感想です。それでも先方の熱意におされて、烏丸から八坂神社まで、300ぐらいのビルからなるデジタルシティ京都をこしらえました。今から見ると、稚拙なVR空間でしたけど、デジタルシティの構築は、住んでいる人たちの意思が重要なのではないかと、実感するきっかけになりました。”

GIS（Geographic Information System：地理情報システム）を地域に住む人たちが収集・構築する可能性も模索できた。

続いて1999年から2年間「デジタルシティ京都実験フォーラム」を文部省（現・文部科学省）の支援を受けて推進した。呼びかけると、大学研究機関、企業、行政、商店街、寺、学校、写真家ほかアーティストなど、じつにさまざまな人が100名ぐらい参集してくれた。フォーラムを開催すると、50人は集まる。1時ごろから三々五々人が集まって、5時ぐらいから人が多くなり、熱心な討論がおこなわれた。夜も飲み会で議論した。

“京都のウェブをすべて英語にする「翻訳こんにゃくプロジェクト」など、面白い案がたくさん出たのですが、参加された方たちの所属する組織の意向がばらばらだったので、結局成功しないものが多かった。でも、そのときにできたネットワークは財産になりました。”

2001年10月以降、更新はストップしたが、現在でも「デジタルシティ京都」はウェブでそのなごりを見ることができる[▶図01]。店や観光スポットのホームページを網羅したリンク集や京都新聞インターネットニュースから、オープンラボの遺産、四条通り商店街や祇園商店街、二条城バスツアー[▶図02]など、なかなか

図01——デジタルシティ京都プロトタイプのウェブサイトのトップページ

ニューヨーク・ホイットニー美術館2000年のインターネットアート部門の展示作品として選ばれた実績をもつベン・ベンジャミン氏によるデザイン。

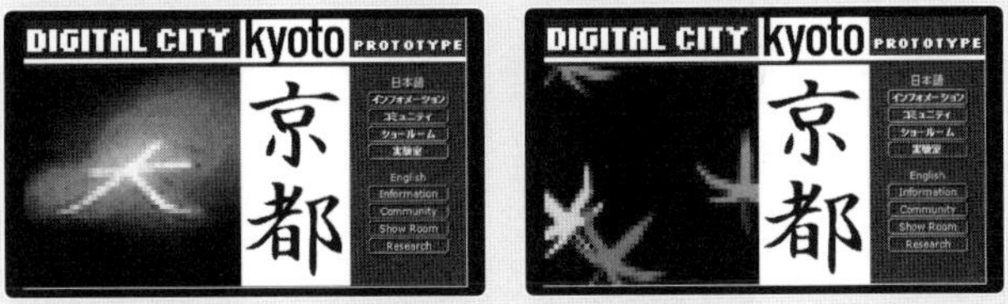

図02――デジタルシティ京都「二条城バスツアー」
複数のユーザーがチャットしながら、エージェントに引率されて二条城の内部を見学する。

盛りだくさんで、継続されていれば、アクセス件数もふえただろうにと、惜しまれる。

情報学の研究者よ「街にでよう」

●

公共の空間こそが、これからの情報学のベース。コンピュータルームでは、使える技は磨けない。

“ボランティアで草の根的に次の世界を夢見た時代が90年代末には確かにあったのですが、金儲け主義に対抗してフリーネットとかいっていると、マイクロソフトがフリーのeメールサービスをはじめたり、ベンチャーとNPOの境界が変わってしまい、ヨーロッパのデジタルシティは行政サービスに変化しました。アメリカは、資本主義も強いけれど、草の根も強くて、市民の活動の場として生き残っています。”

デジタルシティ京都もビジネスが交錯してくると、メディア、行政、企業それぞれ利害が一致しない面があって、NPOを作る動きはあったが、終結せざるをえなかった。それでもその過程で、人のネットワークと、技術として面白い成果がふたつ誕生した。

“ひとつは「FreeWalk」というコミュニケーションのためのVR空間技術をデジタルシティに応用することを思いつきました。中西英之君というビデオゲームを開発していた学生がいて、95年、4年生の最初の面接で彼に「スケジューリングをしなくてもミーティングのできるシステムを作ってくれ」と頼んだのです。僕にはぜんぜん見当もつかなかったのですが、彼は動く3角錐の一面がビデオ会議の映像になるVR空間を作りあげた[▶図03]。学会で

図03——コミュニケーションツール「FreeWalk」の原型（中西英之）
VR空間と結びつけることにより、群衆シミュレーションの強力なツールとなった。

見せたら、「これまでにない感覚」と驚かれた。当時のビデオ会議の雰囲気とはまるで違うものができました。”

「FreeWalk」と3次元で再構成した四条通りを結びつければ、VR都市空間がコミュニケーションの場として生きてくる。さまざまなエージェントを動かして、現実にはできないシミュレーションも可能になる。中西氏は博士号取得後も石田研究室の助手として、ヒューマンインタフェースの先端的研究を進めている。

“もうひとつは、現在大阪大学教授でロボット研究で知られる石黒浩さんが、この研究室の助教授だったころに、全方位カメラの発明をしました[▶column 02]。彼のアイディアのポイントは小型化したことと、円筒ガラスの内面反射を吸収する針を工夫したことで、屋外に手軽に持ちだせるようになりました。

このノウハウをもとにベンチャー企業も設立され、非常にユニークな技術を世界にアピールしています。”

93年に研究室を立ちあげて石黒助教授を迎えたときに、石田教授は「街にでよう」というスローガンを掲げた。書は捨てるまでもなくほとんど読まれなくなりつつあったが、コンピュータルームに閉じこもる傾向が学生や研究者のあいだに定着していた。屋外で、モバイルで、ロボットもいて、と今日のユビキタスの情況を示して、公共の空間をベースにした情報処理の研究を試みた。ロボットも室内でうろうろしていちゃだめだとプレッシャーをかけた。その結果、ユニークな全方位カメラが生まれたという。

このふたつの要素技術をベースに、デジタルシティのパイロット・アプリケーションを開発しようと考えた。

ひとつは、都市における危機管理。もうひとつは郊外での環境学習である。

地下鉄京都駅の避難誘導システム

●

パニックそのものはシミュレーションすべきではないが、パニック回避の手はつくすべき。

学校やオフィスのような場なら、施設の利用者が協力して火災や地震などにそなえて避難訓練をすることができるが、不特定多数の人が行き交う都市の公共スペースでは、不可能といっていい。
都市の危機管理は、「街にでよう」と主張する石田教授にとって、参加型のシミュレーション技術を鍛える格好のテーマだ。
“地下鉄京都駅の天井に、針をはずした全方位カメラを、28個設置して、乗降口から改札口までの人の流れを記録できるネットワークを構築しました。天井からの撮影なので頭しか見えないし全方位なので解像度もあまりなく、ほとんど個人同定はできませんが、個々の人の動きは追跡できます。”
現実の空間の全方位カメラからえた情報をFreeWalk に接続し、3次元VR空間に反映して、人の流れを一望のもとに見渡せるようにした[▶図04]。緊急時に公共の場所で一斉アナウンスをすると、皆がひとつの出口に向かって殺到してパニックになりかねない。コントロールセンターのパネルで人の流れを見ながら、情報を伝えたい特定の人のエージェントにふれると、現実空間にいる当人の携帯電話につながり、指定した範囲の人を個別に誘導するシステムを開発した[▶図05]。
都市で大災害が起こったときにも、このシステムを応用すれば、サーバの容量さえあれば、100万人単位でも、避難場所を細かく分けて適切に誘導することが可能だ。
“どういう誘導法が効果があるかについても、いろいろな人のモデルをつくって、参加型シミュレーションをやりました。”
パニックを起こすタイプの人のモデルも入れるのだろうか？
“基本的にはパニックはシミュレーションできないと答えています。パニックを実験するには倫理的な問題もクリアしないといけません。でも緊急時になすべき理屈を体を通して覚えることに、効果があると思います。現実空間での訓練もそのためにおこなわれています。
独立行政法人 消防研究所と協力して、火災のときの避難シミュレーションについても共同研究を進めている。
“消防研究所の山田常圭*さんが、ホテルニュージャパンや歌舞伎町などの火災のシミュレーションができるVR装置「Fire Cube」を完成させている。中に入ると煙の流れや熱を体験できる優れた装置なのですが、人の動きの研究はこれからというので、協力していくことになりました。”
これもFire Cubeの煙流動シミュレーションにFreeWalkの群衆シミュレーションを接続することによって、緊急時の人の避難行動をさまざまな観点から調べることができるようになった。
滅多に起こらないことだから、シミュレーションをする。しかも不特定多数の人を対象にしなければいけないので、参加型シミュレーションにする。参加するのは、多様な人をモデル化したエージェントの場合もあれば、実際の人の場合もある。時には、予想のつかなかった事態も起こるが、そこから学んで参加型テクノロジーを組み立てる。これは防災訓練にかぎらず石田教授が今後研究課題として見据えている、重要なテーマだ。

＊山田 常圭
T. Yamada
名古屋工業大学建築学科卒業後、東京大学大学院で建築学を専攻。1983年より自治省消防庁消防研究所（現・独立行政法人）に勤務。89年より名古屋工業大学非常勤講師併任。2003年に全身体感型模擬火災シミュレータ(Fire Cube)を開発する。

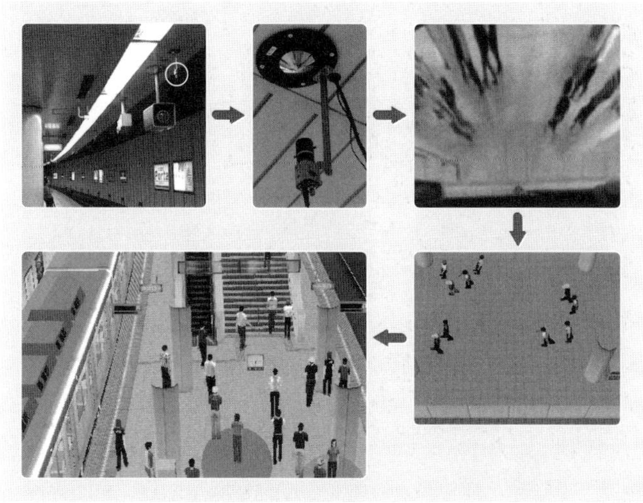

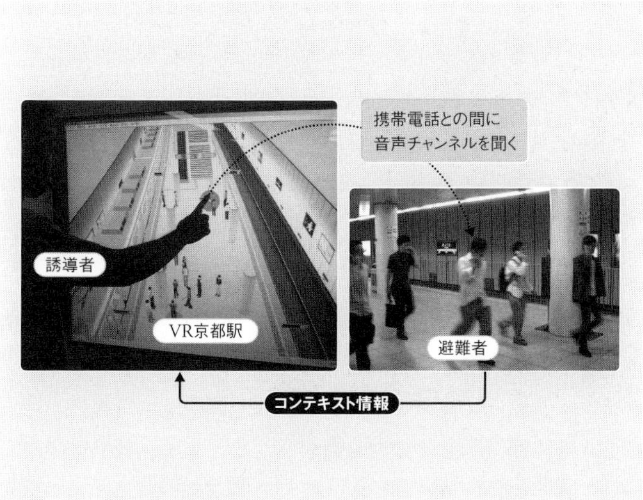

図04（上）——**地下鉄京都駅の避難誘導システム**
駅の天井に全方位カメラを28台設置して、VR空間に人の流れをリアルタイムで再現しできるようにした。
図05（下）——**コントロール・センターと避難者の交信**
VR空間のエージェントにふれると、実空間の避難者に携帯電話がつながって、個別誘導ができる。

末はイマニシかダーウィンか?

●

環境学習は子どものときの自然体験こそが大事。稲荷山での自然観察の支援システムを開発。

ダーウィン*の自然淘汰説に対して、「棲み分け理論」を唱えた今西錦司*に象徴されるように、京都大学にはフィールドワークの伝統がある。今西の出身学部でもある農学部は、京都府、和歌山県、北海道に演習林を保有し、動植物の生態研究およびフィールドワークを重ねてきた。とくに日本海型と太平洋型気候の移行帯に位置する京都府・芦生演習林は、分類学者の中井猛之進博士*が「植物ヲ學ブモノハ一度ハ京大ノ芦生演習林ヲ見ルベシ」(1941)と記すほど多様な植物が自生している。2003年4月1日から「フィールド科学教育研究センター」として和歌山・北海道の演習林とともに統合され、京大全学の利用に供されるようになった。

“環境学習については、農学部出身で情報学にこられた酒井徹朗先生、守屋和幸先生が、演習林などで市民向けにさまざまなプログラムを組んで実践されていました。酒井先生は森林の達人で、一緒に演習林を歩いたら倒れてしまいます。登山靴の紐を締めあげるのに四苦八苦している僕に「大変ですな」とか声をかけて、先生は鉈《なた》を腰にはさんで、長靴ですたすた歩いていってしまう。”

酒井、守屋両教授の陣頭指揮のもと、野外学習の支援システムを構築し、ツールもすべて手づくりした。PDA(Personal Digital

＊チャールズ・ダーウィン
C. Darwin 1809-82
祖父および父にならい医学を志すも、解剖実習に耐えられず挫折。無給スタッフとしてビーグル号に乗船し、南米やガラパゴスをへて1836年に帰国したときにはナチュラリストに変貌。『ビーグル号航海記』(1839)、『種の起源』(1859)、『人間の由来』(1871)など世界に衝撃をもたらした著作を刊行する。

＊今西 錦司
K. Imanishi 1902-92
カゲロウの分類と生態に関する研究から生物の種社会の棲み分け理論を展開。個体識別法などで霊長類学の基礎をきずき、財団法人日本モンキーセンター、京都大学霊長類研究所などの創設に寄与した。登山家、探検家としてもマナスルやカラコルムを踏査し、晩年は現代科学が置き去りにした「自然学」復興を提唱する。

＊中井 猛之進
T. Nakai 1882-1952
東京帝国大学の松村任三のもとで植物分類学を研究。東大教授、小石川植物園園長併任などをへて、国立科学博物館館長もつとめる。内外の植物研究に精通した日本を代表する植物分類学者のひとりで、アマチュア植物研究者との交流も積極的にすすめた。幻想作家中井英夫は末子。

(Data) Assistants：携帯情報端末）とGPS（Global Positioning System：全地球測位システム）により地図や映像などの学習情報を配信し、無線LAN（Local Area Network）を使いながらお互いに情報交換できるシステムである。

2002年7月、都会に住むふつうの人にいきなり演習林はきついので、身近な自然を観察できる場所として、京大・上賀茂試験地で20代から60代までの老若男女・60人を対象に、システムの実証実験をした。

14か所設けた学習ポイントに近づくとアラームがなり、学習対象物がPDAに表示され、見つけたと応答すると学習コンテンツやクイズが表示される。クイズの答えや手書きメモをサーバに送信すると、正否や新しいメッセージが個別もしくは全員に配信される。

実験後の評価では、90％以上の人が学習効果を認めてくれたものの、この時点では、PDAとGPSが個別の機器だったため、20％前後の人が使い勝手がよくないと、厳しい判定をくだした。

“反省点をふまえ、つぎは、小学校の総合学習を支援しようと教育委員会に打診したところ、京都市立稲荷小学校と共同研究できることになりました。”

2003年度、赤い鳥居が連なる伏見稲荷で名高い稲荷山をフィールドにして、「稲荷のまち＆稲荷山 自然調査隊 with ナビ君」と題した5・6年生の総合学習がはじまった[▶図06・07]。

稲荷山での自然観察を起点に、各自それぞれ学習テーマを決め、教室での調べ学習などもしながら自主的に学び、年度末に発表する。

取材▶自然観察は、ひとりがGPSつきのPDA、通称「ナビ君」を、もうひとりがデジタルカ

図06（上）——**稲荷山の象徴、伏見稲荷**
稲荷小学校はすぐそばにあるので、いつでも通うことができる。
図07（下）——**稲荷山で総合学習する自然調査隊**
標高300メートル足らずでゆるやかな起伏の中に、谷あり滝あり池もある変化に富んだ自然が観察できる。

メラをもち、ふたり一組でおこなう。PDAには、現在位置の表示や、メモ書き用ホワイトボード、メモを保存するときの選択メニューなどが表示される。興味のある事物を見つけたらカメラで撮影し、PDAにメモ書きをする。メモ作成では、音声録音もできるようにした[▶図08・09・10]。

情報交換▶児童全員の取材メモや画像は、コンピュータ教室のサーバに一括して保存し、LANで接続されている端末機で情報交換ソフト、通称「いただき大作戦」を活用しながら、お互いに情報や画像を借りあってレポートやクイズを作る[▶図11・12・13・14]。

発表▶中間と最後に学習したテーマについて発表し、質問に受け答えしながら、学んだことを友だちに伝える。

教師用には、学習ポイントで表示される画面やクイズ画面のコンテンツ作成のためのソフトや、野外で位置情報とともに提示

図08――PDA担当とデジタルカメラ担当がふたり一組で観察
PDA(通称ナビ君)には、GPS機能やメモ書きや音声録音の機能がついている。

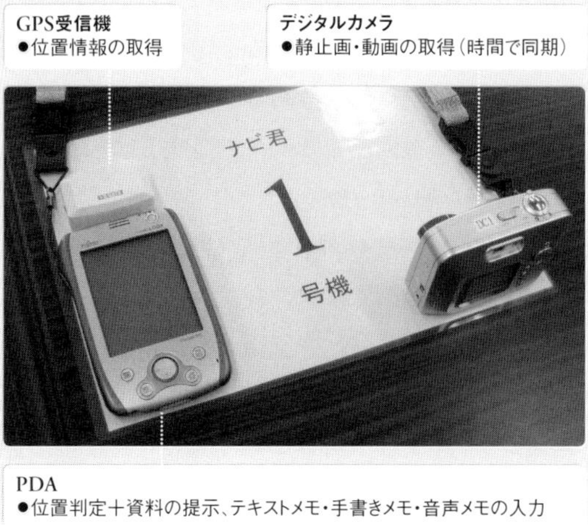

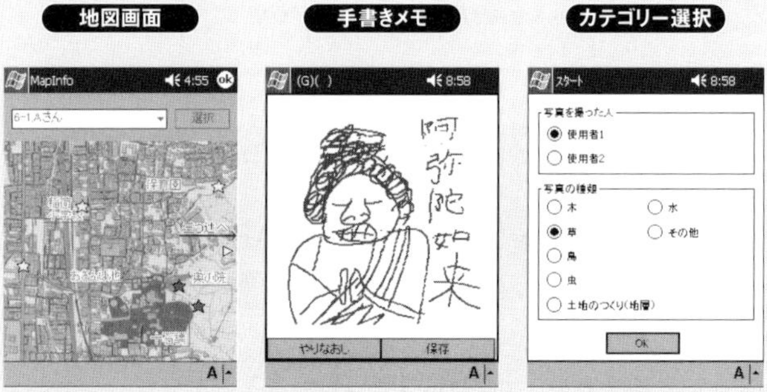

図09（上）——使用したPDA（ナビ君）とデジタルカメラ
子どもたちはすぐ使い勝手を覚えた。
図10（下）——ナビ君の取材用インタフェース画面

図11（上）——**教室での学習のようす**
「いただき大作戦」で情報交換もする。
図12（下）——**「いただき大作戦」の画面**
誰が収集した情報か、著作権にも気をつけるようにさりげなく指導する。

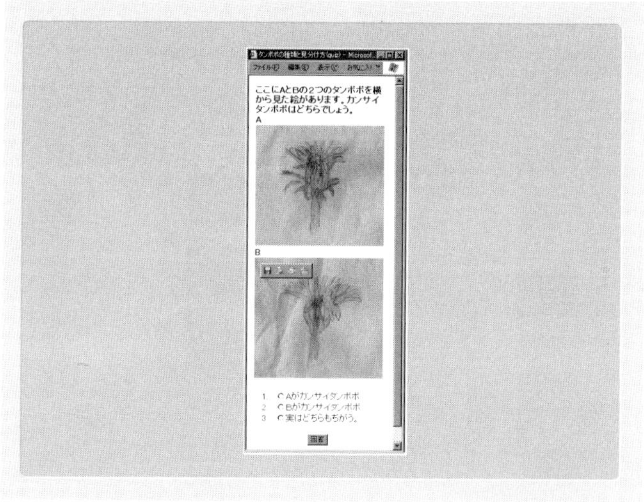

図13（上）——自然観察の結果をさらに調べてまとめる
図14（下）——スケッチをもとにクイズを作成

できる教材提示システムも作成した[▶図15]。
“稲荷小学校を見学に行って驚きました。子どもたちも先生も本当に楽しそうにツールやPDAを使っているんです。デジカメで取材し、教室に戻ってコンテンツを作る、その結果を、他の子どもたちがPDAで検索する……。新しい情報の生態系が生まれていました。”
四季を通して稲荷山の自然に接し、記録をとり、そのプロセスを友だちと共有しながら理解を深めることで、子どもたちはさまざまなシーンで「そうだったのか！」体験をくり返した。

図15――環境学習支援システムの概要

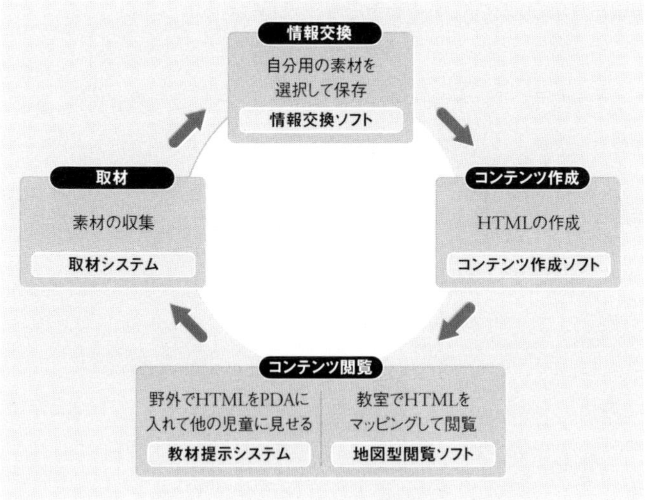

新しい情報学の幕開け

●
システムをユーザーのシナリオにそってプログラムを構築する。情報学も個々の人々の物語につきそう時代に大転換しつつある。

デジタルシティ京都以来、石田教授は異分野の人と共同してさまざまなプロジェクトを進めてきた。特徴的には、以下の3種類に分類できそうだ。

シナリオライター▶西陣の人、消防研究所の人、それぞれの分野の達人&ユーザー
インタラクションデザイナー▶インタフェースや表のフォーマットを作るデザイナー
エージェントシステムの開発者▶コンピュータ科学者

“シナリオはプログラムと違う。プログラムは正当性が大事で、デバッグやテストをする。シナリオは正しいかは検証不能。デバッグではなくリハーサルしかない。台本を書いてやってみて「うまくいかないね、書き直そう」をくり返すほかありません。僕もコンピュータ科学者なので、正当性はずっと気になっているのですが、これしかしょうがないと割り切った先に、次の研究が起こりうると考えました。”
この研究室には、プログラムの正当性の証明やソフトウェア工学、膨大な研究の蓄積いっさいを壊した残骸しか残っていないと、石田教授はあっけらかんと述懐する。

＊中村 桂子
K. Nakamura 1936-
東京大学理学部で化学を学び、DNA発見後の生命科学の熱気にひかれて転出。大腸菌の遺伝子制御の研究で博士号取得。三菱化成生命科学研究所・社会生命科学研究室に在籍時より、科学と一般の人の橋渡し役を精力的に果たす。1993年には生命誌研究館を創設し副館長に就任(館長・岡田節人)。2002年より同館長となる。『生命誌の扉をひらく』(哲学書房1999)。

かつて中村桂子*さんが還元主義的なアプローチで普遍性を求める旧来の生物学に対して、個々の生命の物語を精査する生命誌研究の必要を訴えて新しい学問の潮流を形成したように、情報学も個々の人々の物語につきそう時代に転換しつつあるし転換すべきことを、石田教授は透察しているようだ。

参考文献

★01——石田 亨「バーチャルコミュニティの形成支援」『相互の理解』[岩波講座 マルチメディア情報学]12巻, pp.119-156 (3章), 岩波書店,1999.

★02——Hideyuki Nakanishi, Chikara Yoshida, Toshikazu Nishimura and Toru Ishida, "FreeWalk: A 3D Virtual Space for Casual Meetings." *IEEE Multimedia*, Vol. 6, No. 2, pp. 20-28, 1999.

★03——石田 亨「デジタルシティの現状」『情報処理』Vol. 41, No. 2, pp. 163-168, 2000.

★04——Toru Ishida and Katherine Isbister Eds., *Digital Cities: Experiences, Technologies and Future Perspectives. Lecture Notes in Computer Science, State-of-the-Art Survey, 1765*, Springer-Verlag, 2000.

★05——Toru Ishida, "Digital City Kyoto: Social Information Infrastructure for Everyday Life." *Communications of the ACM (CACM)*, Vol. 45, No. 7, pp. 76-81, 2002.

★06——Toru Ishida, "Q: A Scenario Description Language for Interactive Agents." *IEEE Computer*, Vol. 35, No. 11, pp. 54-59, 2002.

★07——中西英之＋小泉智史＋石黒 浩＋石田 亨「市民参加による避難シミュレーションに向けて」『人工知能学会誌』Vol. 18, No. 6, pp. 643-648, 2003.

★08——Toru Ishida and Hideyuki Nakanishi, "Designing Scenarios for Social Agents." Ning Zhong, Jiming Liu and Yiyu Yao Eds. *Web Intelligence*, pp. 59-76, Springer-Verlag, 2003.

★09——Hideyuki Nakanishi, Toru Ishida, Katherine Isbister and Clifford Nass, "Designing a Social Agent for Virtual Meeting Space." S. Payr and R. Trappl Eds., *Agent Culture: Human-Agent Interaction in a Multicultural World*, Lawrence Erlbaum Associates, pp. 245-266, 2004.

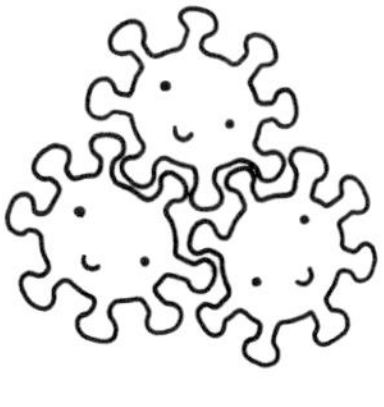

column—02

全方位カメラの開発

石黒 浩

全方位視覚の起源は1767年にR・ベイカーが取得したパノラマ装置の特許にさかのぼる。★01 円筒形の大きな見世物小屋の内壁一面にパノラマ風景を描いて観客を楽しませるこの装置は、1820年ごろフランスのパリで人気をよび、その後改良されながらヨーロッパやアメリカの各地で披露され、評判をよんだ。

アートとして世に出たパノラマ画像は、その後、写真技術として発展する。1843年、オーストリアのP・プフベルガーが発明した最初のパノラマカメラは、レンズを手動で水平に振ることにより視野150度の画像を撮影するもので、現在でもその改良型をカメラ店で購入することができる。

360度の画像をとらえる全方位カメラが登場するのは、1970年、テレビカメラが発明された後のリーズの特許である。★02 彼は双曲面の凸側の鏡でとらえた全方位の映像を、下から見上げるようにテレビカメラで撮影し、撮影した映像を楕円面のスクリーンに映しだす装置を発明した。楕円面の片方の焦点から映像をスクリーンに投影して、もう片方の焦点に立つ観測者に全方位の映像を見せるというアイディアである。

さらにコンピュータや画像処理技術の進展にともない、1990年ごろから、当時大阪大学の辻三郎教授らを中心とするグループによって全方位カメラの本格的研究が始められた。めざすは主に移動ロボットの視覚センサの開発である。八木康史らは円錐鏡を用いた全方位カメラを試作し、コンピュータによる画像処理と組み合わせたシステムをロボットの誘導に用いた。★03 また山澤一誠らはリーズと同様の双曲面鏡を用いた全方位カメラを試作し、コンピュータによって双曲面鏡からの画像をふつうの中心射影の画像に変換した。★04

これらの成果をふまえ、筆者は屋外にも気軽にもちだせる実用的な全方位カメラを作ろうと、アイディアを練った。全方位カメラは、鏡をカメラと

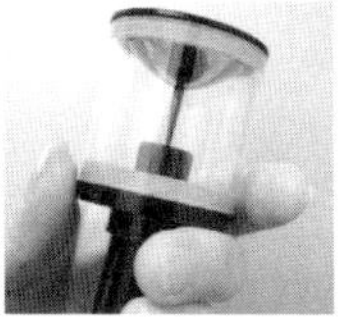

図01（上）——全方位カメラ
（Vstone社製，www.vstone.co.jp）
図02（右）——全方位画像の例

の間で支える円筒のガラスの内面反射によって、外部に強い光があると2重に像が映しだされてしまうという問題をかかえていた。筆者はこれを解決するには、円筒ガラスの中心に黒く細い棒を一本たてればよいことを発見するとともに、鏡の虚像位置とカメラの焦点深度を計測し、互いが重なるように鏡を設置することで、小型で実用的な全方位カメラを開発した。★05 全方位カメラと全方位画像の例を図01・02に示そう。

現在、とくにコンピュータビジョンやコンピュータグラフィックスの分野において、全方位視覚や全方位カメラは世界中で盛んに研究されている。全方位の情報を含む全方位視覚は、視野の制限された従来のカメラでは難しかった諸問題を克服し、ロボットの誘導や環境モデルの獲得などに、おおいに活用されている。例えば、広い視野によりオプティカルフローからカメラの運動推定が容易になるし、移動撮影でも長時間対応点が視野内に存在するので堅固な環境モデルが構築できる。さらに重要な利点は、全方位画像が角度方向に沿って周期信号となっていることである。すなわち、窓関数を使わない理想的なフーリエ変換が可能であり、フーリエ変換によって、カメラの方位に依存する成分と、位置に依存する成分に分離することができる。つまり、大まかなカメラの位置と姿勢の推定ができるのである。★06

コンピュータビジョンやコンピュータグラフィックスに多くの進歩をもたらしている全方位カメラだが、未だ解決されていない問題点もある。

ひとつは輝度のダイナミックレンジの問題である。360度の画像をとらえる全方位カメラは、明るいものから暗いものまでが視野に入る可能性が高いので、非常に輝度のダイナミックレンジの大きいカメラの開発が必要となる。輝度のダイナミックレンジの大きいカメラは監視用途としても重要であり、従来のCCDよりも消費電力の少ないCMOSセンサの実用化に伴い、さまざまな企業で開発が進んでいる。

もうひとつの致命的な問題は、カメラの解像度である。複数のカメラを用いれば解像度は向上するが、カメラ間の補正やコストを考えれば、1台のカメラですませたいところである。デジタルカメラの解像度の向上はめざましいが、動画像が撮影できてコンピュータと連動できるカメラは今のところ500×500画素程度の解像度であり、今後のさらなるカメラ開発が期待される。またカメラの解像度が上がれば、コンピュータの処理速度も向上する必要がある。

こういった問題が解決できれば、全方位カメラや全方位視覚は日常生活のさまざまな局面で、活躍の場をえることになるだろう。

参考文献

★01――R. Benosman and S. B. Kang, "A brief historical perspective on panorama." *Panoramic Vision* edited by R. Benosman and S. B. Kang, Springer-Verlag New York, Inc., pp.5-20, 2001.

★02――D. W. Rees, "Panoramic television viewing system." *U.S. Patent* No.3, 505, 465, 1970.

★03――Y. Yagi, "Omnidirectional sensing and its applications." *IEICE Tran. Information and Systems*, Vol. E82-D, No.3, pp.568-579, 1999.

★04――J. Yamazawa, Y. Yagi, and M. Yachida, "Omnidirectional imaging with hyperboloidal projection." *Proc. Int. Conf. Robotics and Automation*, pp.1029-1034, 1993.

★05—— H. Ishiguro, "Development of low-cost and compact omnidirectional vision sensors and their applications." *Proc. Int. Conf. Information systems, analysis and synthesis*, pp.433-439, 1998.

★06—— H. Ishiguro and S. Tsuji, "Image-based memory of environment." *Proc. Int. Conf. Intelligent Robots and Systems*, pp.634-639, Nov.1996.

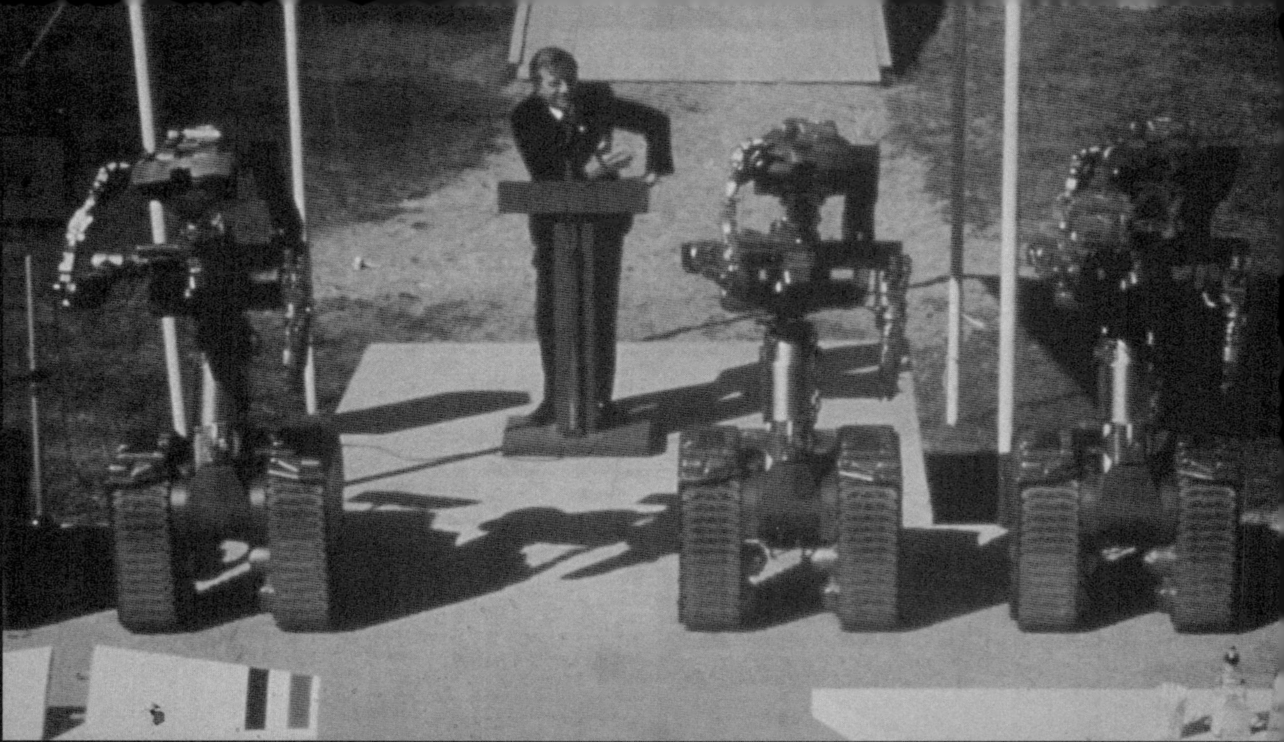

2-4

文化遺産を世代を超えて共有する

池内 克史

●東京大学 大学院情報学環／生産技術研究所 教授

文化遺産をデジタル保存し、
創建当時の復元や破損個所の修復などによる
新しい文化史への可能性。
伝統舞踊や匠の技の
デジタルアーカイブ化の道も探る。

人類の遺産として大切に保存されている文化遺産も、
時間とともに色があせたり材料が劣化することはさけられない。
巨大遺跡から名人の技まで、まるごと収蔵するデジタル博物館の壮大な構想。

鎌倉の大仏にはじまる

●

「かまくらや　みほとけなれど　釈迦牟尼は　美男におはす　夏木立かな」と与謝野晶子*が詠んだ大仏を、まるごとデジタルアーカイブ化。

文化財を保存して後世に伝えることと、なるべく同時代の多くの人々に観賞・閲覧・利用してもらうこと——博物館や美術館の一見相反する使命をともに充たす道は、デジタルアーカイブ化にあることをつとに透察していたのは、初代国立民族学博物館館長の梅棹忠夫*だった。1974年同館創設以来、足かけ20年にわたって館長の座にあった彼は、当初より、モノと情報を併せて収集・研究・提供する「博情館」構想をかかげ、積極的にコンピュータ活用とデータベース構築を進めてきた。当時京都大学工学部教授だった長尾眞の協力のもと、1983年から収蔵品を3次元計測してデジタル画像データベースを作成し、書誌的事項の文字データベースと連動した画像検索ができるシステムを立ちあげている。

博物館や美術館に収まりきらない巨大文化財のデジタルアーカイブ化を進めているのが池内教授だ。北京で開催されたデジタルアーカイビングのシンポジウムから帰ったばかりのご本人も恰幅がよく、大仏様のような顔立ちである。

“屋内で展示できる文化財のデジタルアーカイブ化は、すでにいろいろな所で試みられて

＊与謝野 晶子
A. Yosano 1878-1942
堺の甲斐町に、和菓子屋の三女として誕生。1900年に与謝野鉄幹が主宰する『明星』に短歌を発表。翌年処女歌集『みだれ髪』を刊行したのちに鉄幹と結婚。1911年には女性文芸誌『青鞜』発刊に参加した。夫の収入はあてにならず、11人の子どもをかかえる大家族を、短歌や詩作、『源氏物語』の現代語訳、評論活動などで支える。

＊梅棹 忠夫
T. Umesao 1920-
京都一中、三高、京大と、今西錦司の後を追うように登山・探検のキャリアを積み、動物生態学を専攻、のちに文化人類学に転出。東南アジア、東アフリカ、ヨーロッパなど幅広いフィールドワークで収集したデータを実り豊かに処理する方法を『知的生産の技術』(岩波新書 1969)として公表。1974年には国立民族学博物館の初代館長に就任。

います。いっきに巨大文化財に取り組むことによって、技術的にもブレークスルーを起こそうと挑戦してみました。”
まず最初に手がけたのは鎌倉高徳院の国宝阿弥陀仏、いわゆる鎌倉大仏だ[▶図01]。
修行僧の浄光が勧進して現在より小さい木造仏が造られたのが鎌倉大仏の始まりと伝えられ、現在の金銅仏は1252(建長4)年から数年がかりで建立されたという。1369(応安2)年、1495(明応4)年の水害で殿舎が流され、現在の露座の姿になった。高さは11.4メートル、ビル3、4階分ほどはある。
“とにかく相手が巨大ですので、多視点で撮影したカラー画像の光学情報と、レーザセンサで捉えた幾何学情報をいかに自動的にすばやく重ね合わせるか、工夫が必要でした。”
大仏の形状、つまり幾何学情報を計測するには、レーザセンサで多数の距離画像を撮影する[▶図02]。次に位置合わせをして距

図01——鎌倉高徳院の国宝阿弥陀仏
「鞍馬天狗」で知られる大仏次郎のペンネームは、鎌倉大仏の裏に住んでいたことに由来する。

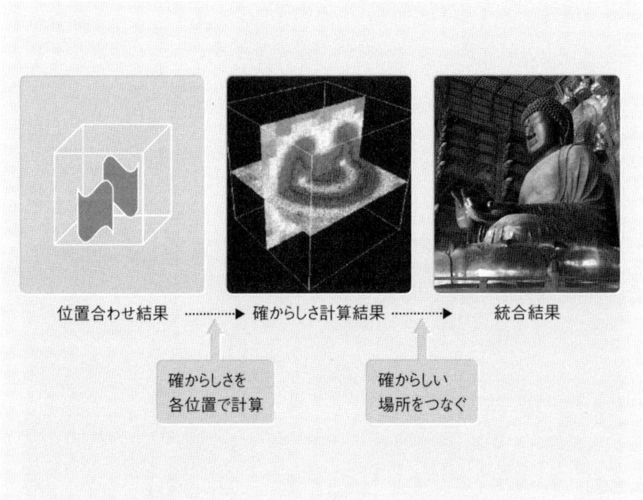

図02（上）——レーザセンサで多数の距離画像を撮影
図03（下）——計測データを同時位置合わせして統合

離情報を統合して3次元の幾何学情報にするわけだが、従来の順番につなぎ合わせる手法では、最後に誤差が大きくなってしまい、修正が大変だった。池内教授は同時に位置合わせして統合する手法を考案し、処理能力の容量とスピードを格段にあげた[▶図03]。

さらに大仏の色やつや、素材感など、カラー画像から得られる光学情報を重ね合わせるためにも一工夫した。本来距離情報を得るためのレーザセンサは、対象物に光(レーザ)を発して反射してきた光を捉える装置なので、反射光強度の情報も得ていることに着目[▶図04]。距離画像も反射画像も同じ座標系で表現されているので、この反射画像とカラー画像を対照づけるアルゴリズムを考えた。

“レーザセンサから得られる反射画像とカラー画像は良く似ている。大仏さんのほっぺたがさびているとすれば、反射は変わる

図04——レーザセンサは距離情報とともに、反射光強度の情報も得ている

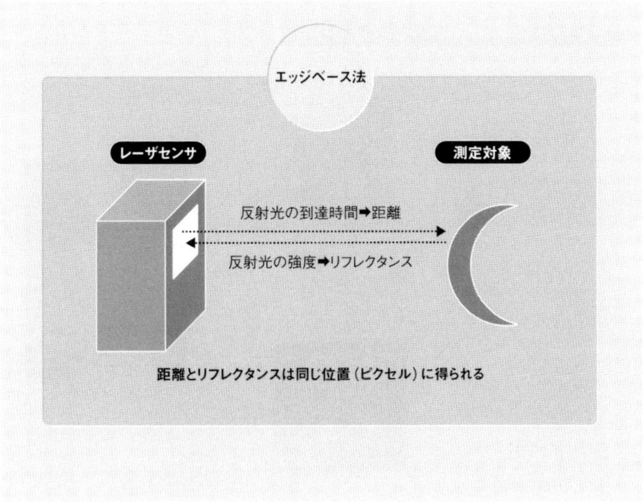

し、色も変わる。傷があればどちらの画像にも出てくるのでコンピュータで自動的に合わせることができます[▶図05・06]。”

反射画像を経由して、距離画像とカラー画像を重ね合わせ、幾何学情報と光学情報を統合した。これにより、従来数百の視点からの画像が必要だったのを複数の視点から得られる数枚の画像で、必要にして十分な処理ができるようになった。

また光の反射を計算するアルゴリズムも開発して、視点を変えた場合も光の反射や影が自然に変化するようにした。さらにバックの映像と重ね合わせるための環境情報を取得する技術も整え、巨大文化財デジタル保存の3要素技術とした[▶図07]。

図05——反射画像の情報とカラー画像の情報を合わせる

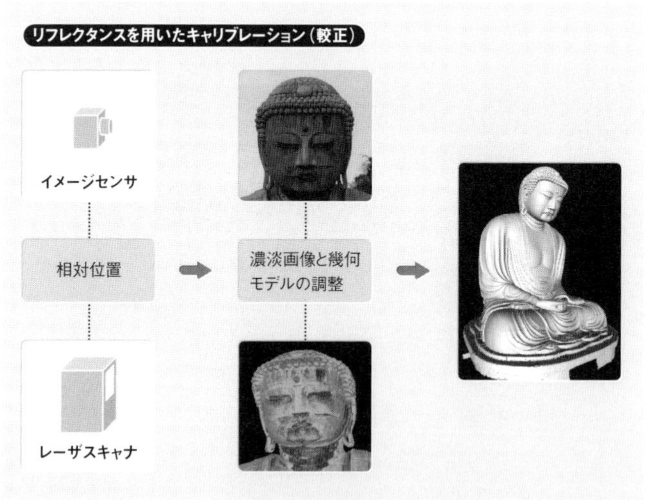

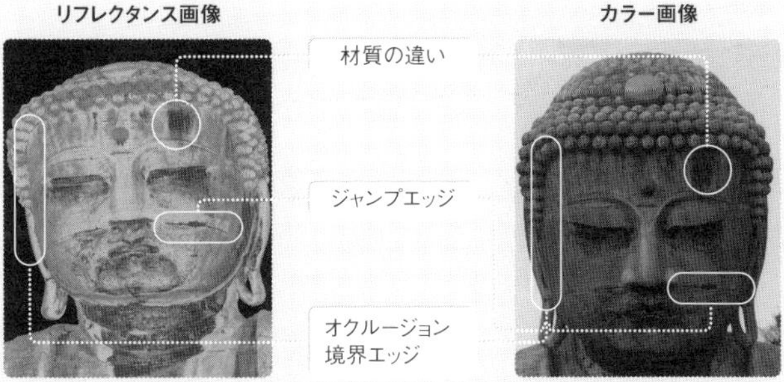

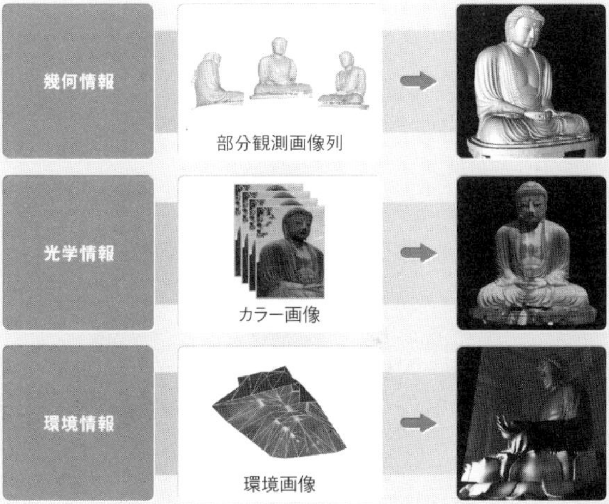

図06（上）――反射画像とカラー画像には似た特徴がある
図07（下）――有形文化財デジタル保存の3要素技術

奈良大仏プロジェクトで21世紀の幕開け

●

現在の姿の保存をしたら、さらに創建時の姿の再現へ。過去の埋もれかけた記録が、ビジュアルに甦る。

鎌倉の大仏で要素技術が整ったので、次はさらに高さで3.5メートル上まわる東大寺の国宝盧舎那仏《るしゃなぶつ》、いわゆる奈良の大仏に挑戦した[▶図08]。現在の大仏は江戸時代の1691(元禄4)年に補修、完成したものだが、まずは正確な計測データを収集してデジタル保存をした[▶図09・10・11]。

“今ある文化財の保存という点ではこれで十分なわけですが、ひ

図08——東大寺の国宝盧舎那仏
現在の奈良の大仏は1691(元禄4)年に補修、完成。

＊聖武天皇
→p.143

とつ達成されるとやはり次を望みたい。天平（奈良）時代の大仏を再現しようと思いました。”

奈良の大仏開眼は752（天平勝宝4）年。地震や火災などの災厄にたびたびみまわれ、1567（永禄10）年には三好・松永の戦いで再び焼かれたというが、もともと聖武天皇＊悲願の国家プロジェクトというだけあって、『東大寺要録』などの文献にしっかり記録が残されている。

“再現してみると、現在よりも大きくて背筋を伸ばした姿。うりざね顔ながら精悍な顔つきで、足元の民衆というよりは、どこか遠い無限、宇宙全体を見つめていた感じです［▶図12］。”

大仏殿に関しては、1900年のパリ万博に出展した模型が東大寺に保存されているので、この模型の計測データと、東大寺と同時代に建立された唐招提寺の金堂の詳細部分20か所のデジタルモデルを作成・照合して、創建時の姿を再現した［▶図13］。

さまざまな文献に記録されているデータを照合するうちに、文献学者のあいだでも謎とされる大仏の金メッキの量についても推論の翼が伸びていった。天平時代の金メッキの単位は大両（42グラム）と小両（14グラム）があり、『大仏殿碑文』に記された5412両という数値と、『延暦僧録文』の4187両という数値が、それぞれ大両なのか小両なのか、諸説が入り乱れていた。

正倉院御物の金メッキ厚を調べた人のデータによると、6-12ミリグラム/平方センチが天平時代の標準だったとして、天平時代の大仏の表面積597平方メートルを掛けると、36-60キログラムという数値になる。

これは『延暦僧録文』の4187両を小両として換算した59キログラムがずばり収まる値となる［▶図14］。

“結構わくわくして推理したのですが、歴史学の専門家でないわれわれがこんなことを言っても誰も耳を貸してくれません。”

図09（上）——奈良の大仏を計測する
図10（下）——現在の奈良の大仏をデジタルで再現

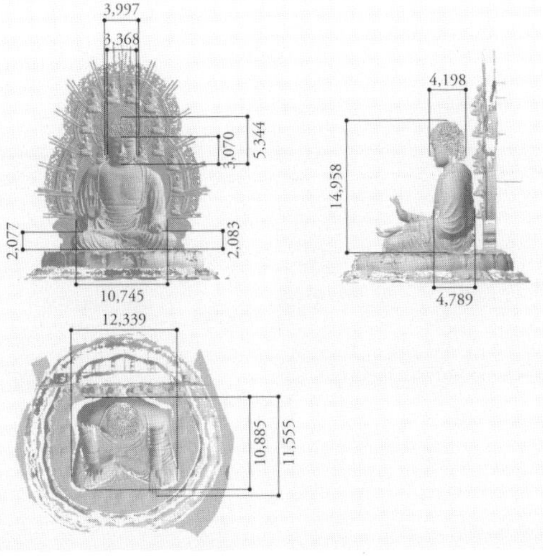

図11（上）——奈良大仏の計測結果
図12（下）——現在の奈良の大仏（左）と再現された天平時代の大仏像（右）

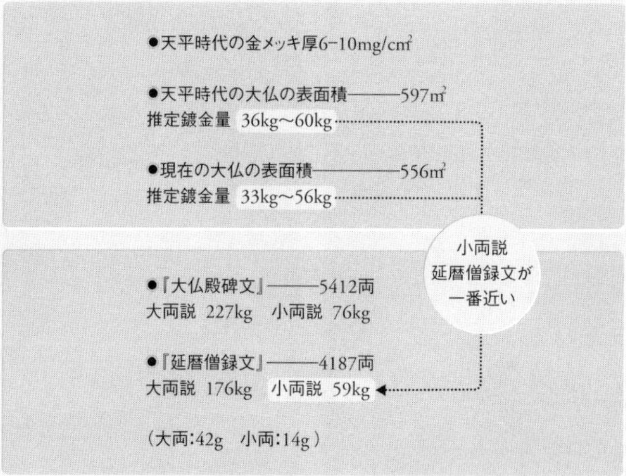

図13（上）——再現された天平時代の東大寺大仏殿
図14（下）——天平大仏の鍍金量の謎を解く

デジタル画像を再現することにより、過去の埋もれかけた記録に新しいまなざしが向けられて、歴史の見直し、読み直しが始まる……。現状はまだ専門の壁が厚くても、壁が崩壊する日の到来は、そう遠くはなさそうだ。

ますます大仏に魅せられた池内教授は、さらに明日香村の飛鳥大仏も計測してデジタル保存をした[▶図15・16・17]。再現した姿をつぶさに見ると、天平の大仏よりもさらにほっそりしている。

“大仏はどんどん太くなっている[▶図18]、僕なんかは近代的な顔なんです。「大仏デジタルライブラリー計画」をぜひ各国で共同しながら実現したい[▶図19]。様式の研究にもなるし、面白いでしょう。”

中国の大仏計測の許可をとるのはなかなか難しいが、技術協力しながらクリアする心づもりだ。タイやカンボジアの大仏には、すでに計測の手を伸ばしている。

図15——明日香村の飛鳥大仏

蘇我馬子の発願により596年に創建された日本初の本格的な寺院、飛鳥寺（別称：法興寺・本元興寺・安居院）の本尊、金銅仏の釈迦如来像は止利仏師作とされる。

図16（上）——飛鳥大仏を計測する
図17（下）——デジタル化された飛鳥大仏

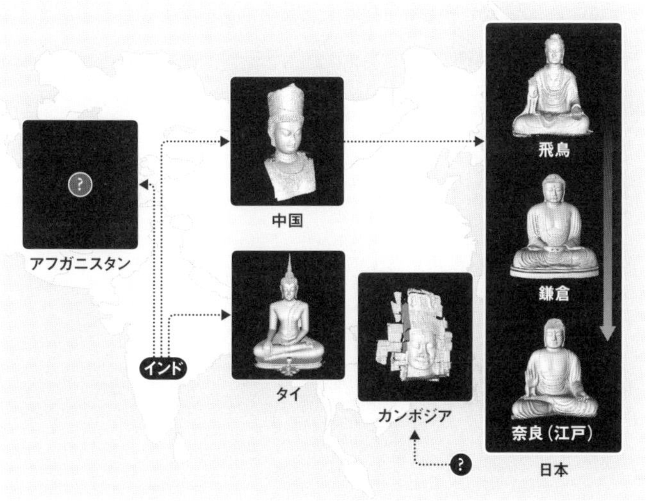

図18（上）——飛鳥時代から江戸時代へと太っていく大仏
図19（下）——世界大仏デジタルライブラリー計画

屋外の大遺跡バイヨン寺院に挑む

●

世界遺産を計測して現場でデータ処理するために、気球センサを開発。

12世紀、アンコール朝の絶頂期を築いたジャヤヴァルマン7世*によって造営された都アンコールトム[▶図20]。その中央にあるバイヨン寺院には、50以上の塔が立ち並び、ヒンズー教と仏教の混淆したデーバ、デバター、阿修羅の3種類の神々の173の顔が刻まれている[▶図21・22]。現在、JSA(日本国政府アンコール遺跡救済チーム)が保存・修復にたずさわっているが、池内教授はこのJSA

図20——アンコールトムとバイヨン寺院

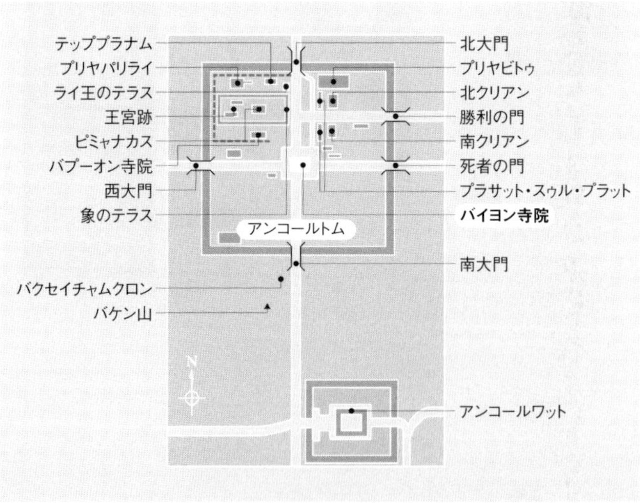

*ジャヤヴァルマン7世
Jayavarman VII
在位1181-1220頃
アンコール朝の最盛期を統治。アンコール・トムを造営し、その中心にバイヨン寺院を建設。仏教を国家鎮護の宗教としたと伝えられるが、遺跡群にはヒンズー教文化も息づいている。

デーバ　デバダー　阿修羅

図21（上）——ヒンズー教と仏教が混淆したバイヨン寺院の聖像
図22（下）——デーバ、デバター（女神）、阿修羅

と協力して、「大仏デジタルライブラリー計画」の一環として、最初は顔にひかれて調査に入った[▶図23]。そのうち2重の回廊をもつ寺院全体をモデル化するほうが面白いと研究テーマが拡がった。

“遺跡全体の平面図は50年前にフランスチームが人力で計測していますが、データの信頼性にやや難がありました。しかも全体像はありません。100×100×40メートルもの遺跡の正確なデータをどうやってとるか、世界遺産ですので、足場もくめない。苦肉の策で気球にセンサをぶらさげることにしました。”

無線操縦のヘリコプターも考えたが、高周波の振動の影響を差し引くのが難しいので断念し、気球に高速撮影できるレーザセンサ（100×600点/秒）を搭載することにした。高速とはいえ、一回のスキャン（走査）に1秒かかったのでは、微妙にぶれる。気球の動きの影響を除くために、通常のジャイロスコープによる補正

図23——バイヨン寺院の聖像の顔ライブラリー
中央祠堂を2重の回廊がとりまき、50以上の塔にデーバ、デバター、阿修羅の3種類の聖像、173の顔が刻まれている。

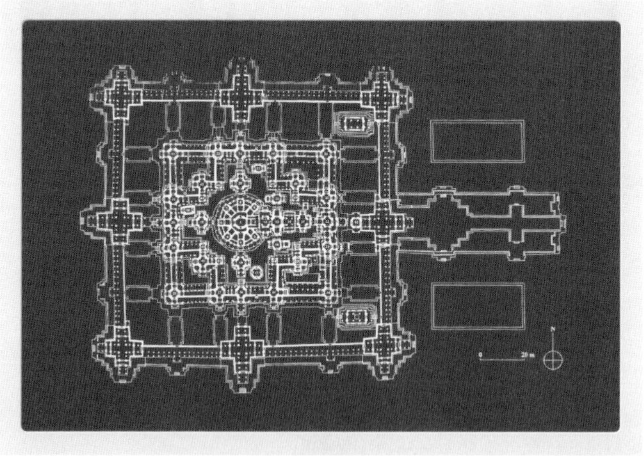

＊青柳 正規
M. Aoyagi 1944-
東京大学大学院人文社会系研究科教授。1973年よりポンペイの遺跡発掘調査を開始、ギリシア・ローマ美術考古学を基礎に、古代ギリシア・ローマ文化に関する学際的研究、古代地中海域と周辺文化圏の政治、社会、文化の交流に関する研究を推進。ポンペイ展(2001)やNHKスペシャル『ローマ帝国』(2004)などにも監修・協力する。

に加え、画像から動きを推定するアルゴリズムや、地上のセンサと上空のセンサをペアにして一部重なるようにデータをとって補正する方法などを駆使した。
“気球を飛ばすためには、ヘリウムガスのボンベが15本必要です。カンボジアの治安は良くなったとはいえ、奥地なので盗賊に狙われる恐れがある。ことが起きてからでは取り返しがつかないので、警察官を1日5ドルで雇って現地入りします。”
計測のための装備も大変だが、調査する人間も大変。気温40度前後の屋外で、遺跡はすべて石でできているとあって、石焼きビビンバ状態になる。水も悪くて下痢気味になってしまうので、3週間の滞在が体力の限界という。それでも2004年12月と05年2月で、顔の計測はすべて終了する予定だ。
“実際に調査してみて、50年も前に人力で計測したフランスチームの偉大さに脱帽しました。彼らはカンボジアの旧宗主国だったという事実はありますが、それにもまして、文化遺産に対して尊敬の念がある。だからこそ、あれだけのことができた。調査には体力も消耗しますが、しっかりしたデータが記録される価値は人類にとってはかり知れない。今後はさらに精密なデータにして、デジタルアーカイブのためのコンテンツを作成していく予定です。”
さらに対象はヨーロッパにも拡がり、ポンペイ遺跡の調査発掘を進めている東京大学大学院・青柳正規＊教授に協力して、ポンペイ遺跡全体のデジタルアーカイブ化も進行中だ。
将来に向けては、これら超弩級の画像データをいかに簡便にネット上でも楽しめるようにするかが、課題となろう。

伝統舞踊を保存する

日本の踊りは腰を落とすのがポイント。だが、ロボットにとってその姿勢は至難のワザ……

池内教授のデジタルアーカイブ構想には、大仏や寺院のような巨大有形文化財と同時に、日本各地に伝わる伝統舞踊などの無形文化財も収蔵予定リストに掲げられている。
“伝統芸能については、名人の歌や踊りをビデオ撮影して保存する方法がありますが、理想を言えば、後継者が育って代々伝えられていくことが望ましい。でも現実には、素質のある若い人

図24――踊りの名人の動きを計測する

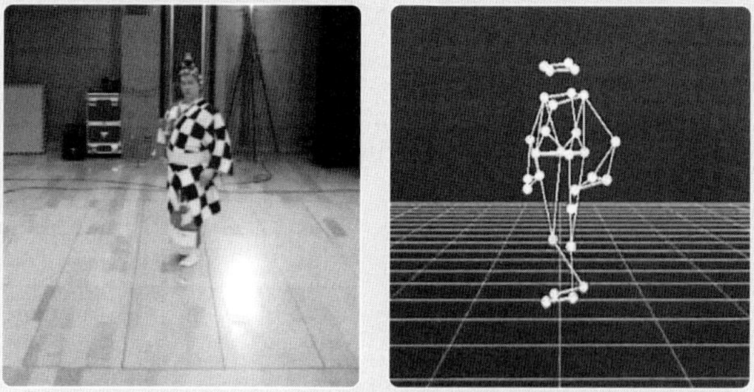

はそうそう簡単には現れない。それならせっかくの伝統が途絶える前に、後継ロボットを作りだして、彼らに末代まで伝えてもらえば安心です。”

職人芸や茶道などをロボットにやらせてみたが、楽しく成果をアピールするには、踊りがいちばんと絞りこみ、「津軽じょんがら節をロボットに踊らせよう」と目標を定めた。

だが、ホンダのASIMOやソニーのQURIOの登場で、ヒューマノイド（人間型）ロボットは珍しくなくなったとはいえ、まだまだ高価で、あまり乱暴な実験には使えない。たまたま独立行政法人産業技術総合研究所にお蔵入りする寸前のヒューマノイドロボットHRP-1Sがあるとの噂を聞いて打診したところ、少々乱暴な実験をしてもかまわないとのことで、共同で実験に取りかかった。

モーションキャプチャで踊りの名人の動きを捉え［▶図24］、ロボットになぞらせようとしたが、そのまま移すと転倒してしまう。人間とは力学条件が違うので、上半身データのみを入力しても転倒する。

“動きの意味を抽出してロボットの動きにする必要がある。踊りの名人に「止め」のポーズを書いてもらうと、表現のポイントは手にあることがわかったので、「止め」のポーズを抽出して、それらをつなぐようにロボットの手の軌道を決めていきました［▶図25・26］。足については安定させることが第一条件で、歩きか、しゃがんでいるのか、立っているのかといった標準的な動きのモデルをつくり、今の瞬間はどれをやるか遷移グラフを利用して認識するプログラムを作成しました［▶図27］。”

最初は単純に手足が止まるところを抽出してみたが、多すぎたという。名人の指摘した「決め」のポーズは、リズムに合わせて

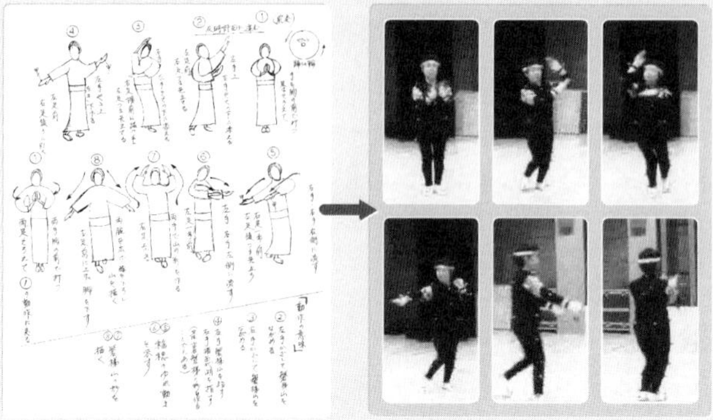

名人によるスケッチ

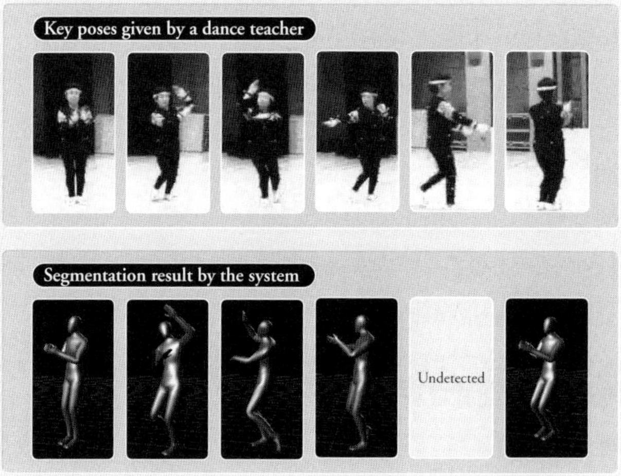

図25（上）——名人による「止め」のポーズ
図26（下）——名人の動きをシミュレーションする

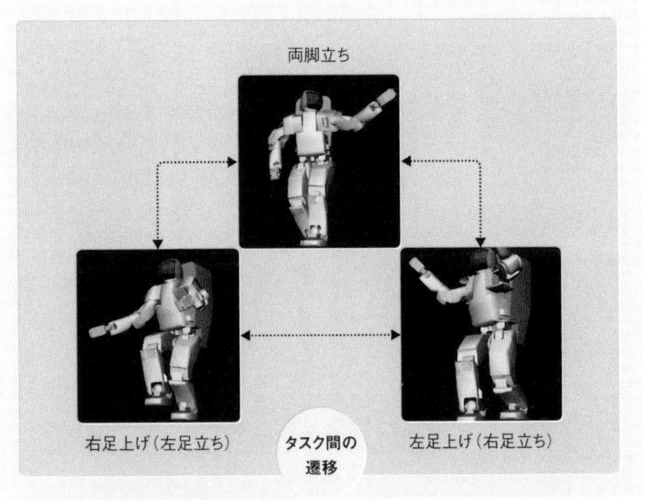

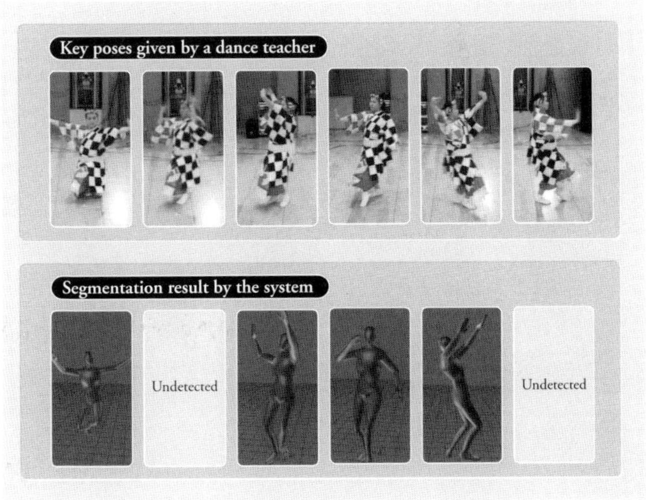

図27（上）——名人の踊りをロボットに無理のかからぬように真似させる
図28（下）——津軽じょんがら節を踊る名人の「決め」のポーズを抽出

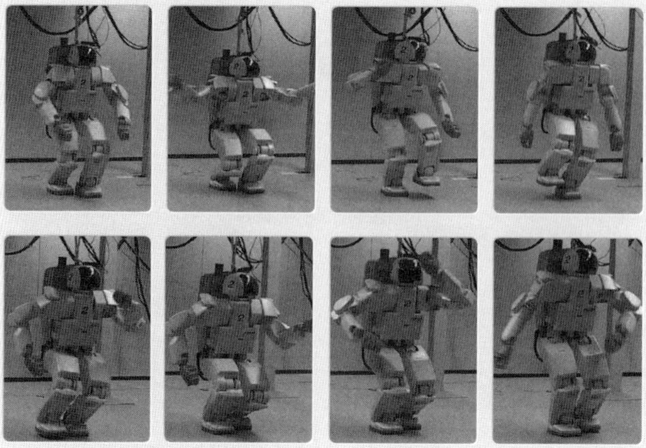

図29（上）——津軽じょんがら節を名人の2倍の時間をかけて踊るHRP-1S
図30（下）——会津磐梯山を師範とデュオで踊るプロメテ君

手足が止まるところにあった。実際照合してみると、多少は落ちる個所があるものの、結構見られるものになってきた[▶図28]。しかし悲しいかな、HRP-1Sは人間の手足の動きの速度の半分ほどのペースでしか動けない。早送りしてリズムを合わせて、ようやくじょんがら節も踊れるようになった[▶図29]。日本の踊りは腰を落とすのがポイントだが、ロボットにとっては危険きわまりない動き。沈みこむ動作は最小限に抑えたが、それでも足の関節がぼろぼろになったという。

HRP-2S、通称「プロメテ君」で会津磐梯山にして、2004年の秋に上半身についてはリアルタイムの踊りに成功した。翌2005年1月には、会津民謡玉水会の師範とデュオで躍れるまでに上達し、新聞やテレビでも報じられた[▶図30]。

“日本のメーカーはロボットが踊れるような動きをつくって、音楽をつけていますが、われわれは、あくまでも人間が出発点。踊りの「決め」はどこにあるかを後代に伝えることが目標です。”

将来的にはダンスができるロボットのプロジェクトも立ちあげたいと、池内教授のデジタルアーカイブ構想の収蔵予定リストはまだまだふえていきそうだ。

参考文献

★01——Katsushi Ikeuchi, Yoichi Sato, *Modeling from Reality*. Kluwer International Series in Engineering and Computer Science, 2001.11.

★02——増田智仁＋山田陽介＋朽津信明＋池内克史「三次元計測データによるフゴッペ洞窟内の自然光入射のシミュレーション」『日本バーチャルリアリティ学会論文誌』Vol.10, No.1, 2005.3.

★03——池内克史＋中澤篤志＋小川原光一＋高松 淳＋工藤俊亮＋中岡慎一郎＋白鳥貴亮「民族芸能のデジタルアーカイブとロボットによる動作提示」『日本バーチャルリアリティ学会論文誌』Vol.9, No.2, pp.14-20, 2004.6.

★04——Katsushi Ikeuchi, Kazuhide hasegawa, Atsushi Nakazawa, Jun Takamatsu, Takeshi Oishi, Tomohito Masuda, "Bayon Digital Archival Project." *10th International Conference on Virtual Systems and Multimedia (VSMM2004)*, 2004.

★05—— Robby T. Tan, Ko Nishino, Katsushi Ikeuchi, "Separating Reflection Components Based on Chromaticity and Noise Analysis." *IEEE Transactions on Pattern Analysis and Machine Intelligence*, Vol. 26, No. 10, pp.1378-1379, 2004.10.

★06—— 宮崎大輔＋池内克史「偏光と放物的曲線の解析による透明物体の表面形状計測」『情報処理学会論文誌：コンピュータビジョンとイメージメディア』Vol.44, SIG9 (CVIM7), pp.86-93, 2003.7.

★07—— 佐川立昌＋西野 恒＋倉爪 亮＋池内克史「大規模観測対象のための幾何形状および光学情報統合システム」『情報処理学会論文誌：コンピュータビジョンとイメージメディア』Vol.44, SIG5 (CVIM6), pp.41-53, 2003.4.

★08—— 池内克史「文化遺産ディジタルアーカイブとディジタル再現」『人工知能学会誌』Vol.18, No.3, pp.242-250, 2003.5.

★09—— 西野 恒＋池内克史「大規模距離画像群の頑健な同時位置合せ」『電子情報通信学会論文誌』J85-DII No.9, pp.1413-1424, 2002.9.

★10—— 池内克史＋倉爪 亮＋西野 恒＋佐川立昌＋大石岳史＋高瀬 裕「The Great Buddha Project：大規模文化遺産のデジタルコンテンツ化」『日本バーチャルリアリティ学会論文誌』Vol.7, No.1, pp.103-114, 2002.1.

協調学習の場づくりから、知識循環社会へのツールや達人級の翻訳システム開発、ひらめきをもたらす情報空間の作り方まで、アマチュア、専門家を問わずに知恵を共有できる社会への可能性を探る。

【第3部】

究める

――学びあいながらひらめく

3-1

共に学び共に高めあう

三宅 なほみ

●中京大学情報科学部認知科学科 教授

情報メディアを活用しながら
協調的に学びあう新しい学びの場の誕生。
カリキュラムの具体例から
今後の展望まで。

ゲーム盤や競技場、専門分野の学会でトップとなることばかりが
「賢さ」の証とは限らない。学生ひとりひとりが
個性に合わせた賢さを身につける協調学習を推進する。

「人間の賢さ」を学びながら賢くなる

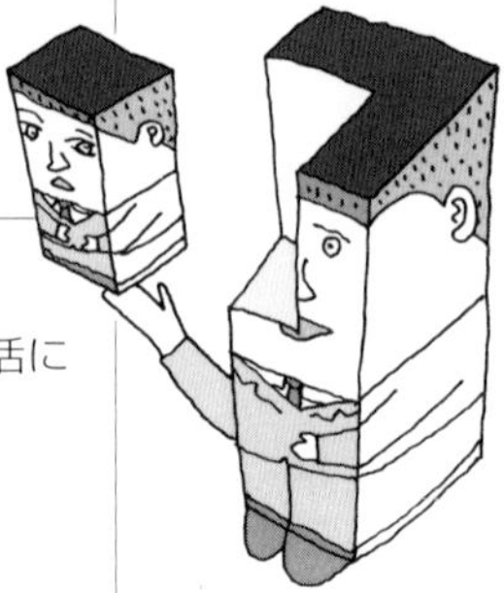

●
ルールの決まったゲームに勝つことよりも、何気ない日常生活に本当の「人間の賢さ」はひそむ。

コンピュータやロボット技術のめざましい進展は、つねに人間の賢さとは何かを省みるプロセスでもあった。論理的推論がすばやくできることこそ賢さの証として開発された人工知能の極致は、チェスのチャンピオンをうち負かしたIBMのスーパーコンピュータ、ディープ・ブルーだった。だが、ディープ・ブルーは、うち負かした相手の心情を思いやったり、チェス界の興隆のために力を注いだり、次世代のチェス名人を育てたりはしない。ましてや、われわれと日常生活を共にしたりはできない。
ヒューマノイドロボットの開発過程で明らかになったのは、「常識」とされる情報の膨大さや社会的コミュニケーションによって生成される情報の膨大さで、「人間の賢さ」は、こうした日常性にこそあるのではないかと、研究者の見方も変わってきた。
三宅教授は、「人間の賢さ」とは何かを追究する認知科学を学生に教育するプロセスそのものを、認知科学の実験現場としている、学問の日常性に徹した研究者だ。
“認知科学者には大きく分けて3タイプあります。工学系で鉄腕アトムを作りたいという人たち、理学系で人間の賢さの秘密に迫ろうと大脳生理学にも力を注ぐ人たち、これらの人たちと協力しながら人間の日常的な賢さを解明して世の中に還元したいという立場で研究している人たちがいる。私はたぶんその3番目に入ります。”
もともと心理学出身だが、実験室の中で視覚、聴覚、記憶といった個別のシステムを調べる実験心理学には飽きたらず、子どもはいかにして知能を身につけるのかを追う発達心理学に興味があった。カリフォルニア大学サンディエゴ校の大学院に留学したところ、認知科学の草創期の活気に大いに刺激された。
理論的基盤についてはドナルド・ノーマン*に触発され、人と人との協調過程が理解を深めるという、建設的相互作用理論についての研究をすすめ、1982年、博士論文としてまとめあげた。
実践的研究については、小学校の現場に入って学習プロセスを研究しているアン・ブラウン*の影響を受けた。彼女は子どもの認知の発達は、知識がただ増えているのではなく、覚え方を身につける「メタ認知」過程の発達が重要であることを見いだしていた。
“ブラウンご夫妻が学部で教えるときにティーチング・アシスタントをやらせてもらい、とくにアン・ブラウンとは興味が重なっていたので、いろいろ議論しました。彼女は小学校を実験現場として、10年ぐらい長い時間をかけて、教え方ひとつで子どもでも「メタ認知」を身につけることを証明して、「学習科学」という新しい学問分野をひらきつつあったのです。でも残念ながら、1999年に55歳の若さで亡くなってしまいました。”
彼女のことを話すと情がこもって、途中で感極まってしまうと、言葉を詰まらせる。
学習というのは、子どもにせよ成人にせよ、新しい知識を外から入れながら今までの知識を洗い直し、新しい発想ができるようになったり新しい問題が解けるようになったりする過程。1日2日で結果がでるわけではないが、時間をかければ外から観察もできる。人間が賢くなる典型的なプロセス、学習過程を研究テ

＊ドナルド・ノーマン
D. Norman
MIT、ペンシルベニア大学を経て、ハーバード大学、カリフォルニア大学で教え、Apple、HPに在籍。現在ノースウェスタン大学コンピュータ科学、心理学、認知科学教授。『パソコンを隠せ、アナログ発想でいこう!』『人を賢くする道具』『誰のためのデザイン?』(以上新曜社)。

＊アン・ブラウン
A. Brown 1943-99
失読症で13歳まで本を読めずに育つが、18歳で心理学に興味をもち、ロンドン大学で、Ph.D取得。1968年に渡米。カリフォルニア大学バークレー校を主な拠点として、小学生の学習プロセスの発達を調査研究。小学生のグループ学習も、研究者共同体と同じような相互学習によって成果をあげることを実証する。全米教育学会会長、全米教育協会会長などを歴任。

ーマの柱にしようと心を決めたころ、1991年、中京大学情報科学部に認知科学科が創設されることになり、教授として着任することになった。

名講義をめざすより、学生同士で学びあう教室づくり

●

時間をかけて、相談しながら、試行錯誤をくり返す協調学習こそが「賢さ」への道。

日常にねざした知識というものは、親から子へ、あるいは親方から弟子へ、一緒に生活や仕事をしながら時間をかけて、部分的に次の世代に定着していくものだ。新しい世代は単に前の世代と同じことをくり返すのではなく、教えてもらったり見よう見まねで違う問題をいくつも解いて、だんだん自分のやり方(スキーマ)を身につけていく。いったんスキーマが身につけば、新しい問題がでてきても、自分なりの解決法を見いだせるようになる。
人に教えてもらう、時間はかかる、相談しながらやる、試行錯誤をくり返す、ということが日常にねざした知識を作る必要条件だとすると、事前に教師が準備する場合が圧倒的に多い大学の講義は、「人に教えてもらう」という一件のほかは、この対極にある。
“名講義というのは、諸説いろいろあるテーマを90分なりにスパッとまとめて、立て板に水を流すように滔々と話すので、中身を理解できる人にとっては印象的なのですが、初学者は「なるほどな」と感心したつもりでも3時間もすれば忘れてしまう。フラ

＊波多野完治
K. Hatano 1905-2001
東京神田生まれ。お茶の水女子大学教授、同大学学長などを歴任。東西文化についての該博な知識をもとに、教育実践と心理学との連繋をはかり、生涯教育を提唱。ピアジェの発達心理学を体系的に紹介する。夫人の波多野勤子も児童心理学者として著述および在野の社会教育のリーダーとして活躍。

ンスの心理学を日本に紹介した波多野完治*先生の名講義を大学1年のときに聞いているのですが、とても面白い発達心理学のお話だった記憶はあっても、自分で再現しようと思ってもできません。講義に触発されて本を読むようにはなりましたが、先生が伝えたいと思われたレベルで理解できたかというと、ぜんぜんできませんでした。それは自分で講義するようになって痛感しました。”

授業内容を整然と準備して名講義をめざすよりも、三宅教授は、認知科学をベースにして学生が少しでも賢くなるカリキュラムを組み立てよう、そのためには、学生同士が相談しながら学びあえる協調学習をメインテーマにしようと心を決めた。学生たちは「賢さとは何か」を協調学習しながら、賢くなっていくという手はずで、一石二鳥だ。

1997年から授業を作り変えはじめ、99年の授業からは科学技術

図01——1年春の教室風景
自分たちの認知過程を振り返り、経験則を見つける。

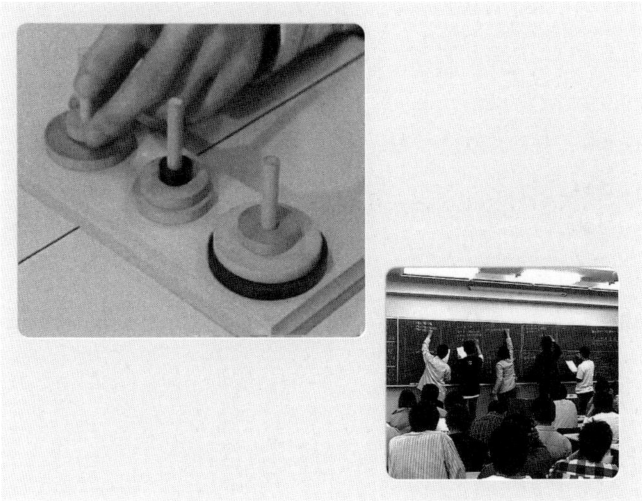

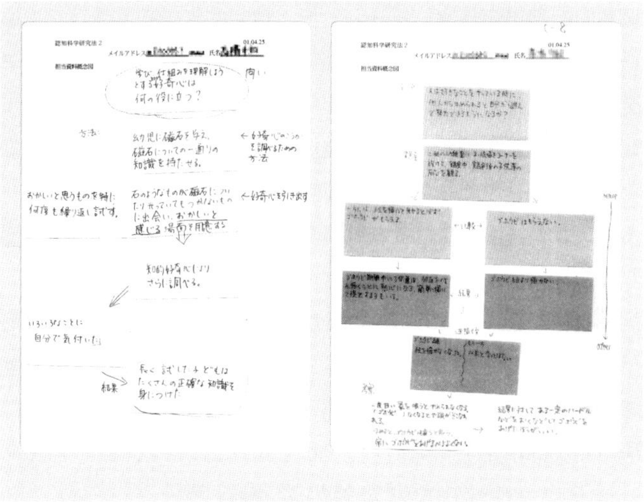

図02——1年秋：読んだ資料の内容からガイドにそって初歩的な概念マップをつくる
経験則を入門用の専門基礎知識資料と関連づける。

振興機構の助成をえて、本格的にとりくんだ。毎年約80名を対象に、学部の1年と2年で、認知科学の基礎を身につけるためのカリキュラムと学習環境ツールを作り、少しずつ改訂してきた。その大筋を示すと次のようになる。

1年春▶自分たちの認知過程を振り返り、経験則を見つける[▶図01]
1年秋▶経験則を入門用の専門基礎知識資料と関連づける[▶図02]
2年春▶資料を読み解いて概念マップを作り、他人と相互吟味しながら理解を深める[▶図03]
2年秋▶専門資料を分担して理解、相互に教えあって理解の幅を広げる[▶図04]

協調学習の軸になったのは、「ジグソー法」という、もともとは1970年代末にアロンソン*という社会心理学者が、アメリカの人

＊エリオット・アロンソン
E. Aronson 1932-
社会心理学者。『ジグソー』(1978/原書房1986)、『ザ・ソーシャル・アニマル』(1972/サイエンス社1984・95)などの著書がある。

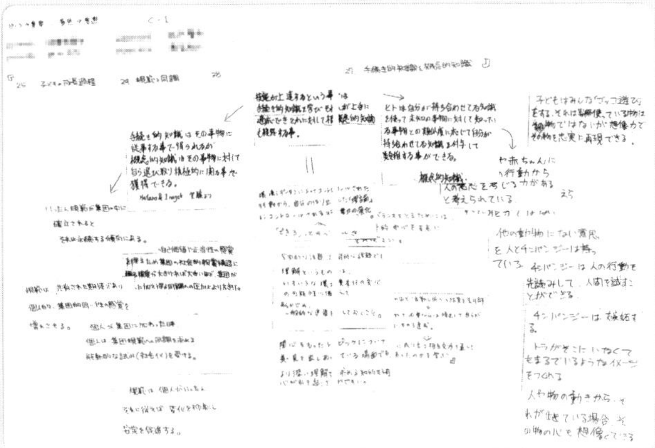

図03——2年春：資料がより高度になり概念マップも自分でつくる
資料を読み解いて概念マップを作り、他人と相互吟味しながら理解を深める。

図04——
2年秋の教室風景
協調学習用に作られた教室で学習支援ツールも用いて、分担した複数資料について教えあう。

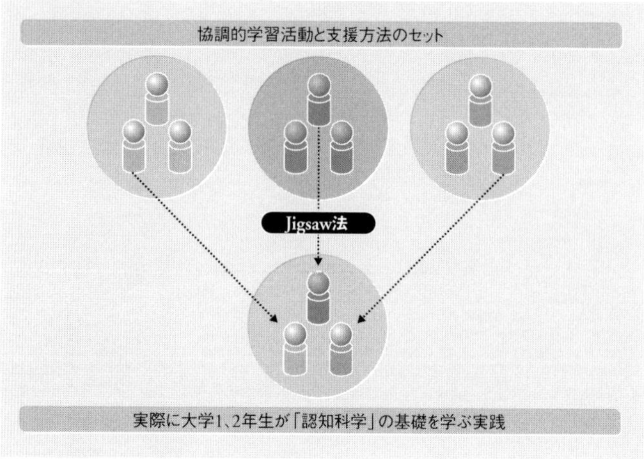

図05——ジグソー法の基本形
分担した各部分について3人グループで学習してエキスパートになり、グループからひとりずつ集まって統一のテーマや課題に取り組むジグソー・グループを形成する。

種融合政策のために作ったシステムだった。黒人と白人では居住地も違うので、半分の子どもをバスに乗せて入れ替えてしまう。それでも融合しないので、ひとつの物語の各章をグループごとに担当させて覚えさせて、グループ代表が集まって全体についてのテストに答えるようにした。すると、グループそのものは黒人と白人が分かれてしまっても、グループ代表は混じりあうことになるが、お互いから聞き出してチームとして成績をあげるように協力するようになり、尊重しあうようにもなった。
“この「ジグソー法」を協調学習の促進法として活用したのも、アン・ブラウンでした。私も同じようなことを考えていて、調べてみたら彼女がすでに使っていたので、心強く感じたのをおぼえています。グループごとに担当を決めて学習して、何かについてエキスパートになる。それから、ひとりずつ代表が集まって協力しながら何か課題をとく[▶図05]。ある学生が詳しく学んだ内容は、他の学生は知らないので説明しなければなりません。話してみると、自分の理解の仕方を見直すことになり、盲点や新しい観点も見えてきます。”

「熟達化」のポイントをジグソーを組んで身につける

●

認知科学の基礎資料をグループで読みこみ、エキスパートとしてくり返し他の学生に説明する。

プラトン*やアリストテレス*といった錚々たるメンバーが集まって議論していた古代ギリシアならいざ知らず、最初は自分の資料を説明せずに相手に渡してしまったり、話そうとしても「あのー」「うーん」といった会話にならない言葉のやりとりが大半を占めてしまう。

“学部の新入生に最初からジグソーをやれといっても無理なので、最初の半期は折りをみて2、3回は、半枚ぐらいで書いてある内容をそれぞれが読んで話しなさいという課題から始めて、次の学期はだんだん長文にして担当も分けていきます。それぞれ違う資料を渡して、違うのは当たり前、あなたが話さなければグループとしてまとまらないし、あなたの見方を話してくれればいいと少しずつ促していきます。”

ペーパーテストの結果こそが能力の評価だと思ってきた学生には抵抗感もあるだろう。

“1年生でジグソーをはじめるころ、毎年2人や3人、とくに比較的できる学生のなかに、説明して相手にわからせるより、自分で読んで理解したほうが速い、時間の無駄だからいやだという

＊プラトン
Platon 428/427-348/347BC
民主政のアテナイで告発され、死刑となったソクラテスの教えを数々の対話篇としてまとめ、後世に多大な影響をもたらす。メガラやエジプトなど各地を遍歴ののち、アテナイの北西郊外に学園アカデメイアを創設し、幾何学をはじめとする数学を重視した哲学教育を進める。

＊アリストテレス
Aristoteles 384-322BC
哲学ばかりか文系、理系の諸学の統合を試みた「万学の祖」。マケドニアに生まれ、17歳でプラトンのアカデメイアに入学。たちまち頭角を現し講義も担当する。マケドニア皇太子(後のアレキサンダー大王)の家庭教師をつとめた後、リュケイオンに学園を創設。歩きながら議論したので「逍遙学派」と呼ばれる。

人が出てきます。そういう学生は研究室に呼んで、「本当にそうなのかねえ」と、話しかける。自分の考え方を相手に説明することで、読んだだけではわからなかった資料の穴とか、意味が見えてくる、発見するのはあなたでしょうと、何度か話すうちに納得してくれます。そうなると、授業が回るようになる。自分でやるだけでなく、ほかの人の意見を聞くのもプラスになるし、同じ意見でなくても大丈夫。このポイントがわかると、協調学習が面白くなります。”

1年の後期は、昼休みをはさんで90分ずつの授業のうち、午前中に資料を読んで午後話しあうようなこともできるようになる。このころには、エキスパートグループを作ったのちに代表が集まって課題に取り組むことを「ジグソーを組む」、学習プロセスをクラス中に公開することを「クロストークする」といった用語も定着するようになる。テーマが高度になって、クラス全体でクロストークできないので、全員が見られるようにレコノート(Reflective Collaboration Note)という概念マップを書きこむシステムも用意した[▶図06]。

2年の春には、認知科学の真髄ともいえる「熟達化」をテーマとする8種類の入門的な専門基礎資料を80人でジグソーを組みながら読む。

ジグソーに慣れてくると、資料を見て「これはジグソーしやすい資料だ」とコメントする学生が出てきたりもする。こういう学生はジグソー法という「メタ認知」の手法が確かに協調学習で体得されることの生き証人だ。

“冒頭に熟達化のモデルについて、いちばん最初は情報収集、2番目が構成過程、問題を解けるだけでは熟達化とは言わないといった概要を話します。熟達化は、何度もやって考えなくても写真がとれるような自動化される過程で、これこそ時間がかか

図06——協調学習の支援ツール「レコノート」
台紙となるシートに要点を書きこんだり、シート上に配置したノートに詳細を書きこんだりして、各要素を2次元に配置しながら自分なりの概念マップを仕上げる。他人のシートも自由に閲覧・参照できる。

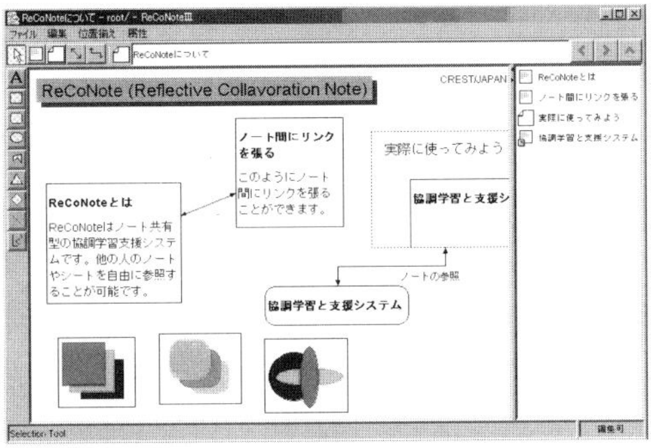

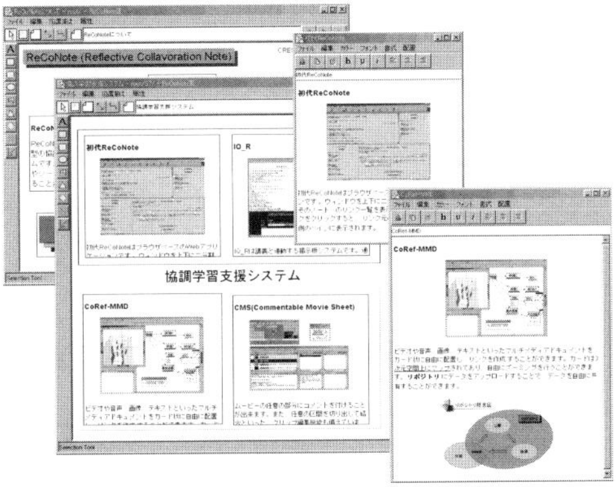

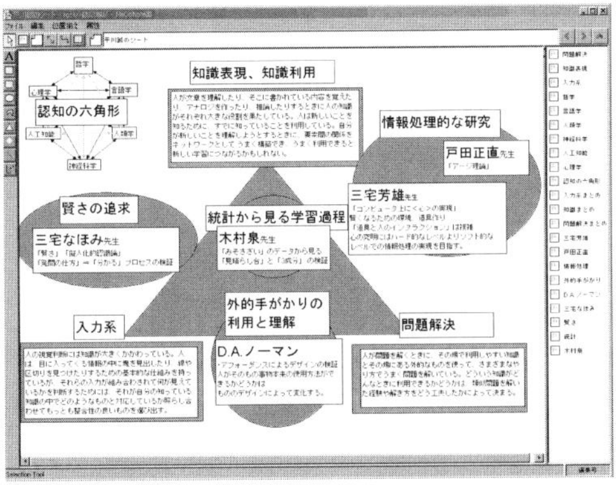

るし、本人はいつのまにかできてしまうので、研究が少ない。自動化されると、「別のやり方はないか」とまた戻る。ほかの作品を見てやり方を変えるとか、最近では、機械がデジタル化して変わらざるをえない。写真は反射光で見るはずだったのが透過光で見るようになって、自分がつくりあげたものを解体・再構成する段階がある。この再構成がおきると、レベルが一段あがる……こういうことがありうるよね、という話をしておいて、8種類の資料を渡して、エキスパートになってもらうのです。”

A4表裏の長さの資料8種類のうち、4種類は『知的好奇心』(中公新書)の抜粋ほか個人の熟達化についてのべた文章で、4種類は「チーム航行のテクノロジ」(『認知科学ハンドブック』共立出版)の抜粋ほか熟達は社会的なプロセスであるとした資料である。

“アルバイトに忙しい学生でも読めて、深く読みたい人には次の読書の入り口を用意できる資料をティーチング・アシスタントと相談して選びこみます。内容の近いグループ同士のジグソーからはじめて毎回組み方を変えていくと、異なるメンバーに対して自分のテーマを4、5回はくり返し話すことになるので、1年後に聞いても内容をおぼえています。”

2年の秋にはガードナー*の『認知革命』(産業図書)など、人工知能や子どもの認知の発達、問題解決、推論、知識表象、社会的認知など、さまざまな理論について論じる24種類の専門書レベルの資料が渡される。発達理論ひとつ取っても、人は生まれたときにOS(基本ソフト)が入っているという生得説(氏)派の資料もあれば、育ちながら学ぶという学習(育ち)派の資料もある。自分が知っていることは、皆知っていると思ってしまうエピステミック・エゴセントリズムをめぐる話もある。

“ソフトを開発した人は素人が使えると思っていますが、これもエピステミック・エゴセントリズム。24の資料は結構レベルが

＊ハワード・ガードナー
H. Gardner 1943-
ハーバード大学教育学大学院教授、認知心理学・教育学専攻。著書『認知革命』(1987/産業図書1987)では認知科学の展望をひらき、『MI：個性を生かす多重知能の理論』(2000/新曜社2001)では、言語・論理(数学)・音楽・空間(芸術)・身体-運動・人間関係・自己観察・自然との共生など、子どもの8つの能力育成を提唱。

高い内容ですが、学生がどんな分野に進んでも応用できるような内容を選びこんでいます。この24の資料であなた自身の認知科学の話を作ってほしいというと、2年の秋で慣れたせいなのか、課題の難しさに気づかないせいなのかは不明ですが、「やってみようじゃないの」と驚いたそぶりも見せずに友だちと議論してくれます。”

2年間で学生は目に見えて変わるので、教師冥利につきるし、面白いと述懐する。1年間で変化を期待するのは無理で、2年生の前期で変わる[▶図07]。何種類かの話をするようになって、コアが確立しはじめる。

2年の最後の10回程度はかなりハードルの高い課題を出す。1、2の資料からはじめて自分の担当分を他人に説明し、他人の担当分について説明してもらったことを少しずつ増やしてゆくと、7、8週間で8資料の説明ができるようになる。8種類でいわば30分の

図07——学生Tの概念マップの成長

２年秋における学生Tの概念マップの成長をジグソー活動期の初期(左上)、中期(右上)、後期(中央下)で示した。より多くの資料を緊密に関係付けてゆくようすがうかがえる。

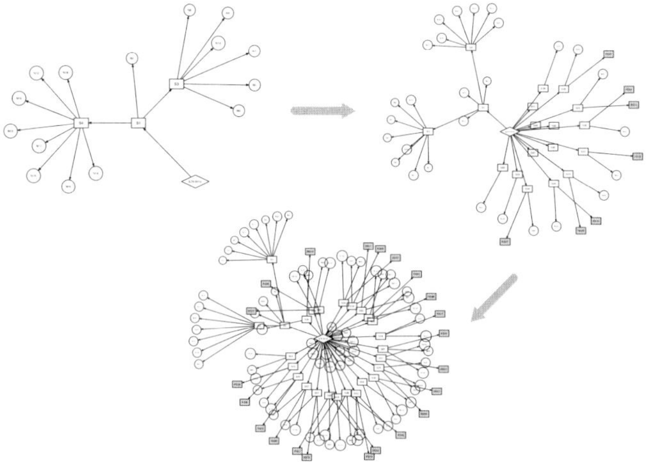

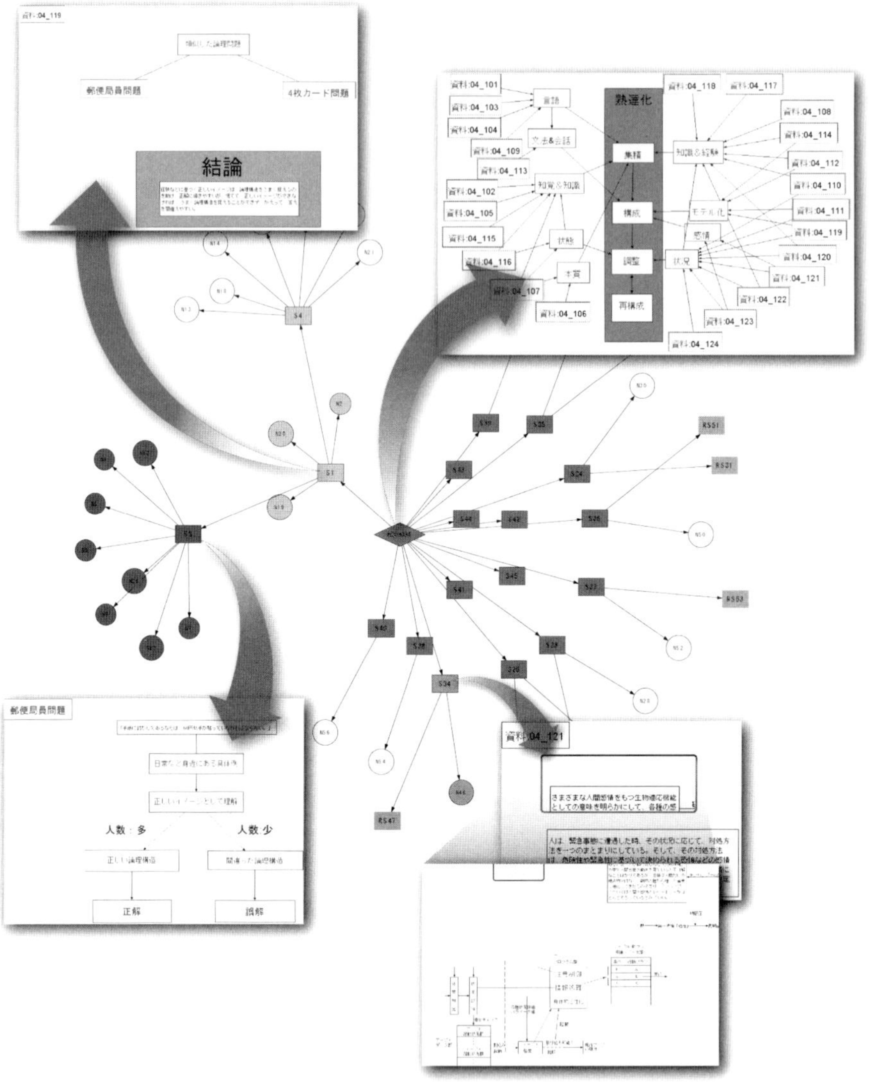

図08——概念マップの構成分析

レコノート上のシートやノートの相互関係をグラフ表示によって表している。図中の四角(□)が台紙シート、丸(○)がその上に置かれたノートを表す。図中左上のレコノート画面は1つのシート上に3つのノートと2つのさらに別のシートが置かれているため、グラフ上では1つの四角から3つの丸と2つの四角がリンクされる。

講義をつくって、別の8資料を読んで講義をつくった人とお互いに聞きあって、質問しあってもらう。ここまでくると、資料はそばに置いてコンピュータも開いているが、それらに頼らず議論ができるようになってくる[▶図08・09]。

“私自身が講義するのであれば、だいたい1回2、3の研究例をやって、13回ぐらいの連続講義で20から30の研究例について話すのが目安です。つまり、学生同士の交換方式でも私が一方的に講義をしても、半期で扱える理論は、数としては同じですが、1年経ってからのことを考えると、講義の場合はタイトルをおぼえているのがせいぜいで、学生が自分で理論の内容を話せるようにはなりません。知識をつくっているのはあなたで、あなたが自分の言葉でしゃべれることが、あなたの知識で、残るとしたら、それしかない。そういう肝心なことは学生が自分でしゃべるジグソーを通して初めて伝わっていると思います。”

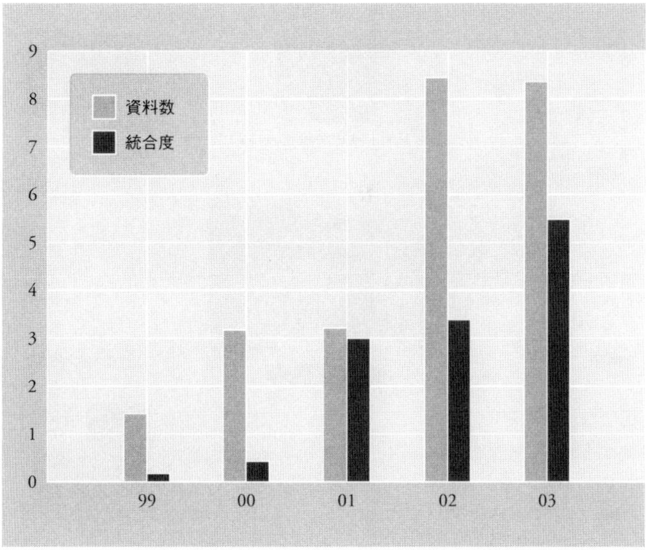

図09——年度ごとの期末レポートの質の向上
2年期末のレポートで言及された資料の総数(図中「資料数」)と明示的に関連づけられていた資料数(図中「統合度」)の平均を年度順に示した。言及対象の資料数が増えるにつれ統合度も上がる漸進的な上昇が認められる。

旧来の熟達化の研究は、個人の熟達化の過程をリアルタイムに記録する手法がなく、熟達者と初心者を比較するほかなかった。チェスの名人と素人では、一目で盤面を記憶するコマ数がぜんぜん違うといった具合で、違いがわかったからといって、個人差なのかもしれず、熟達化のプロセスを解明するヒントにはならなかった。
三宅研究室の強みは、「認知科学って？」といっていたふつうの学生たちひとりひとりの学習プロセスが、1週間に1度のペースで電子的に記録されていることだ。概念マップを書きこんで協調学習できるレコノートのほかにも、学生が作業しながら書きこむ手書きのノートも電子化されて記録される。グループのビデオや音声記録も収録して、2004年からは毎回各人85本の90分の音声データの文字化も試みている[▶図10]。

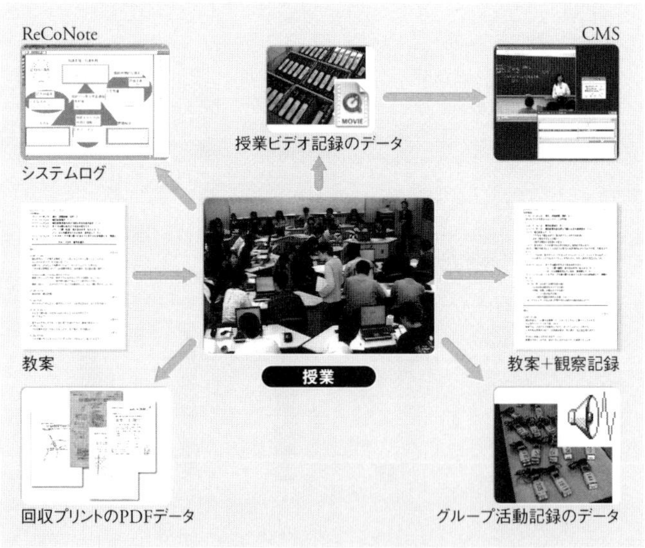

図10——学生の熟達化の過程は電子的にすべて記録
教案をもとにおこなうひとつの授業から、学習支援ツールのシステムログ(左上)、授業ビデオ記録(中央上)と分析ツールによるその編集ファイル(右上)、教員チームによる観察をまとめた実績報告(右)、グループ活動の音声記録(右下)、学生が記入したワークノート(左下)などのデータを得る。これを2002年度より3年間計400時間の授業でおこない、のべ300名の学生のデータを集めている。

協調学習の場づくりは、誰にでもできるか?

●

ジグソー法を身につけた学生たちが、新入生にパソコンの使い方を協調学習で学ばせるようになった。

学習の現場は、その場のリーダーの魅力や資質に大きく左右される。三宅教授のカリキュラムも、三宅なほみという個性によってのみ有効なのではないだろうか。

“資料(コンテンツ)とジグソー(方法)という形式をそろえたやり方をしているので、「私」という個性がこの授業の成立に不可欠なわけではありません。現在では、私ひとりではなくてチームで1年の春と秋、2コマずつ教えればこうなりますというデータをまず出して、そこから学習の成立に必要な条件は何なのかを洗いだそうとしています。ジグソー法は単独でもいろいろな使い方ができますので、そういう部分的に活用できるような可能性も考えていきたいと思っています。新しい理論もどんどん増えますので、それらにも対応できるようにしたい。やればやるほど課題は山積してきます。”

三宅研究室から巣立った益川弘如氏は、静岡大学・教育学部で同じような授業を始めているという。また中京大学の学生たちが、新入生にパソコンの使い方を教えるボランティア活動で、ジグソー法を応用しはじめた例もあるという。新入生のグループでジグソーを組んでパソコン操作を工夫してもらって、さらにクロストークで「こんなやり方ありだよね」と皆で共有する。上級生がすべて教えるよりも、新入生同士で解決法を共有するほ

うが速いと直観的に判断したのだそうである。
“講義形式をやめて、こういうやり方にするには抵抗感もあると思いますが、学生たちが教える立場にたったとき、自然に協調型をとり入れている。一度体験してみればむしろ自然なやり方なのかもしれません。”
授業の感想を求められて、「話し方のスキルが身についた」と喜んでくれた学生もいた。考えこむタイプで書き出すのが遅いし、話すのも苦手だったが、説明を聞いているときも、その場で割りこんで聞いておくことが大事と思えるようになった。自分が説明をしたときに、うまいところをついてくる友だちがいて嬉しかったので、質問のしかたを工夫するようになった学生もいるという。
3年生になると、80人のうち15人あまりが三宅ゼミに進み、『学習科学とテクノロジ』(放送大学教育振興会)のかなり高度な章を、4、5人ずつ4グループがまとめて、各グループが2回ずつ発表する。8回同じ章のまとめを聞くことになるが、あまり違和感をもたずに面白がるという。
“1、2年の経験がないと、相当奇異な印象を受けるでしょう。異なる人が違う視点で読むので発表の中身は違うし、ほかの人と議論すれば、つぎの発表はレベルがあがるという前提が共有されているのだと思います。”
大半は1回目と2回目の発表をがらりと変えてきて、レベルとしてもあがる。中には読みが深まりすぎて、隘路に入ってしまうグループもある。それでも議論するうちに、新たな活路を見いだしてくれる。
“グループ活動が常態になって、それが楽しいし、考えも進むという認知は一般化しつつあります。相談しながらレポートを書いている学生に「そういうやり方って、どこで習ったと思う」と聞いてみると、「3年生になって、別の先生の授業で、グループ活動やれと言われたからかな」とか、拍子抜けするような反応が返ってくることもあります。1、2年のことはぜんぜん自覚していなくて、暗黙知になっているのかもしれません。”

これもまた、熟達化が本人が気がつかないうちに起こっている証だろう。

卒論もグループで書くし、他の先生の授業でもグループ活動がはじまりつつある。研究室の周りにある共同作業スペースは、時間外でも議論する学生で賑わっている。

“原典にまで当たろうとするのは、ひとりかふたりですが、時間外にメンタルモデルとかスキーマについて熱心に話す学生たちの姿を見て、このやり方でいいのかなと一種の手ごたえは感じています。”

学習には時間をかけてよい、時間をかけられるのは今しかないという三宅教授のメッセージは、「あのー」「うーん」といっていた学生たちに身体化されて伝えられている。

参考文献

★01—— Bransford, J. D., Brown, A. L., & Cocking, R. R. (Eds.), *How people learn, Brain, mind, experience, and school.* Expanded edition, National Academy Press, 2000./森ほか訳『授業を変える』北大路書房, 2002.

★02—— Brown, A., "Design experiments: Theoretical and methodological challenges in creating complex interventions." *Journal of Learning Sciences*, 2 (2), pp.141-178, 1992.

★03—— Miyake, N., "Constructive interaction and the iterative processes of understanding." *Cognitive Science*, 10 (2), pp.151-177, 1986. /三宅なほみ「理解におけるインタラクションとは何か」『認知科学選書 4 ：理解とは何か』東京大学出版会, 1985.

★04—— 三宅なほみ「学習科学」大津・波多野編『認知科学への招待』研究社, pp.17-31, 2004.

★05—— 三宅なほみ・白水始『学習科学とテクノロジ』放送大学教育振興会, 2003.

★06——Shirouzu, H., Miyake, N., & Masukawa, H., "Cognitively active externalization for situated reflection." *Cognitive Science*, 26 (4), 469-501, 2002.

「力をわれらに!」のかけ声で幕をあけたパソコン時代。
コミュニケーションの形はどんどん変わりつつあるが、
まだまだ本格的な社会システムの変革にはいたっていない。
セマンティック・コンピューティングによりその可能性を探る。

3-2

多次元の発想を共有する

橋田 浩一

●産業技術総合研究所情報技術研究部門 副研究部門長

1次元の文章の制約を超える
セマンティック・オーサリング・システム。
個人とグループの知的生産技術の革命がもたらす
「知識＝知恵 循環社会」の可能性。

コンピュータと人間が理解しあえるように

●

もはやコンピュータなしには1日たりとも過ごせないが、
理不尽にたえるフラストレーションを解消できないものか。

新しいソフトウェアをインストールしたら、なぜか無線LANにつながらなくなった……WORDで文章を作成していたら、妙な点線が出てきて消せずに四苦八苦した……コンピュータという相棒の手をかりずには一日たりとも仕事を進められなくなった昨今だが、この有能かつ気まぐれな相棒との意志疎通がさっぱりできずに、数時間、あるいは半日を無駄にしたなどという苦い思いは、誰でもくり返し経験していることだろう。
橋田氏が研究テーマにすえているのは、コンピュータと人間のセマンティック・ギャップ（意味や意図を共有できない情況）をいかに超えるかという、コンピュータが実用に供されて以来の大テーマだ。
“人間とコンピュータが意味や価値を共有していないために、しなくてもいい苦労を皆がしているのです。デジタル情報に実世界の意味をもたせて人間と価値を共有できるようにしようというのが私の追究しているテーマのひとつ、グラウンディング（接地）です。
片や、ふつうの人間はコンピュータのことがわからずに無駄を重ねています。イントラネット（社内LAN）の中で、例えば経理部と営業部が関連していることはわかっていても、業務ワークフローの間の連携が取れなくて、2重入力しなければならないとか。

こんなことはユーザーがコンピュータシステムを理解することさえできれば、たちどころに解決する問題です。
一方では、コンピュータが人間のことを理解できない。これは古典的な人工知能（AI）とか自然言語処理といったテーマで研究が重ねられてきましたが、まだ道遠しといった感があります。何か検索しようとしても、探したいことはあまりでてこなくて、関係ないことがずらっと並んでしまいます。”
おりしもWWW（World Wide Web）の発明者ティム・バーナーズ=リー*卿が次世代のウェブ技術として、コンピュータと人間が意味を共有できるセマンティック・ウェブを提唱して、これに世界の研究者が呼応していた。橋田氏もセマンティック・コンピューティング、ふつうのユーザーが意味を見通せる「ガラス張りコンピュータ」を発案して名乗りをあげた。生活者のボキャブラリーでプログラムを書けるようにして、誰が見ても理解できるし、手を加えたり修正したりできるようにシステムを設計する。
データ構造がどうなっていて（データモデル）、どういう処理をするか（プロセスモデル）もふつうの人に見えるようにする。
“ふつうの人がコンピュータとコラボレーション（共同作業）できるようになることを目指しています。ユーザーによる改善ができるので、いろいろ試しながら創発的最適化ができる。”
もともと自然言語処理の研究をスタートに、機械翻訳、検索、対話、要約、空間推論などについても研究を重ねてきた。これら個別の要素技術をいかに統合しようかと模索したあげく、セマンティック・コンピューティングにたどりついた。
“その中心になるのが、さまざまなアプリケーションとOSを結ぶ「ミドルウェア」、セマンティック・プラットフォームです。要素技術のアプリケーションで使われる最大公約数的な処理を抽出して、一括しておこなう。ここで、コンピュータにはわかる

＊ティム・バーナーズ=リー
T. J. Berners-Lee 1955-
イギリス出身。ウェブの基礎となるURLやHTTP、HTMLを最初に設計し、WWWのハイパーテキストシステムを考案・開発。現在はMITでWWWに関する標準規格の策定に携わる国際組織『W3C』（WWWコンソーシアム）を運営。次世代にむけて、セマンティック・ウェブ技術の標準化を進めている。2004年、イギリスのナイトの称号を得る。

けど、ふつうの人にはわからないレベルと、人間にはわかるけど、コンピュータにわかりにくいものを結びつける。要はふつうの言葉のレベルでプログラムを書いて、セマンティック・プラットフォームにわたすと、実行してくれるわけです。”

セマンティック・プラットフォームの下の層には、センサとか無線とかプライバシー、セキュリティ、グリッドコンピューティングとかの技術をサポートするユビキタス・プラットフォームがあって物理層に近い処理をフォローする。上の層にはサービスがつながっていて、セマンティック・プラットフォームを介して、ふつうの言葉で個別のサービスを連携させることができる。さらには社会システムと相まって、情報家電やネットワークロボットから電子政府や高度交通システム(ITS：Intelligent Transport Systems)など、総合的な情報サービスが構成できるという構想だ[▶図01]。

図01——セマンティック・コンピューティングの構造
セマンティック・プラットフォームを介してふつうのユーザーがふだん使う言葉で個別のサービスを連携させることができる。

“産業技術総合研究所でも、所内のイントラネットを今後4、5年にわたって更新しようとしていますが、部署ごとのシステムに共通性がないので、データそのものは重複する部分があっても、再入力しなければならないといった問題がいたるところに生じています。現場の部署には、会計処理や調達、人事評価といった、各業務に精通した専門家がいても、情報システムの専門家に意図を伝えることができなかった。業務の専門家が自分たちの仕事がしやすいように情報システムをつくれるようになれば、使い勝手のよいものができるでしょう。”
現場の人がシステムの意味と業務の意味をすりあわせて理解できれば、使ってみて具合の悪いところを気軽に直すことができる。プロジェクトやグループ編成の改変にそって、ダイナミックにワークフローを変えることも自在だ。システムの効率をあげたいとか、処理速度を速くしたいという望みは、これまでどおりプロに発注すればいい。
“もうひとつ高度情報化社会の大問題としてあげられるのは、役所や大企業のシステム構築のさいの入札です。発注する側がきちんとした仕様書が書けないまま入札にかけて、体力のある大手メーカーが1円入札をする。中小のソフトウェアハウスはとても太刀打ちできません。不具合があったときの修正は別途発注になるので、いったんシステムを入れてしまえば翌年から仕事になる。競争がないので、メーカーはよりよい技術を開発しようというインセンティブ(意欲)がわかないし、発注者側も適切な指示ができない。こんな矛盾も、業務レベルでシステム設計ができれば、解決する問題です。”
銀行合併のさいのシステム統合で生じたパニックになりかねない問題も、セマンティック・プラットフォームが普及すれば、未然に防ぐことができそうだ。

既存のフォーマットを図式化する

●

介護保険の書類にも、企業の業務フローにも、データ構造や仕事の段取りの定義であるオントロジーを見いだすことができる。

具体的にデータ構造(データモデル)はどうなっているのかについて、橋田氏は介護保険制度を例にして説明してくれた。
“厚生労働省の介護保険制度で決められたフォーマットに「様式第七」という書類があります[▶図02]。居宅介護の仕事を介護支援事業者がやったときに、市町村にいくら請求できるかという申請書のフォーマットなのですが、これを図式化すると、従来デ

図02――介護保険制度の「様式第七」書類フォーマット

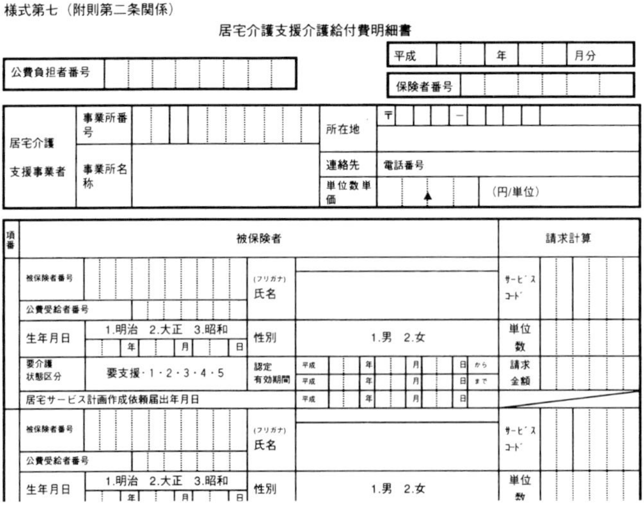

様式第七(附則第二条関係)

居宅介護支援介護給付費明細書

公費負担者番号	
平成	年 月分
保険者番号	

居宅介護 支援事業者	事業所番号		所在地	〒 －
	事業所名称		連絡先	電話番号
			単位数単価	(円/単位)

項番	被保険者				請求計算	
	被保険者番号		(フリガナ) 氏名		サービスコード	
	公費受給者番号					
	生年月日	1.明治 2.大正 3.昭和 年 月 日	性別	1.男 2.女	単位数	
	要介護状態区分	要支援・1・2・3・4・5	認定有効期間	平成 年 月 日から 平成 年 月 日まで	請求金額	
	居宅サービス計画作成依頼届出年月日			平成 年 月 日		
	被保険者番号		(フリガナ) 氏名		サービスコード	
	公費受給者番号					
	生年月日	1.明治 2.大正 3.昭和 年 月 日	性別	1.男 2.女	単位数	

ータベースのスキーマと呼ばれてきたデータ構造の定義になります[▶図03]。”

「様式第七」という名をもつクラスは、公費負担者、居宅介護支援事業者、請求項目という属性をもっている。公費負担者という属性の値(当事者)は、市町村であり、居宅介護支援事業者という属性の値は介護事業者で、介護事業者には名前とか住所という属性がある。名前は文字列で表される……。

「クラス」や「値」という論理学用語にはとまどいを覚えるが、図02の書式の必須項目を図03のような図式にもれなく置き換え可能なことは想像がつく。

“オントロジーについては長い歴史をもつ人工知能の研究成果が使えます。既存の介護保険管理システムにも背後にはなんらかのデータベースのオントロジーがあるので、それを整理して誰にでも使えるものにしましょうという発想です。”

図03——「様式第七」文書のオントロジー
文書のフォーマットはオントロジーによって図式化できる。

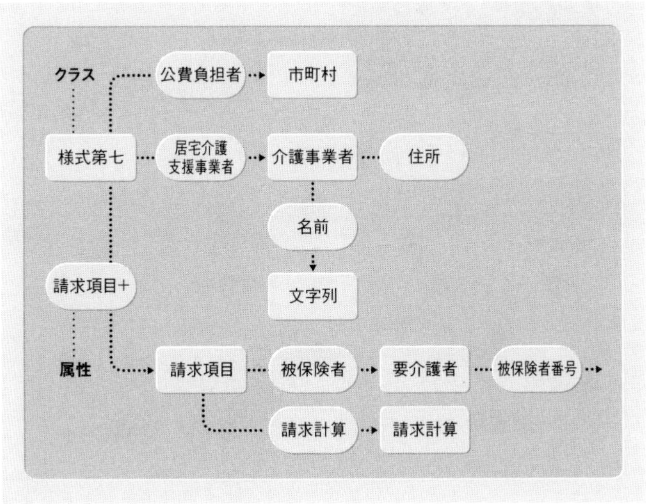

一般企業でも仕事の段取りをフローチャートで表すことは広くおこなわれているが、これは状態遷移図として別の種類のオントロジーによって表すことができる[▶図04]。図式化の方法さえ共有されていれば、複数の業務フローを結びつけたり連携させるのも、誰にでもできるはずだ[▶図05]。

“このようなインタフェースでユーザーが自分のワークフローを定義するようなことはある程度おこなわれているのですが、標準化されていないので、大手のメーカーのビジネスモデルには勝てません。セマンティック・ウェブの標準化の気運にのって、世界標準として誰でも気軽に仕事の段取りを定義できるようにしたいのです。”

インターネットの普及は、WWWを発明したバーナーズ=リー卿がその後もW3C(World Wide Web Consortium)を運営して国際的に協力者をあおぎ、世界標準を作成しつづけた実績に裏づけられて

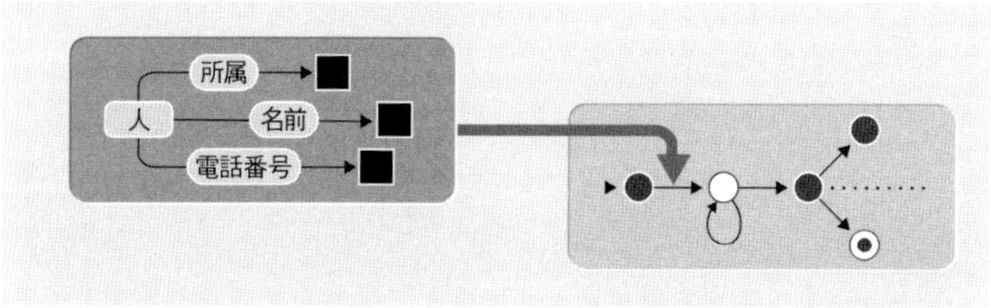

図04——業務フローのオントロジー
状態遷移図として図式化することにより、データ構造の定義と同様に扱える。

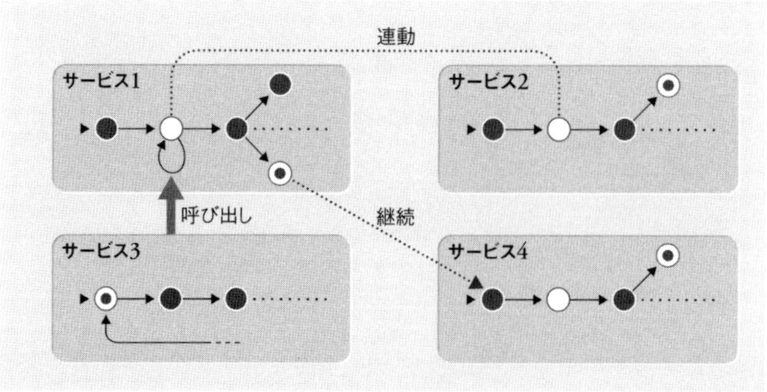

図05——図式化のフォーマットが共有されれば、サービス連携も自在

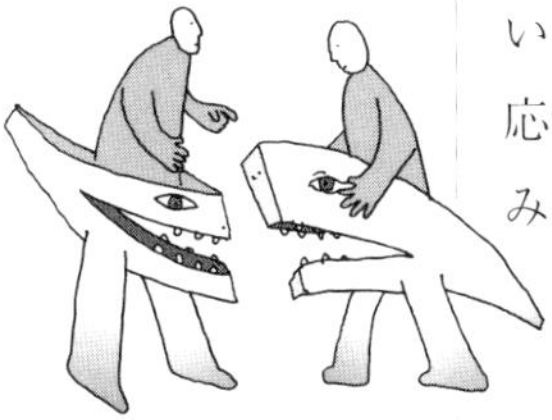

いる。セマンティック・ウェブの標準化も、橋田氏のような呼応者が世界各地に続出して、スピーディーに進められるよう望みたい。

1次元の制約を超えるセマンティック・オーサリング

●

文章を書く人間も、それを解読するコンピュータも苦労するくらいなら、いっそ伝えたい内容の構造をそのまま受けわたそう。

申請書のような文書も、業務フローのような状態遷移も、いずれも図式化することによって、データ構造を定義できることが明らかになった。
コンピュータに人間の意味や意図を理解してもらうためには、さらに細かいレベルまで構造化する必要があるのだろうか？
“コンテンツを利用しやすくするためには、内容を明示化する必要があります。それさえできれば、翻訳でも検索でも要約、言い換えも、これまでよりずっと質の高いことができるようになります。”
橋田氏は文の細かいレベルまで構造化した例を示してくれた[▶図06]。ただし、企業や研究所で作成される報告書のような書類は「様式第七」のような書類とは違って、タイトルとか研究目標とかいう書式は特定できても、中身はさまざまなのでふつうのユーザーが構造化するのはむずかしい。
“コンピュータに細かいレベルの構造化ができればいいのですが、7割ぐらいの精度でしかできません。現在の自然言語処理のレベルです。従来ならそれを人間に補わせようとするところですが、

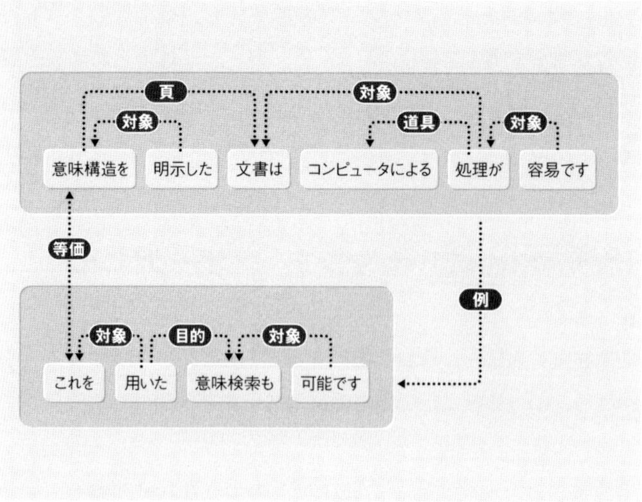

図06——意味構造を明示した知的コンテンツ
コンピュータにこのような構造を自動解析させせると精度は70%程度。

問題意識が違うのではないかと発想を転換しました。本来人間がやるべき仕事と、コンピュータがやるべき仕事は違うはずで、うまく分業できればいい。ふつうの人の生産性をいかに向上させるかを考えぬいて、セマンティック・オーサリングのアイディアが浮かびました。"

文章によるコミュニケーションは、書き言葉にせよ話し言葉にせよ、1次元の言葉の並びに順序だてて伝えなければならない。伝えたい内容は漠然と頭の中に並列しているが、1次元の文章にするときに、情報が落ちてしまう[▶図07]。「今日は天気がいい」「洗濯しよう」「布団を干そう」「ピクニックにいこう」が頭の中にあって、「今日は天気がいい。ピクニックにいこう」と文章化されるぐらいなら、「だから」が省略されたことはわかる。それでも文章に言い表されなかったことについては知識を補わなければならないし、補ったつもりでも誤解が生じる。

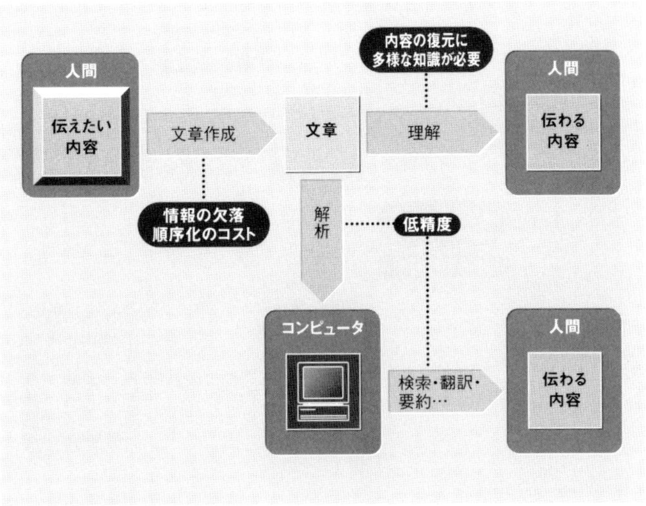

図07——従来の文章による情報伝達
伝えたい内容は頭の中に多次元的にあっても、1次元の文章にする過程で脱落してしまう。

“人間ですら誤解が生じるのですから、コンピュータの場合はほとんどまともに理解できない。それで検索・翻訳・要約をやろうとしてもうまくいくはずがありません。また、人間の頭の中は1次元の構造ではなく、並列的にアイディアがうずまいているのに、これを1次元の文章に押し込めるのはじつは大変な作業です。この大変なプロセスを省略して、なるべく情報が落ちないようにしようというのが、セマンティック・オーサリングの手法です。”

伝えたい内容を1次元の文章にせずに、そのまま図式化して粗粒度（大ざっぱな）知的コンテンツを作成するセマンティック・オーサリングによれば、論理的な構造が保存されているので、人間にとってもコンピュータにとっても誤解が生じる余地は最小限におさえられる［▶図08・09］。

“粗粒度知的コンテンツは、営業や企画部門の方にはおなじみの

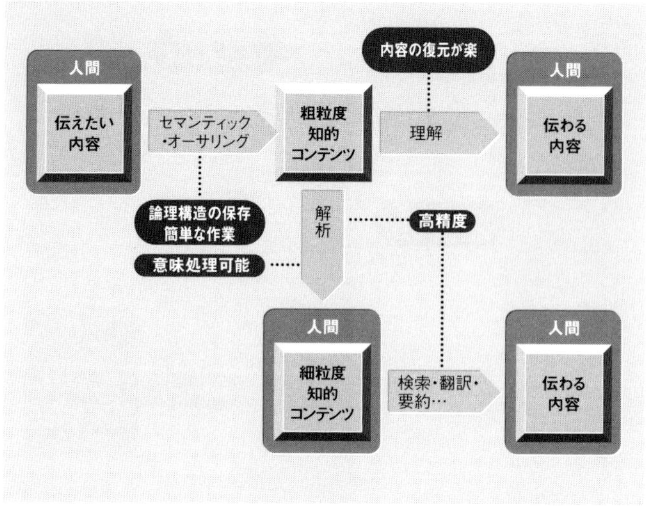

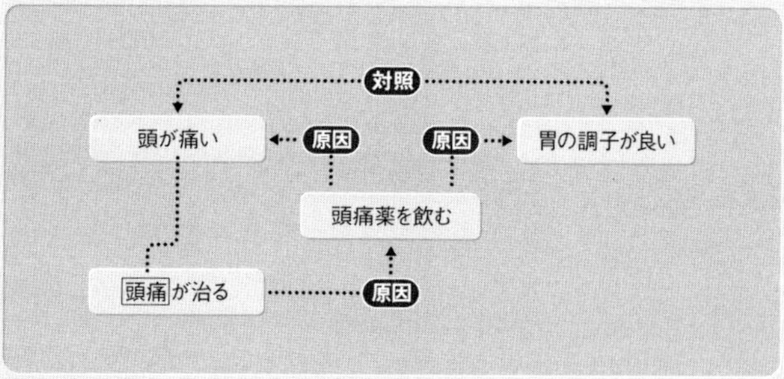

図08（上）——**セマンティック・オーサリングによる情報伝達**
多次元的なことがらを1次元の文章にする手間がはぶけて、しかも論理構造が保存される。
図09（下）——**粗粒度**（大ざっぱな）**知的コンテンツ**
セマンティック・オーサリングによって、頭の中を整理して、論理構造を明確化する。

発想支援ツールと呼ばれるものの一種です。コンテンツがグラフ構造になっていて、文の間に、対照とか原因とかの関係のリンクがある。文章の論理構造を図式化するものです。”

粗粒度知的コンテンツをさらに細かい構造に分析して細粒度（きめ細かな）知的コンテンツにすることは、今のコンピュータでも高い精度で自動的におこなえる[▶図10]。そこまでいけば、検索、翻訳、要約も高い精度でできるようになる。

“今までの発想支援ツールは、図式化して論理的な内容が整理できたら、これを見ながら文章を書くということも、両方人間がやっていました。これはいかにも二度手間です。しかも作ったコンテンツをコンピュータにもわかるように流通させることなどは想定されていませんでした。”

人間は順序を気にせずにコンテンツとして盛りこむべき要素をどんどん書きだせばいい。あとはコンピュータが接続関係を見

図10——細粒度（きめ細かな）知的コンテンツ
粗粒度知的コンテンツをコンピュータが自動的に詳細化してくれる。

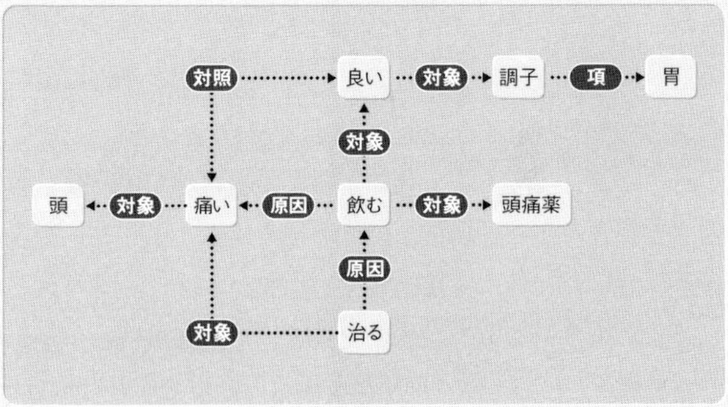

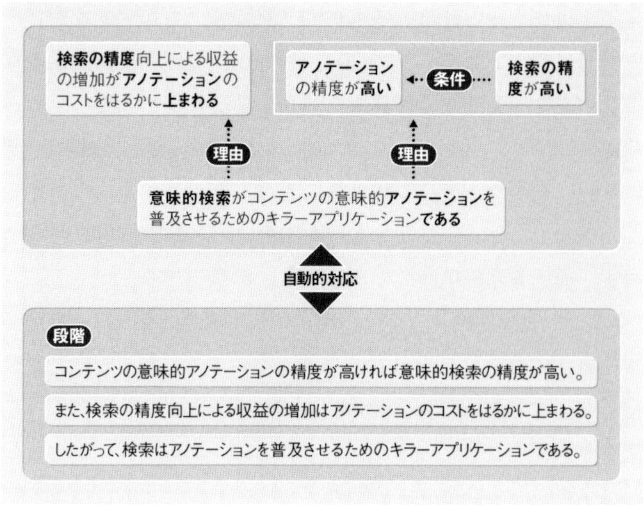
検索の精度向上による収益の増加がアノテーションのコストをはるかに上まわる
アノテーションの精度が高い
条件
検索の精度が高い
理由
理由
意味的検索がコンテンツの意味的アノテーションを普及させるためのキラーアプリケーションである
自動的対応
段階
コンテンツの意味的アノテーションの精度が高ければ意味的検索の精度が高い。
また、検索の精度向上による収益の増加はアノテーションのコストをはるかに上まわる。
したがって、検索はアノテーションを普及させるためのキラーアプリケーションである。

図11——セマンティック・オーサリングによる文章作成
必須事項をもれなく矛盾なく文章化することができる。

て、自動的に文章を作成してくれる[▶図11]。文学作品は別として、セマンティック・オーサリングで法律や申請書、報告書、論文のような実用的な文章のほとんどは迅速に作れて、しかもクオリティの高い内容が望める。

“キーボードでテキストを書かなくても、タッチパネルでポンポンと選べば文章を作成できるようにもできます。例えば家庭での介護状況を入力しようとするさい、要素という属性を押すと、食事をつくる、体をふく、補助、などの項目がでてくる。補助を選ぶと介護者という属性と動作という属性が示され、介護者は誰か、どういう動作を補助するのかをプルダウンメニューから選ぶ。必要事項をもらさずに文章を書くのは結構むずかしいことですが、これなら簡単に文章を作ることができます[▶図12]。”

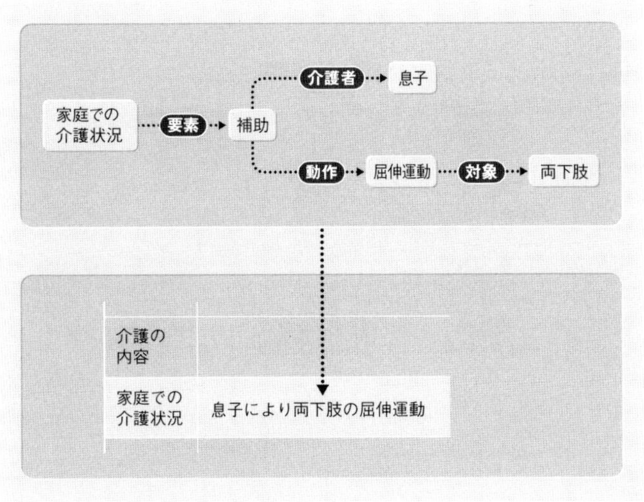

図12——介護文書作成をガイドする
詳しいオントロジーがあれば文書作成はさらに簡単になる。

政策立案もできる共同セマンティック・オーサリング

●
「力をわれらに！」が実現して議員がいらなくなる日は近い将来にやってくるのか。

セマンティック・オーサリングはグループウェアとしても活用することができる。異論、反論がとびかう議論のプロセスをそのまま図式化すれば、展開がわかるので蒸し返しが防げるし[▶図13]、議論の要約も自動的に作成できる。検索もすぐできる。“このようなツールを使って地理的に分散して時間差も入れて議論すれば見落としが防げますし、議論が深まります。従来のグ

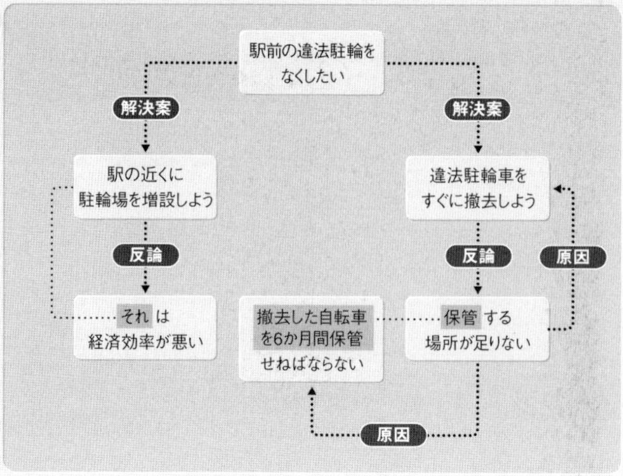

図13――グループウェアとして議論を支援する
議論の内容も粗粒度知的コンテンツとして表現できる。

ループウェアはひとりで仕事するときには使えませんでしたが、セマンティック・オーサリングは個人の仕事とグループワークの両方ができます。自分用のコンテンツを人とシェアすれば議論もできる。個人用のセマンティック・オーサリングさえ普及させれば、共同セマンティック・オーサリングは普及するのです。”

電子メールで議論するさいには、誤解のないように過去のメールをずらっと引用しなければならないが、議論の展開を関係者全員が同じように了解するには限界がある。共同セマンティック・オーサリングにより構造化された情報がウェブ上の決められた場所にあってつねに更新されていれば、議論の流れを簡単に共有できて誤解も防ぐことができる。

“検索の精度をあげることもできます。Googleはページランクという方法を使っていて、ひとつかふたつのキーワードで、多

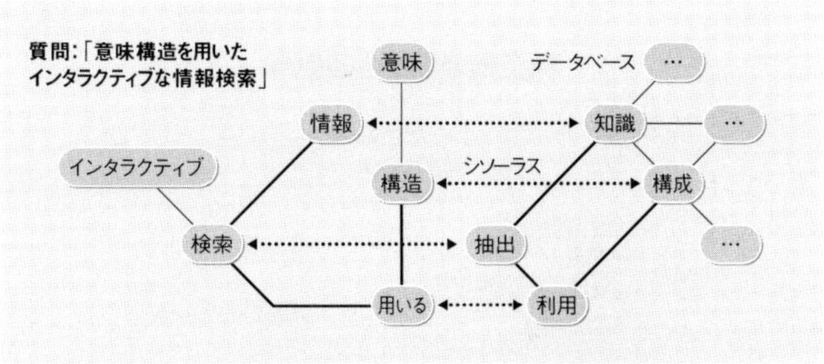

	正解の順位	時間(分)	クリック回数
キーワードのみ	14.00	15.45	29.50
構造込み	1.50	7.50	7.33

図14(上)——**意味構造を用いた検索**
質問もデータベースも細粒度知的コンテンツとして扱われる。
図15(下)——**意味構造を用いた検索の性能評価**
構造を使うことにより、検索の効率が倍増する。

くのページからリンクされているコンテンツを特定できる。でももっともポピュラーな情報がその人が本当に知りたい情報かというと、圧倒的にそうでない場合のほうが多いのです。”
将来は、検索したい事柄をセマンティック・オーサリングにより構造化して、セマンティック・オーサリングにより構造化されたデータベースとマッチングすれば申し分ないはずだ[▶図14]。現状ではセマンティック・オーサリングによって構造化されたデータベースがないので試せないが、それでも意味構造を使うことによって、検索の時間と手間が半減することが判明した[▶図15]。データベースが正確に構造化されれば、さらに10倍ぐらいまで効率が高められると期待される。
“いずれは知識循環型の社会の実現を夢見ています[▶図16]。例えば研究の場合、これまでは研究成果を論文に書いて投稿して査読通れば学会誌にのって、評判がよければ次の研究予算がつく

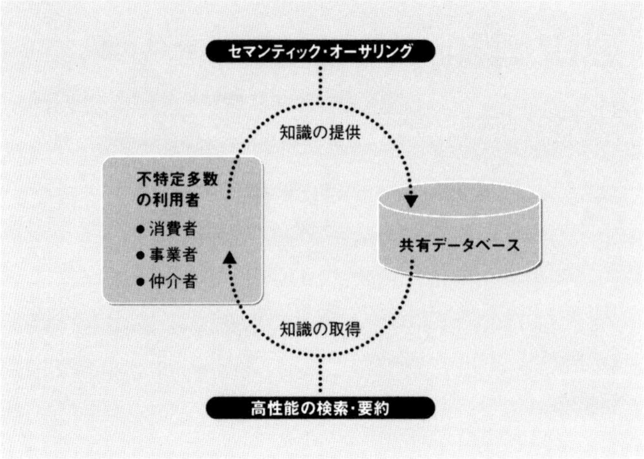

図16——知識循環社会へ
あらゆる種類の利用者が共有データベースに知識を提供するとともに、共有データベースから知識を取得することにより、知識が循環し、拡大再生産される。

といった具合で、一回りするのに2年ぐらいかかります。共同セマンティック・オーサリングで研究をやるようになれば、ウェブの決められた場所に文を書いたりリンクをはることが学会誌での発表に相当するようにできます。論文の被引用度がいくつとかいうようなことを従来のように閉じたシステムで評価するのではなくて、オープンな場をつくって誰でも参加できるようにして、研究上のいろいろな知見が知の体系の中で幹になるか、枝葉になるか、一目瞭然に評価できるシステムができると確信しています。”

情報家電を使ったキラー・アプリケーションが出てこないのも、生産者(プロデューサー)と消費者(コンシューマー)が一体化した「プロシューマー」の時代だといわれながら、相変わらず企業側の都合で新製品が巷に送りだされているからだ。セマンティック・オーサリングで生活者が実際の生活のなかからアイディアを提案できるようになれば、産業の流れを変える可能性もひらけてくる。

“共同セマンティック・オーサリングを使えば、中小企業や個人商店、NPO(非営利組織)などがこれまでは大企業にしかできなかったようなマーケティング活動をするとか、従来は日の目を見ることが少なかったコンテンツ・クリエイターたちが放送局や映画会社を介さずに作品をブロードバンドで配信したり、ふつうの人が良質の映像素材を共有・再利用して手軽に優れたコンテンツを作ったりするようなことも可能です。”

さらには政治をする人と、治められる人の差もなくしたいと夢想する。

“あらゆる政治的決定に対して、セマンティック・オーサリングでみんなの意見を集約できるようにしたい。あと10年ぐらいのうちに実現できたらと考えています。直接民主主義とはニュアンスが異なります。KJ法という発想法を考案した川喜多二郎*さんも「組立民主主義」といわれてましたが、住んでいる人みんなのアイディアを組織化し、合意を形成するシステムです。”

KJ法は各地の住民参加による自発的なまちづくり活動の合意形成ツールとしても、すでに利用されている。

共同セマンティック・オーサリングを誰でも活用できるようになり、議場で居眠りをするような議員をお金をかけて選びだす必要がなくなる社会の到来を夢物語として終わらせたくないものだ。

＊川喜多 二郎
J. Kawakita 1920-
旧制三高で同期の梅棹忠夫と山岳部で裏表6年を過ごし、共に今西錦司の影響を受ける。京都大学文学部地理学科卒業後、東京工業大学教授、KJ法本部川喜多研究所理事長などを歴任。1958年ネパール学術探検隊長としてえた膨大な調査データから本質的な発見を導くためにKJ法を考案する。『発想法』(中公新書1967)、『KJ法』(中央公論社1986)ほか著書は多数。

参考文献
★01——橋田 浩一「インテリジェントコンテンツ」『情報処理』43(7), pp.780-784, 2002.
★02——橋田 浩一「グラウンディングのための社会情報インフラ」[情報学シンポジウム2002基調講演] 2002.

★03——橋田浩一「知的符号化」『人工知能学会誌』18(3), pp.251-258, 2003.
★04——橋田浩一「知識循環型データベース」『データベース白書2004』pp.265-275, (財)データベース振興センター, 2004.
★05——Intelligent Content. http://i-content.org/.
★06——Hideyuki Nakashima and Koiti Hasida., "Location-based Communication: Infrastructure for Situated Human Support." *Proceedings of the 5th World Multiconference on Systemics, Cybernetics, and Informatics*, IV:47-51, 2001.

3-3

思考や文章の本質に迫る

池原 悟

●鳥取大学工学部知能情報工学科 教授

「言語に依存した人間の思考形式」を
セマンティック・タイポロジー（意味類型論）の観点から捉え直す。
意訳型の機械翻訳システムや
文書の内容検索などへの応用も可能。

「氏か育ちか」論争は言語理論においてもくり返されてきた。
実際の使用例を調べれば調べるほど、言語は人同士のコミュニケーションの中で、
自然発生的な約束により生成されてきたことがクローズ・アップされてくる。

コンピュータにも人にも嬉しい日本語データベース

●

『日本語語彙大系』全5巻はもともと機械翻訳のレベルを向上させるために誕生した一大プロジェクトだった。

コンピュータが日常的なツールとして一般に浸透した要因のひとつには、日本語ワープロソフトの性能が向上して、漢字、ひらがな、カタカナが混淆した文章を手書きを上まわる速度で記述できるようになったことがあげられる。異なる言語圏で生活した体験のない者にとって、「考える」ことは即「日本語で表す」ことに直結するのが自然ななりゆきだ。
インターネットの普及で、建前としては、どの国の人ともコミュニケーションできるようになったとはいえ、抵抗なく英語をはじめとるする異国語を使いこなせるのはごく一部の人で、大半の人は歯がゆい思いをしているのが実状だろう。
池原教授はNTT電気通信研究所に在籍していたころからほぼ30年間にわたり、こうした一般人の切実なニーズに応えるべく、世界中の人がそれぞれ母国語でコンピュータを使いながら、誤解なくコミュニケーションできるようにするための地道かつ精力的な研究を推進してきた。
"機械翻訳の試みは1950年代からはじめられていましたが、満足できるようなレベルにはなかなかならず、1965年にALPAC(米国科学アカデミー自動言語処理諮問委員会)のレポートで「意味研究の重要性」が指摘されたのですが、「意味は難しい」と研究者は皆ひいてしまいました。80年代になると、長尾眞先生がアナロジーに基づく翻訳方式を提唱されたり、当時の科学技術庁の支援をえて科学技術論文の日英、英日機械翻訳システムを完成されたりして、世界をリードする技術が日本に生まれました。”

科学技術論文の機械翻訳システムは、日本科学技術情報センターで実用化されるとともに、多くの企業にも基礎技術として提供され、その後の進展を刺激した。このとき基本となったのは「要素合成法」と呼ばれる手法で、表現全体の意味は、ひとつひとつの単語の意味を足し算すればいいという考え方によっていた。文章を与えられたら、単語にばらして意味を調べ、SOV（主語・目的語・動詞）がSVO（主語・動詞・目的語）になるという具合に構造を変換して組み立てれば元の全体の文章の意味になるというわけだ。要するに物体は分子・原子・素粒子とミクロに分析を進めていけば本質がわかるとした、近代科学の還元主義的な手法と同じ発想だった。

“科学、とくに物理や化学においては還元主義的な手法でかなり成功をおさめましたが、現実の言語はそうはいきません。単語にばらして翻訳して、組み立てても、元の意味にはならない。「サルも木から落ちる」などという慣用表現はとくにそうで、ばらしてしまうと「上手な人も時々失敗するよ」という意味にはなりません。実際の言語の表現は大変個別的で、言葉ごとに歴史がありますから、単語ごとに個性があって、慣用のかたまりといっていい。当時はそれを扱えませんでした。”

NTTの研究者・池原氏はこうした反省をふまえ、それ以上分解したら意味が失われるような表現の構造上の単位を徹底的に調べあげ、抽象度に応じて「構造的意味の単位」を設け

て、その単位に翻訳規則をあてはめる機械翻訳のシステムを作りあげた。このシステムは現在、大手新聞社の企業情報の翻訳システムに活用され、日々発生する日本企業の情報を海外数万社の企業に向けて、日本語の記事が完成してから4秒以内で英訳・配信し終えているという。

“「構造的意味の単位」に関する「意味的約束」と「その用法」を体系化したコンピュータ用の知識データベースを人間用に再編集したのが、岩波の『日本語語彙大系』全5巻(1997)でした[▶図01]。ひとつの動詞に名詞のついた単文を体系的に整理しました。”

『日本語語彙大系』には日本語の動詞6000語のもつ表現構造が1万5000種類の文型パターンとして整理され、各日本語文型に意味的に対応する英語文型が収録されている。異なる言語間で、表現構造の意味的な対応関係を網羅しつくした辞書は先例がなく、世界的にも注目を浴びた。

“例えば「掛ける」の場合、液体をかけるなら pour ですが、リボンをかけるなら tie になるとか、実際の用例・作例を調べあげると101通りぐらい訳し方があります[▶図02]。”

99年には『日本語語彙大系』はCD-ROM化され、現在も日本語の基礎資料として各分野の研究や実用に供されている。また韓国科学技術院により、『日本語語彙大系』の方法に基づく韓国語と中国語の構造化が完遂されたので、今後、漢字文化圏の中国語、韓国語、日本語が英語に対応づけられる仕組みもできつつあるという。

図01──『日本語語彙大系』の構成

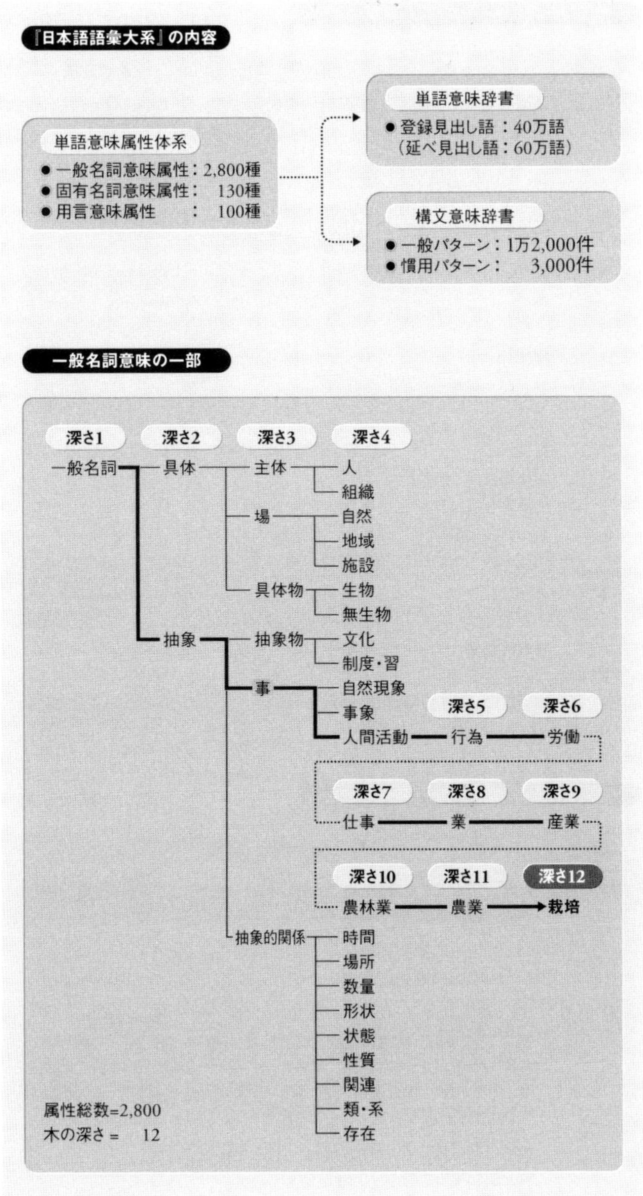

『日本語語彙大系』の内容
単語意味属性体系
● 一般名詞意味属性：2,800種
● 固有名詞意味属性： 130種
● 用言意味属性 ： 100種
単語意味辞書
● 登録見出し語 ：40万語
（延べ見出し語：60万語）
構文意味辞書
● 一般パターン：1万2,000件
● 慣用パターン： 3,000件
一般名詞意味の一部
深さ1
深さ2
深さ3
深さ4
一般名詞
具体
主体
人
組織
場
自然
地域
施設
具体物
生物
無生物
抽象
抽象物
文化
制度・習
事
自然現象
事象
人間活動
深さ5
深さ6
行為
労働
深さ7
深さ8
深さ9
仕事
業
産業
深さ10
深さ11
深さ12
農林業
農業
栽培
抽象的関係
時間
場所
数量
形状
状態
性質
関連
類・系
存在
属性総数=2,800
木の深さ = 12

動詞「掛ける」の一般文型(35種類)の例

(　)内の数字は意味属性の深さ(段数)を示す

N1(が格)	N2(を格)	N3(に格、他)	英語文型
主体(3)	美術(6)、時計(8)、縄・鎖(9)、鏡(9)、衣料(6)、像・書画(9)	住居(6)、枝(8)	N1 hang N2 on N3
主体(3)	橋(7)	場(3)、場所(4)	N1 build N2 over N3
主体(3)	—	*(任意)数量[金銭(8)、時間(4)]	N1 spend 数量 on N3
人(4)	腰(8)	椅子(9)	N1 sit down on / in N3
人(4)、機械(6)	数(5)	数(5)、価格(8)	N1 multiply N3 by N2
主体(3)	機械(6)	—	N1 start N2
主体(3)	勢い(8)、巧勢(9)	主体(3)	N1 make N2 upon N3
人(4)	眼鏡(8)	—	N1 wear N2
主体(3)	錠・鍵(9)	住居(6)、車(9)、箱(9)	N1 lock N3
主体(3)	通信機械(8)、音楽(6)、応用電子機械(8)	—	N1 play N2
主体(3)	調味料(8)、液体(7)、薬品(6)	人(4)、具体物(3)、火(9)	N1 pour N2 on N3
主体(3)	布(8)	人(4)、身体(6)、家具類(8)(へ/に)	N1 spread N2 on /over N3
主体(3)、機械(6)	物理現象(8)	具体物(3)(へ/に)	N1 apply N2 to N3
主体(3)	縄・鎖(9)、装身具(8)	具体物(3)	N1 tie N2 around N3

動詞「掛ける」の慣用表現(66種類)の内容

(対応する英語文型は省略)

格種別	格要素となる名詞
に格(17件)	お目、ぺてん、気、計略、策略、手塩*1、手塩*2、尻目、心、天秤、秤、鼻、方略、謀略、魔術、魔法、飾り、罠
	*1(人)が(人)を〜:〜bring up〜with tender care *2(人)が(生物)を〜:〜tame〜
を格(49件)	ストップ、ブレーキ、プレッシャー*3、プレッシャー*4、圧力、鎌、願、気合い、疑い、疑念、局所麻酔、局部麻酔、金、嫌悪、功勢、催眠術、雑巾、思い、歯止め、時間、手、手間、手間暇、手数、集合、心配、水、声、全身麻酔、梯子、電話、謎、売り込み、拍車、発破、負担、磨き、魔術、魔法、麻酔、無線電話、命、迷惑、目、容疑、輪
	*3(人工物、人)が(人工物)に〜:〜apply pressure *4(主体)が(主体)に〜:〜put presure upon

図02——『日本語語彙大系』における「掛ける」の一般文型と慣用表現の例

優秀な翻訳者の発想の飛躍をコンピュータに伝授する

●

文章全体の意味を考えながら名訳にジャンプする過程を「セマンティック・タイポロジー」(意味類型論)の観点から再構成する。

『日本語語彙大系』により、単文について、つまりひとつの事象を表す動詞と名詞の関係については網羅することができて、翻訳精度は90%ぐらいにまであげられた。
さらに実用的にするためには、重文や複文など、文と文がつながる場合を検討しなければならない。「○○したら、××だった」とか「○○が△△している□□が、××する」というような重文や複文は、事象と事象の関係を表すわけだが、これらを体系化したデータベースはどのような言語においてもまったく存在しない。
“つぎは重文や複文を網羅したいという大きな目標をたてました。もうひとつ大事な点は、従来の翻訳システムは、日本語のひとつの文型に対して英語がひとつしか対応していないので、この関係も1対nにして、英文の表現の可能性もひろげたいという野望もありました。”
NTTから鳥取大学へ籍を移したのちの2001年、願ってもないタイミングで、科学技術振興機構の推進する戦略的創造研究推進事業(CREST)「高度メディア社会の情報技術」の研究テーマのひとつとして、池原教授の提案する「セマンティック・タイポロジーによる言語の等価変換と生成技術」が採択された。
“市川亀久弥*先生が「類推思考」こそが独創性を生みだすものだと

＊市川 亀久弥
K. Ichikawa 1915-2000
同志社大学理工学研究所教授として創造工学の講座を創設。1955年、創造理論としての「等価変換展開理論」を提唱。自然界からのアナロジー、法則・原理からのアナロジー、逆転の発想(逆等価変換法)を示す。『創造性の科学:図解・等価変換理論入門』(日本放送出版協会1970)。湯川秀樹『天才の世界』(小学館1973/三笠文庫1985)の聞き役としても活躍。

図03——「セマンティック・タイポロジー」による言語の等価変換システム

意味的等価交換方式を使用した機械翻訳システムの構成例

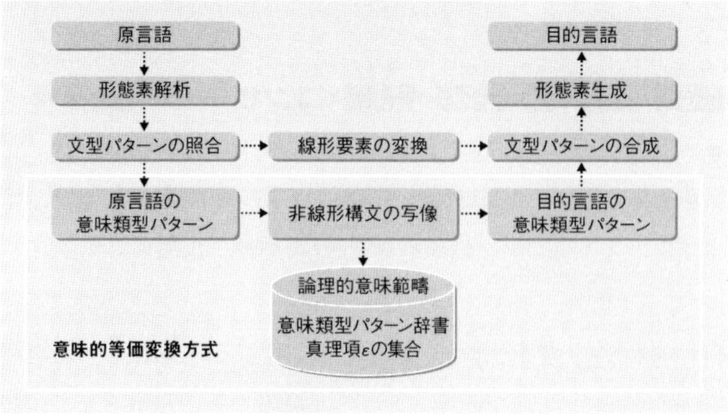

意味的等価交換方式における文型パターン間の写像

#	日本語意味類型パターン
1	X1はX2がX3するようX4する
2	X1はX2が大変X3なのでX4できない
3	X1はX2がX3するといけないのでX4する
4	X1はX2するといけないのでX3した
5	X1はX2しないようX3した
6	もしX1はX2したらX3はX4する
7	X1がX2したらX3はX4した
8	X1がX2したときX3はX4した
9	X1がX2するならX3はX4してもよい
0	X1はX2なのでX3だ

論理的意味範疇による等価変換機構

真理項ε（意味類型名）の集合

〈集合演算〉

#	英語意味類型パターン
1	X1 X4 so that X2 X3
2	X2 is so X3 that X1 cannot X4
3	X1 X4 for fear that X2 X3
4	X1 X3 not to X2
5	X1 is X3 for X1 is X2
6	X3 X4 in the case X1 X2
7	When X1 X2, X3 X4
8	If X1 X2, X3 X4
9	If X1 X2, X3 may X4
0	X3 may X4 provided that X1 X2

〈真理項〉

レベル1	レベル2	レベル3
比較	同一、比喩、同関係、同級、添加、同様、以上以下、換言、比較級、対比、倍数、相違、割合、択一、最上級、複数	漠然、一般、くどい、重々しい、反事実、限度、所属、原因、譲歩、性質、継続、推量、感慨、関連、嗜好、状況、状態、引用（説明）、対句的、代替、定義づけ、適正（忠告、禁止、勧誘、命令）、伝聞、転換、結果、決定、限定、使役、事実、時点、自動的、主題、十分、同時、判明、反復（習慣）、比例、頻度、不定、付帯状況、並列、意志、可能性、可能、受身、関係、許可、えん曲、試行、選択、能力、量、条件、応答、過去、継続、概数、起点、完了、疑問、逆接、経過、経験、断定、割合、軽視、過程、感嘆、期待、必要、やわらげ、目的、外見、否定、肯定

言われていましたが、この発想を翻訳に応用しようと考えました。論理的な規則にそって数式で対応づけるのではなくて、「日本語で言っている内容を英語で素直に表現するにはどうしたらいいか」全体として考えるのです。”

優秀な翻訳者なら、原文の伝えたい内容を表現する訳文の候補をいくつも思い浮かべて、そこからひとつを選択する。単語を直訳してつなげるのではなく、いわゆる「意訳」をするわけだ。こうした類推による発想の飛躍をコンピュータにもやらせようという考え方である[▶図03]。異なる言語の意味類型パターンに共通する概念レベルの共通項(真理項ε)を見いだしてデータベース化すれば、言語間の翻訳にも使えるし、同じ言語による言い換えにも使えるし、概念レベルからの文章生成にも使える。

“「セマンティック・タイポロジー」というのは私が作った和製英語ですが、意味を類型化していく、束ねていくことによって、言語間の意味を変えないで機械的に変換できるシステムなのです。”

このシステムは、英語学習への活用はもちろん、日本語入力に対して英語の代わりに画像を表示したり、さまざまな操作コマンドにつなぐことも可能だ。図解マニュアルを作成したり、ロボットに指示するシステムとしても応用が期待される。鳥取県内の企業に就労している中国人労働者のために、組立工程を画像で学ぶシステムの共同開発について、ある企業から打診があったという。

また検索の精度も格段にあげることができる。文の中に埋めこまれた意味の関係がわかるので、例えば「クリントン*大統領がフィリピンを何回訪問したか」という質問でも、そのまま検索をかけることができる。

*ビル・クリントン
Clinton, W. J.　1946-
1992年の米国大統領選で、アル・ゴアとともに「情報スーパーハイウエイ」実現を公約にかかげ、第42代大統領となる(1993-2001)。学校へのPC導入など、IT教育を推進。2005年2月、ブッシュ(父)元大統領とともにスマトラ沖大地震の津波で被災したタイ南部を視察して話題をよぶ。

普遍言語派 V.S. 自己組織系言語派

●

言語は自己組織系。ひところ盛んだった普遍言語を介して翻訳システムを作ろうとした試みは、すべて失敗している。

1980年代の機械翻訳の開発競争時代には、先にあげた要素合成法(トランスファー方式)に対して、中間言語方式(ピボット方式)と呼ばれる手法を主張するグループもあり、激しく論争が重ねられていた。中間言語方式は、一度万国共通の普遍(中間)言語を介して、すべての言語に結びつけようという考え方で、チョムスキー*の普遍文法説の隆盛とあいまって、一大勢力をなしていた。

“実際には普遍言語が設定できないので、中間言語方式はすべて挫折して、実用化されたシステムはトランスファー方式となっています。具体的な使われ方を調べれば調べるほど、言語は複雑系そのものだと実感します。言語は人間のコミュニティのなかで自然発生的な約束により生成されてゆく、この自己組織化のプロセスが人工言語との決定的な違いです。人間が考えたり行動したりする世界は3次元で、時間軸も含めれば4次元の世界。それを1次元に押し込めようとするのが字面の世界なので、無理がある。例外のないわけがないのです。ただし、研究者にとって非線形は扱いにくいので線形(1次元)的に扱ってきた。非線形に挑戦する私は、ドン・キホーテだと自分で言っています。”

機械翻訳という専門ジャンルにおいては独立独歩の道を開拓しつづけてきた池原教授だが、市川亀久弥の類推思考からヒントを得たように、他ジャンルからの触発は、たびたびのことだと

＊ノーム・チョムスキー
N. Chomsky 1928-
MIT教授。『文法の構造』(1957/研究社1963)で文法は生得的なものと主張して言語学会をゆるがす。近年は『チョムスキー 21世紀の帝国アメリカを語る』(HP[Bad News]より編集/明石書店2004)など、アメリカ批判でも鋭い舌鋒をふるう。生成文法の自己総括の書に『生成文法の企て』(1982/岩波書店2003)がある。

いう。
“有田潤*というドイツ語学者が、1987年に「意味類型」ということをすでに言っています。「意味類型は具体的言語表現の一段奥にある思考形式のごときもの。自動翻訳機がもし本当に自然言語を翻訳しうるようになれば、その原理もおそらくここに求められるに違いない」とまで明言している。推論を重視する人工知能の研究者や、文法を重視する言語処理屋さんよりも、異分野の人のほうがすごいなと思いました。”
セマンティック・タイポロジー、意味類型パターンによれば究極に近い翻訳ができるはずだが、“究極とはよう言わんのです。”と、まだまだ慎重だ。人間は「氷の微笑」というような隠喩や「金バッジ」で国会議員を表すような換喩をつかったりして、直接的な表現をとらない場合が多々ある。身ぶり手ぶりや表情などはさておき言語表現だけをとっても一筋縄ではいかない。「何々のような」という直喩ならまだしも、「日本のエジソン*」といわれると、背景知識をもたないと解釈できない。言語の問題というより、一般の世界知識の問題になる。ここまでできるようにして、初めて「究極の」と折り紙をつける心づもりだ。
“隠喩や換喩など、比喩についても研究しはじめましたが、知識が爆発するので、大変です。切符の予約とか閉じられた世界ならいいのですが、開かれた世界ではとてもできない。相変わらず前途多難です。”

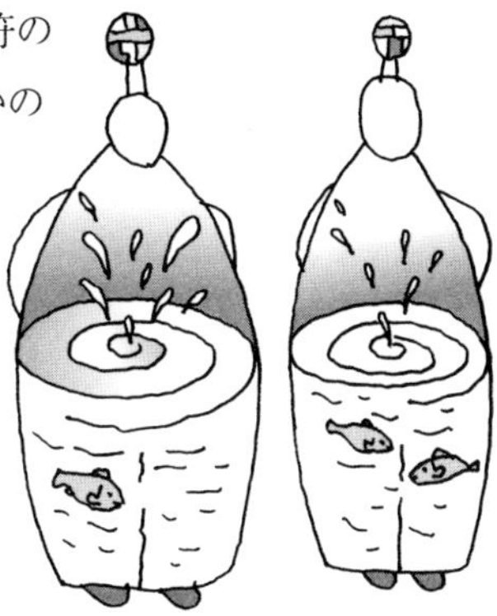

＊有田 潤
J. Arita 1922-
早稲田大学文学部卒業後、1951年アテネ・フランセ卒業。ドイツ語学・対照文法専攻。早稲田大学名誉教授。早稲田文学研究科院生有志の集まり「ポリグロット友の会」を母体に95年に発足した「早稲田言語研究会」顧問。『初級ラテン語入門』(白水社1988)、『ドイツ語基本単語と公式』(三修社2001)ほか著書・訳書は多言語・多数におよぶ。

＊トーマス・エジソン
T. A. Edison 1847-1931
小学校にはほとんどゆかずに、自宅の実験室で独学。蓄音器、白熱電球、映写機など生涯でおよそ1300の発明(改良)をなしとげる。エジソン電灯会社(のちのGE)を設立し、直流による電力事業を展開。雇用人だったニコラ・テスラが交流を提案しても退け、生涯にわたる確執をかもす。

前人未踏の意味類型化パターン辞書

●

非線形要素と線形要素が入れ子状態にある文章から、なるべく線形要素を切り離して、それでも残る非線形部分にセマンティック・タイポロジーを適用する。

言語における非線形要素というのは、何をさすのだろう。

“逆に線形要素のほうがわかりやすいので、「それは学生にあるまじき行為だ」という例で説明しましょう。英文にすれば、Such behavior is unseemly for students. となりますが、この「学生」の部分は、大人、男性と変えることができ、対応する「students」もadults, men と変化できて、構造的には変わらない。「行為」を服装、態度に変えても同様です。これが線形要素です[▶図04]。”

「置き換えても表現構造全体の意味が変わらない」つまり「対応する英語表現の構造が変わらない」のが線形要素というわけだ。線形要素のみから構成される表現構造を線形表現というが、線形要素の部分表現に非線形要素がふくまれる場合もある。要するに全体が線形か非線形かということと、部分的に線形か非線形かは独立している[▶図05]。

“単語、句、節のレベルでうまく要素を選べば線形にできるので、これは従来の処理法で半自動的な汎化ができます。それでも残る非線形な部分にセマンティック・タイポロジーを使うと便利なのです。”

非線形な要素を全部ひろいだして、それぞれのレベルで意味類型パターンに汎化して組み合わせれば無限の表現が合成できる

図04——言語表現の意味と線形要素

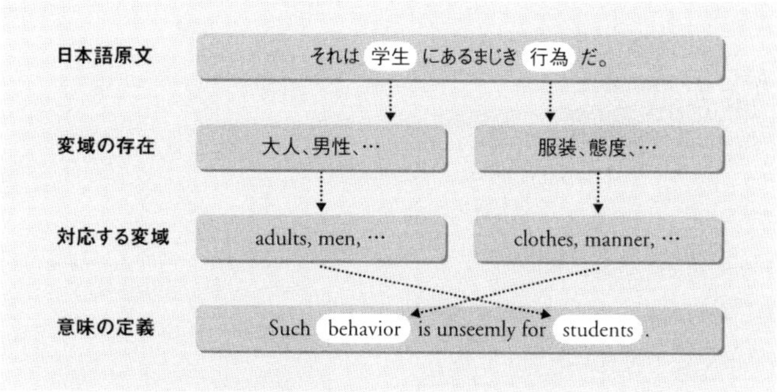

図05——入れ子状態の線形要素と非線形要素

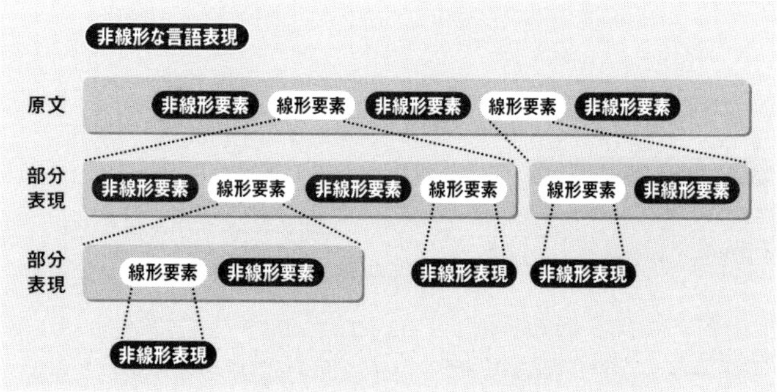

図06——文型パターンによる非線形構造の記述例

日本語文型パターンの( )の中は、意味制約条件を示す。

<table>
<tr><th colspan="2">区別</th><th>日本語</th><th>英語</th></tr>
<tr><td rowspan="2">単語レベル</td><td>文型パターン</td><td>/y#1{/tkそれは,/tcfkN1(NI:238)に}/cf
あるまじき!N2(NI:1385, NI:1560,
NI:2032).da。</td><td>Such N2 be unseemly
for N1.</td></tr>
<tr><td>例文</td><td>それは学生にあるまじき行為だ。</td><td>Such behavior is
unseemly for students.</td></tr>
<tr><td rowspan="2">句レベル</td><td>文型パターン</td><td>/ytkあれこれ/fV1(NY:0506,NY: 3201,
KR:1507).temiru.kakoが/tkN2(NI:1)が
/tcfk NP3 (NI:1036).da。</td><td>All things V1.past,N2's
NP3.</td></tr>
<tr><td>例文</td><td>あれこれ考えてみたが
それがいちばんいい解決策だ。</td><td>All things considered,
that's the best solution.</td></tr>
<tr><td rowspan="2">節レベル</td><td>文型パターン</td><td>/y</tkN1(NI:5)は>/tcfkCL2(NY: 2901,
NY: 2301, NY:2902)とは/cfV3(NY:3201,
NY: 3102,KR:1500,KR:0601).hitei.kako。</td><td>(N1|I) didn't V3
CL2.past.</td></tr>
<tr><td>例文</td><td>彼があれほど英語が話せるとは思わなかった。</td><td>I didn't know he could
speak English so well.</td></tr>
</table>

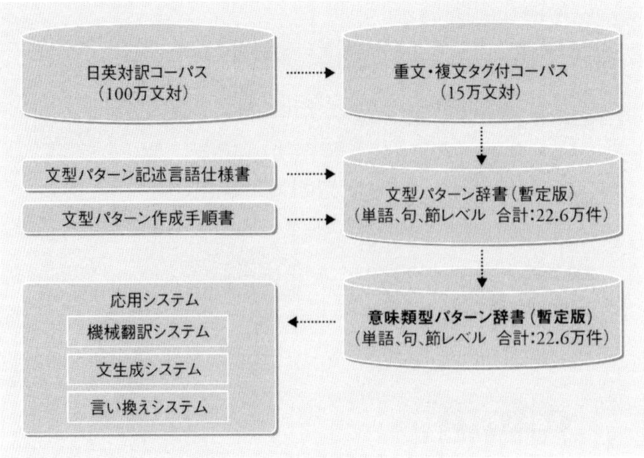

作成した文型パターン数

（意味レベル：異なり数：H16/11）

文種別	述部の数	文の構成	汎化のレベル			合計
			単語レベル	句レベル	節レベル	
文種別1	2	文接続1か所	53,081	39,251	5,809	98,141
文種別2	3	文接続2か所	5,530	4,039	297	9,866
文種別3	2	埋込み文1つ	45,364	34,893	3,848	84,105
文種別4	3	埋込み文2つ	5,560	4,616	767	10,943
文種別5	3	接続と埋込各1	12,359	9,670	1,502	23,531
—	—	合計	121,894	92,469	12,223	226,586

図07（上）——文型パターン化と意味類型化の状況
図08（下）——文型パターン化の状況

わけだ[▶図06]。

また逆に意味類型パターンを使って日本語を解析することができる。任意の日本語を入れて、使えるパターンはあるかどうか検索するエンジンにもなる。

日英対訳コーパス(データベース)100万文対にはじまり、重文・複文に品詞や活用形などのタグをつけたコーパス15万対を完成、文型パターン辞書および意味類型化パターン辞書を22万6000件ほどほぼ仕上げる段階まで到達した[▶図07・08]。とくにタグづけに間違いがあると、あとから直すのは大変な仕事になるので、チェックを入念にくり返し、5千から1万件の手直しをした。

文型パターンがどれだけ実際にカバーしているのかを見ると、単語のレベルのパターンで6割、句のレベルで8割、節レベルはパターン数がまだ1万程度しかないが、7割ぐらいになる[▶図09]。

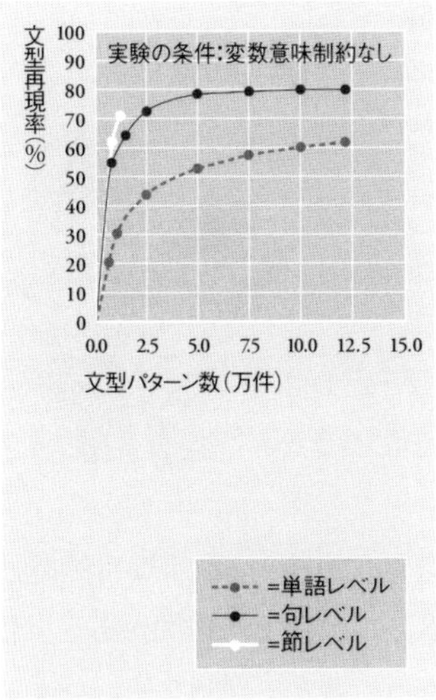

図09——文型再現率

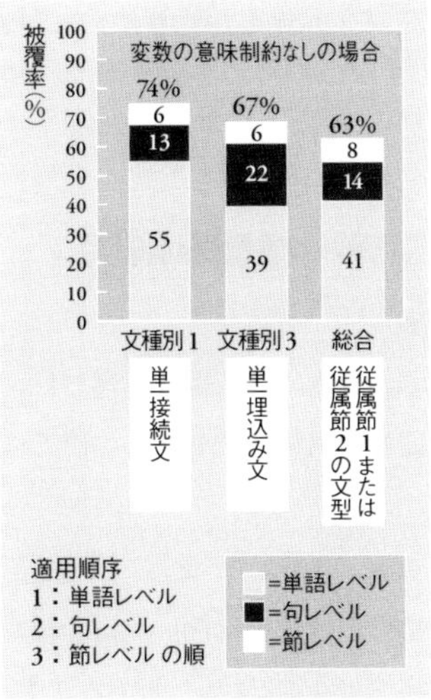

図10——文型パターンの翻訳対象範囲

“100%は無理でも、汎化がまだたりない。まだまだやれるはずです。文型パターンの翻訳対象範囲は、単一接続文を入力して、当たった順番に単語レベル、句レベル、節レベルとあげていって、意味的に正しくなるのが、74%ぐらい、これが現状です[▶図10]。”

第1段階としてはまず成功としても、やはり欲がでる。最終目標は、8割ないしは9割においているとのことだ。

“ビル・ゲイツ*が150万の日英対訳コーパスを作ると吹聴しているとの噂があります。本気でやれば、ゼロから作っても5億円ぐらいかければできるでしょう。翻訳者を集める必要がありますが、金と時間をかければできるので、抜かれるかもしれません。”

そういいながらも、池原教授のまなざしは、自信にみちみちた光を放つ。意味類型パターン集は、A4版800ページ前後の大冊24巻となって池原研究室の書棚の最上部に並べられているが、今後はひろく教育用や翻訳家の実務に活用してもらうために、コンパクト版をつくりたいと計画中だ。

プラトン問題の解明

●

ばらつきのある言語情報から、なぜ子どもは豊かな言語表現を身につけてゆくのだろうか。

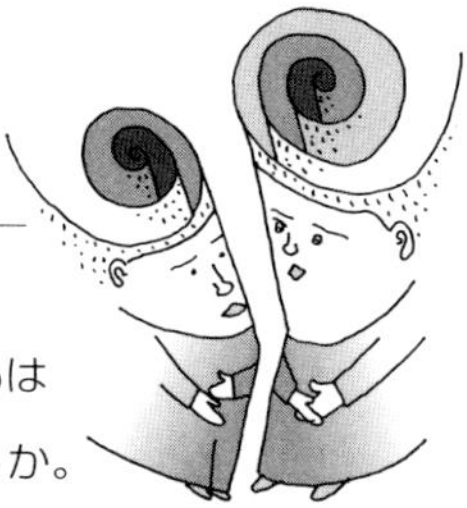

チョムスキーが世界中の言語学者や認知科学者および自然言語処理の研究者に問いかけた「プラトン*問題」という難問がある。不完全で少数のデータから、どうやって豊かで詳細な知識が得られるのか、という問いだ。

＊ビル・ゲイツ
W. H. III Gates 1955-
13歳でコンピュータ・プログラムを書きはじめ、ハーバード大学3年生のときに世界初のパソコン Altair 8800 専用のBASICを開発し、ポール・アレンとともにマイクロソフト社設立。1980年、IBMの依頼でMS-DOS 開発。85年よりWindows シリーズを開発しはじめ、Windows 95 で世界市場を席巻。

＊プラトン
→p.213

子どもに外界から与えられた言語データは、子どもにより異なり質的にも量的にも限られている。にもかかわらず、獲得した言語知識は、同一言語共同体でほぼ均一で、与えられた言語データから帰納できる範囲をはるかに超えた豊かで複雑な知識となる。それはなぜか。

“人間の記憶容量は有限なはずなのに、無限の言語表現がどのような仕組みで生まれるのか。自然言語処理にとっての大問題です。これを解決しないかぎり、いつまでたっても逃げ水を追いかけているほかない。逃げ水を捕まえたいという思いでやっているのです。”

チョムスキーは、生得的な言語能力「普遍文法」の存在を仮定して、生まれながらに備わっているとした。表現を表層構造と深層構造に分けて、有限の深層構造と有限の変形規則の組み合わせによって、無限の表現が生まれるとした。

“チョムスキー信奉者が多いのは日本だといわれていて、とくに文科系に多くて一世を風靡したこともありました。でも私は説明として失敗したと思っています。チョムスキー自身も攻撃されるたびに理論をどんどん変えている。いつのチョムスキーかによって理論がぜんぜんちがう。”

池原教授によれば、言語表現は有限の線形要素と有限の非線形要素の組み合わせである。線形要素は置き換えられるし、非線形要素は線形結合する。それで無限に近い表現ができる。

“言語の奥行きの深さは、「生まれながら」というような神がかったところにもっていく必要はありません。複雑系の科学で十分カバーできる。単純なルールでも、しだいに複雑な法則性が生まれてくる。単文を扱っているころからそう思っていました。”

1980年代に自然言語処理の研究を本格的にはじめたとき、言いたい放題のきれいな理論が跋扈していたが、現実は例外だらけだった。例外こそ本命ではないか、例外を中心にしたシステム構成にすべきだと思い定めた。言語というのは人間の産物、人間の思想を相手にするわけだから、自然を対象にするのとは方法論を異にすべきだとして、自分自身と周囲のスタッフを鼓舞するために、7つのスローガンをつくった。❹は言語のみならず人・社会・自然といった複雑系にかかわる諸科学にとって重要なポイントなので、注記も紹介しよう。

❶——現実の表現に学ぼう：観念的モデルを押しつけないこと

❷——整理された知識を蓄積しよう：事実は知識として整理されて役に立つ

❸——実用性と特殊性を重視しよう：対象は膨大、一般論の泥沼化を防止

❹——カバー率7割の螺旋階段を速く回ろう：研究成果は次の研究成果になる

螺旋階段を7割まで昇れ。データのためには解析技術がいる。解析技術のためにはデータがいる、ニワトリと卵の関係なので、とにかく1回転まわす。すると、レベルが一段あがる、これをくり返す。7割あがれば、次のステップに進める。これを3回くり返せば97%まであげられる。

❺——開かれた系を目指そう：人工言語の方法論からの脱皮

❻——メジャー(計測の道具)を持ちこもう：メジャーのない科学はない

❼——量質転化を見落とすな：現実の規模の環境で実験する

“とくに上司を説得するのに苦労しました。「もっと小作りに金のかからん方法でやれ、見通しがたったら金を投入すればいい」

といわれる。でも言語の世界は1000語でやるだけでは曖昧性は生じない。あっても軽い曖昧性だからクリアできてしまう。それを1万語、10万語にふやす。固有名詞を入れると、平野(へいや)なのか「ひらの」なのかわからなくなって、それまで作っていた言語のアルゴリズムが使いものにならなくなる。小さい世界で検証された技術は辞書をふやすと使いものにならなくなる。具体的に曖昧性が発生するようなモデルの上で検証しなければだめなのです。それには時間も労力も金もかかります。そういう実験の機会を与えてもらったのは有り難かった。”

見通しはよかったが、作業はじつに膨大だった。でも無我夢中でやって、すくむようなことは一度たりともなかったと回想する、恬淡たる笑顔がとても印象的だ。

参考文献

★01—— 池原悟＋宮崎正弘＋白井諭＋林良彦「言語における話者の認識と多段翻訳方式」『情報処理学会論文誌』Vol.28, No.12, pp.1269-1279, 1987.

★02—— 長尾眞『自然言語処理』[岩波講座 ソフトウエア科学]第15巻, 岩波書店, 1996.

★03—— 長尾眞＋黒橋禎夫＋池原悟＋中尾洋『言語情報処理』[岩波講座 言語の科学]第9巻, 岩波書店, 1998.

★04—— 池原悟＋宮崎正弘＋白井諭＋横尾昭男＋中岩浩巳＋小倉健太郎＋大山芳史＋林良彦『日本語語彙大系』全5巻, 岩波書店, 1997 / CD-ROM版, 1999.

★05—— 田中穂積監修『自然言語処理－基礎と応用』電子情報通信学会, 1999.

★06—— 池原悟「自然言語処理の基本問題への挑戦」『人工知能学会誌』Vol.16, No.3, pp.522-430, 2001 / コメントと回答：同、Vol.16, No.4, pp.538-549, 2001.

★07—— 池原悟「類推思考の原理に基づく言語の意味的等価変換方式」『鳥取大学情報処理総合センター広報』Vol.3、pp.13-35, 2003.

★08—— 池原悟＋阿部さつき＋徳久雅人＋村上仁一「非線形な表現構造に着目した日英文型パターン化」『自然言語処理』Vol.11, No.3, pp. 70-95, 2004.

★09—— 池原悟＋徳久雅人＋竹内（村本）奈央＋村上仁一「日本語重文・複文を対象とした文法レベル文型パターンの被覆率特性」『自然言語処理』Vol.11, No.4, pp. 147-178, 2004.

★10—— 佐良木昌編『時枝学説の継承と三浦理論の探求』[言語過程説の探求] 第1巻, 明石書店, 2004.

3-4

専門の壁、オタクの壁を超える

辻井 潤一

●東京大学大学院情報理工学系研究科　コンピュータ科学専攻　教授

ネットワーク社会で発信者・受信者が
個別に持っている
膨大な情報を有機的に統合して
必要な人同士が必要な情報を活用しあえる
コミュニケーション技術の真髄。

異分野の研究成果を思いのままに引きだせる、
科学者共同体の実現に向けて、情報学の知見と技術をフル活用。
専門に特化され試されたシステムは、一般にも応用の可能性がひらけてくる。

アリストテレス以来の壮大な知の体系化の試み

●

インターネットはコミュニケーションの方法ばかりか学問体系そのものを改変しつつある。

紙の辞書や地図を主力商品にしてきた出版社が悲鳴をあげている。2004年12月10日、道路地図「アトラス」シリーズで知られるアルプス社が民事再生法の適用を申請した。カーナビやインターネットの普及で、紙の地図の売上高が激減したことと、電子化のための開発費がかさみすぎたことが原因だという(3日後にヤフーの支援決定)。
辞書や地図から株価、時刻表、ホテルやグルメ情報などなど、目的のはっきりした情報については、書店に足を運んで本や雑誌を買うまでもなく、インターネットで用をたせる時代になった。
“アドレスを調べるとか、時刻表や地図のように単純な情報なら、現状の検索システムでも十分役に立つのですが、「こういうことは誰が最初に言い出したのか」といった、特定の事実に関する情報を調べようとすると、うまく取りだせません。世界中のコンピュータには膨大なテキストが入っていてインターネットで結ばれていても、十分に活用できなくなっている、それを何とかしましょうと研究を重ねています。”
膨大な量のテキストを誰でもが活用できるようにするには、どうしたらいいのか。現在活用できてないネックは何なのか。
“テキストの中で同じことがいろいろな表現で言われている。それがまず問題です。activate というひとつの単語を取りだしても、

＊アリストテレス
→p.213

研究分野によって「活性化」「放射性化」「浄化」など、いろいろな訳され方をしている。もうひとつはあるコミュニティに属する人にとって当たり前の前提になっていることは、テキストに書かない、そこをどう埋めてゆくかも課題です。”

解決する糸口はどこにあるのか。

“テキストにない、前提になっている知識を情報学では「オントロジー」と呼んでいます。ギリシア哲学のアリストテレス＊などにさかのぼれる概念で、世の中にはどういう出来事があって、何が起こりうるか、世界を認識するときに枠組みになる存在論的な知識をさしていました。テキストの背後には、そのような存在論的な知識がある。僕らは世界中の研究者と共同しながら、あらゆる分野のオントロジーをコンピュータに入れようとしているのです。”

「オントロジー」、文字どおり訳せば「存在論」で、情報学に限れば「分類体系」とか「推論ルール」とか伝えたい内容によって日常語に置き換えることは可能だが、あらゆる分野の背景知識を洗い直そうとする辻井教授の意図をストレートに表現するため、以下、「オントロジー」のまま記すことにする。

かつて人類の全知識の総合と体系化を試みたアリストテレスと同じような知的熱情が、辻井研究室とその背後のネットワークから伝わってくるのだ。

スーパー知性の誕生に向けて

●

異分野の専門知識をネットを介してお互いに活用できるようになれば、新しい科学者コミュニティの可能性もひらけてくる。

“1980年代ぐらいから、コンピュータが人間と同じように思考できなかったり、人間がコンピュータをうまく使えなかったりするのは、コンピュータには人間の膨大なオントロジーがないからだということになって、皆が作りだすようになりました。背景知識をちょっと抽象的な体系で書く。ブリタニカ百科事典をコンピュータにわかる書き方で書くといった膨大な作業がはじまりました。そんなことはひとつの組織がやってもきりがない。物理学のオントロジーもあるし、生物学に限っても、生物学や医療に関するものなど、膨大にあります。”

各分野のオントロジーをそれぞれひとつの組織で作りあげないと無理だと思っていたところ、90年代後半のインターネットの急速な進展により、数千、数万という世界中のグループが、それぞれ自分たちの興味のある分野についてオントロジーを創りだして、お互いに協力しあう可能性がでてきた。

“人工知能が盛んになったときに、人間と同じようなシステムを作ろうとしたわけですが、今や「スーパー知性」が作られようとしている。人類という膨大な知をもった集団がいて、それがインターネットで結ばれてひとつのスーパー知性としてはたらくようになる。とくに科学の諸分野には整理された知識が蓄積されているので、ここで使えるシステムを構築しておけば、一般にも使えるものにできる。それがe-サイエンスと言われているものです。”

専門家向けに限らずとも、2004年末現在、下記のグループが一般向けの知識データベースを構築している。

EDR▶日本のグループによる日本語と英語の電子化辞書(公開)

Cyc▶アメリカのグループによる膨大な百科事典(一部公開)

NTT-Dic▶NTTによる日本語と英語の辞書(有料)

Word-Net▶プリンストンのグループが作っている英語に関する類語・反対語の辞書(公開)

Euro-Word-Net▶プリンストンの単語に関するオントロジーをフランス語やドイツ語、スペイン語などヨーロッパ語に関して作成(公開)

いずれもネットワーク上に公開されつつあるので、英語の情報を日本語で見たいときに、Cycで調べたテキストをNTT-Dicで翻訳して読むことができる。言葉の壁も超えるし、専門の壁も超える。

“情況はどんどん変わっていて、生命科学の分野がとくに著しい。バイオメドセントラル(BioMed Central)というネット上の学術出版社があって、論文を書く人が投稿料を払い、作られた雑誌は電子的にすべての人が閲覧できる。作る段階から、皆同じフォーマットで書く。生物学と医学の分野ではじまっています。”

Ploc というグループも『ネイチャー』や『サイエンス』クラスの科学誌を準備中で、やはり投稿者からお金をもらって、ネットワーク上にすべて公開する予定という。自由にテキストマイニングして情報を引きだせるように、論文投稿の段階で索引づけをしておいて、ユーザー側の要求にそって必要な情報を再利用できることになっている。

“現在のところ、本や雑誌の内容までネットワーク上に公開している出版社は少数ですが、徐々に時代は変わりつつある。少なくとも科学の世界では、自分の論文を読んでもらいたければネットワーク上に公開しないと、もはや図書館に行って雑誌を読むということをしなくなっている。皆Googleで検索して読んでいます。”

つぎの時代はもっと進んで、公開された論文の相互関係もかなり緊密に明らかにされて、ある論文の特定の記述に関して同じようなことを言っている論文を見たければ、さっと取りだせるようになる。それが、辻井教授のスーパー知性計画の第1段階だ。

バイオインフォマティクスへの応用「GENIA」

●

スーパー知性への近道は、生命科学の分野にひそんでいる……

米英日仏独中などの研究者が水面下で暗闘しつつ協力したヒトゲノム・プロジェクトも2003年4月、30億塩基の全配列決定をみることになった。配列情報は人類共有の知的財産として、アメリカのGenBank（NCBI：国立バイオテクノロジー情報センター）、英国ケンブリッジのEBI（欧州バイオインフォマティクス研究所）、日本のDDBJ（日本DNAデータバンク）の3大国際DNAデータバンクで公開されている。

10万個は超えるとみなされていたヒトの遺伝子の数が、予想を大きく下回って3万、いやもっと少なくて2万5000以下らしいと聞いて、拍子抜けした人も少なくなかったろう。

図01——DNA配列の解読は未知言語を解読することに似ている

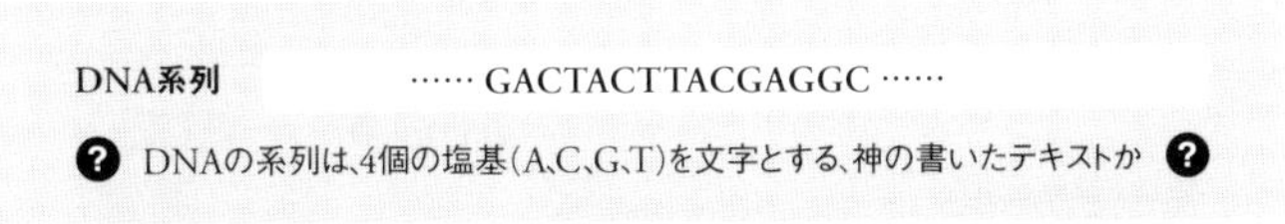

図02——タンパク質合成の個別的な知見から総合的な理解へ

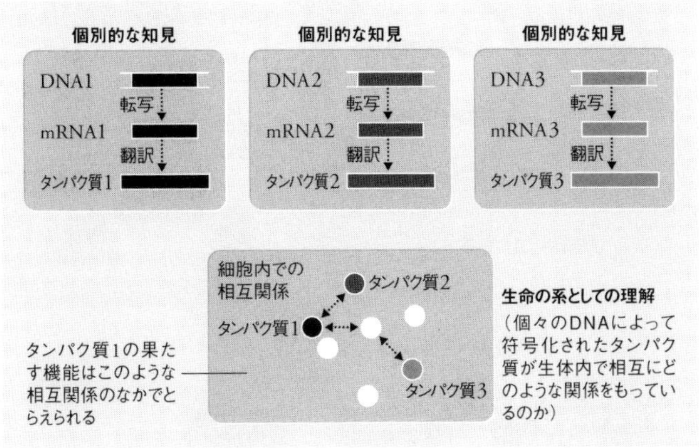

“生命科学はヒトゲノムが解読されたことによって、情報学の手法をとりこんだバイオインフォマティクスという分野が台頭し、今まで無関係と思われていたさまざまな分野の研究が統合される時代になりました[▶図01・02]。ヒトのDNA配列をサルやチンパンジーのDNA配列と照合することで、サル学で得た知見を人間の理解に役立てる可能性が従来にもまして出てくる。DNAが作るタンパク質に異変がおきて発病するプロセスを追跡したり、新しい薬を設計するさいにも、バイオインフォマティクスの果たす役割がクローズアップされるようになりました。”

スーパー知性への近道は生命科学の分野にこそあるとみた辻井教授は、生命科学に特化したデータベース・システムGENIAを構築した[▶図03・04]。

“生命科学の専門家なら当然いろいろなことをご存じだろうと思っていたのですが、あるタンパク質について、どういう性質で、

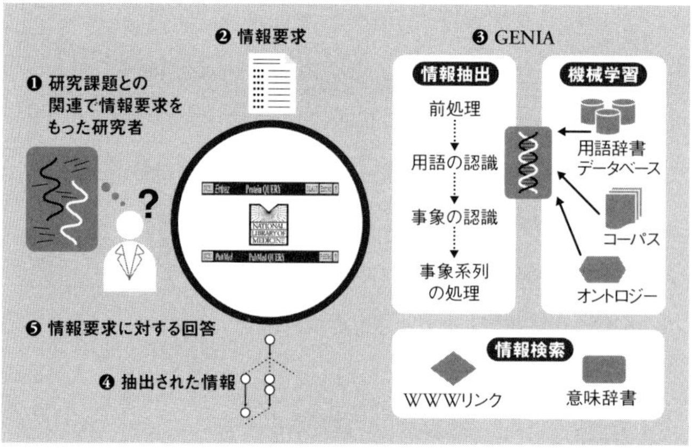

図03——GENIAプロジェクト構想

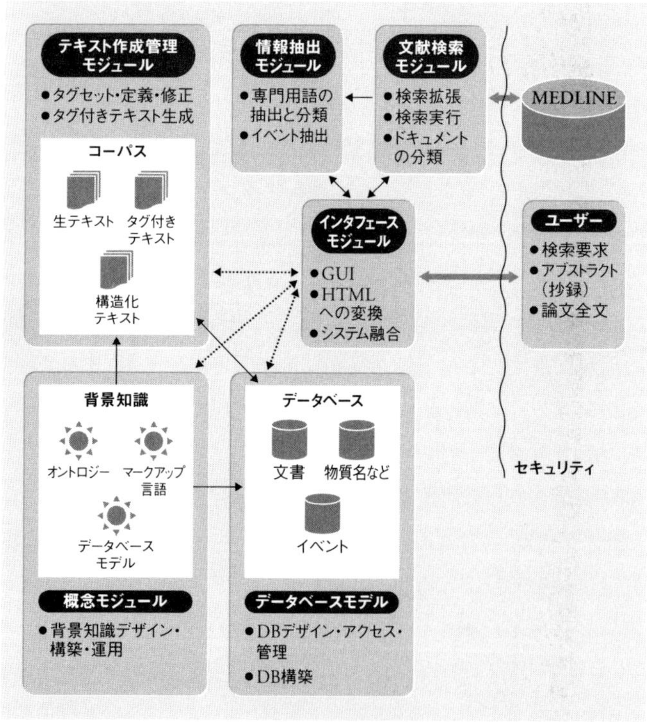

図04——GENIAシステムの概要

どのような動物のどんなところにあって、どんなことがわかっているかなんて、ほとんど知られていません。似たようなタンパク質が、ある動物の研究者と、人間の研究者つまり医者とでは呼ばれ方が違ってしまう。一見違うタンパク質でも、内部の構造が似ていて同じような機能をはたしている場合もある。何十万というタンパク質があって、一部似てたり似てなかったりする。そういう膨大な情報を統合して、生命現象全体を明らかにする可能性が見えてきました。”

生物学だけでも生物種それぞれに膨大な情報があるうえに、医学や病理学、薬理学などの関連分野、さらには化学や物理学などの知見もふくめて再統合する必要がある。

“生命学と情報学の連携には、ふたつの方法があります。ひとつは、生命の中で起こっていることをコンピュータの中で再現する。例えばタンパク質の相互作用をシミュレーションする。物理学でもアメリカなどでは原爆実験をせずに、膨大な計算能力を使ってコンピュータでシミュレーションすれば、だいたいのことはわかるようになった。物理はシミュレーションで成功しているのですが、僕は生命科学に関して、この方向は成功しないと見ています。”

生命体というのは、もともと実験室にふさわしくない存在だ。単純に分裂をくり返して「個体の死」ということのない単細胞生物は別として、それぞれ誕生から死にいたる一回きりの生をいきている多細胞生物は、環境との相互作用によって千差万別になるので、本質的に再現はできない。ましてやヒトの場合は遺伝的要因から生育環境、生活習慣などによって、複雑多岐に変化するので、再現は不可能だ。

“生命現象や経済現象のシミュレーションはほとんど失敗する。パラメータが多すぎるんです。だから情報学は生命科学者の頭

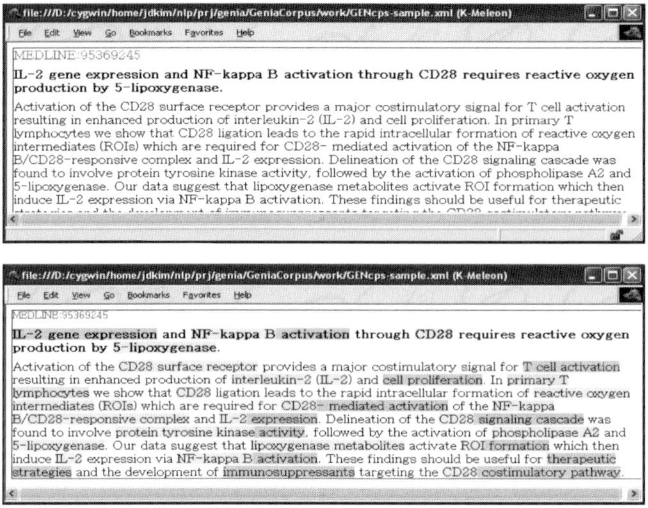

図05——生命科学関係の用語自動認識
テキストを入力すると、生命科学分野での専門用語を自動的に認識して、タンパク質・遺伝子・細胞中の場所・出来事などに分類して表示する。同一の用語が、テキスト中でいろいろな形で表現されるために、すべての形を辞書に登録しておくことはできない。機械がデータから自動的に規則を獲得する機械学習の手法が使われる。

の中で起こっていることをサポートするシステムづくりに徹する。膨大なパラメータを見わたして、この情況ではどのパラメータが効いているかの判断や、文献から本質的な部分を抜きだして活用する機転は、人間が圧倒的に優れている。コンピュータは膨大な量をひるまずに記憶できるとか、すばやく取りだして見せることは優れている。GENIAは、この両者の長所が存分に発揮されるシステムをめざしました。”

まずは医学論文の抄録1200万件、20億語が集成されているメドライン(Medline Abstracts)から、4000件分の抄録を目標にして、100万語のコーパスづくりにとりかかり、2000件分の整理を終えた。ひろうべき用語を自動認識して[▶図05]、研究者が調べやすいようにタグ付けをする[▶図06・07]。ある研究分野の特定の物質について、その物質じたいがおこす出来事のようすや、他の出来事との相互作用のプロセスや結果がどうなるかなどの背景知識も

対象テキスト: MEDLINE アブストラクト2,000件分

- ヒト血球細胞における転写因子に関連する論文アブストラクト
- 436,967 語, 18,545 文
- Semantic Tag（36種）、POS Tag、Structure Tag（統語構造）
- Co-Reference Tag（シンガポール大学Gとの共同）
- 平均 9.27文/アブストラクト, 218.48語/アブストラクト, 23.56語/文

タグ付けされたオブジェクト数：～100,000

- source（円グラフのorganismからartificial sourceまで）：～18,000
- protein（同proteinからamino acid monomerまで）：～35,000
- DNA：～10,000
- RNA：～1,000
- others*：～21,000

＊例：病気の名前、実験手法の名前など、現在の意味クラスに属さないが、生命科学の重要な概念と考えられるもの。

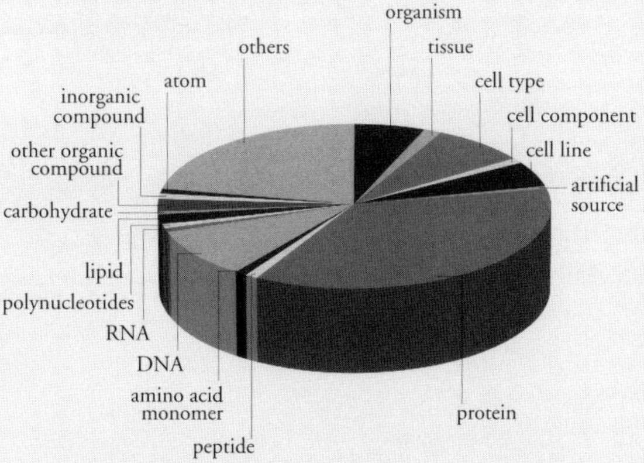

主な意味クラスの分布

GENIAコーパスには、36という非常に細分化された意味クラスが振られている。意味をこのように細分化してテキストに付与している例は、一般の分野でもなく、意味を考慮した言語処理研究の大きな資産となっている。

図06——メドライン（Medline Abstracts）を対象にGENIAのデータベースを作成

GENIAコーパスは、この分野の研究用の高品質な標準コーパスとして構築されている。100万語、4000抄録をめざしており、現在その半分が完成している。現時点で、120を超える研究グループがすでに活用している。

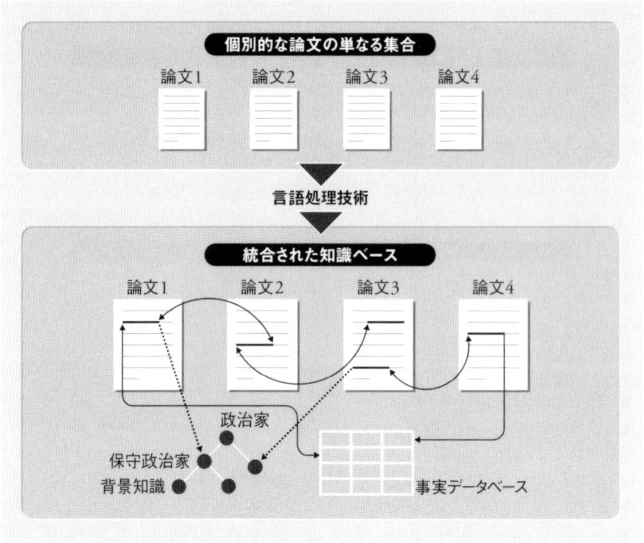

図07——言語処理技術を用いると、統合された知識ベースができる

調べられるようにする。

最終目標はもちろん、メドラインすべての情報を網羅しつくすことだ。

遺伝子と病気の関係を明らかにする

●

特定の遺伝子が病気に直結するのはむしろ例外、タンパク質の相互作用をもっと広範かつ詳細に見きわめる必要がある。

さらにわれわれ一般人に最も関心のあるテーマ、遺伝子と病気の関係について、社団法人バイオ産業情報化コンソーシアム(JBiC)が提供しているデータベースH-Invitational Disease Editionにも協

図08——H-Invitational Disease Edition
社団法人バイオ産業情報化コンソーシアム(JBiC)が研究している遺伝子と病気の相互関係を推測するシステムの構想図。このシステムは、生命科学の論文群からのテキストマイニングと既存のデータベースからのデータマイニングを組み合わせることで、これまで知られていなかった病疾患と遺伝子の関係を発見することをめざす。

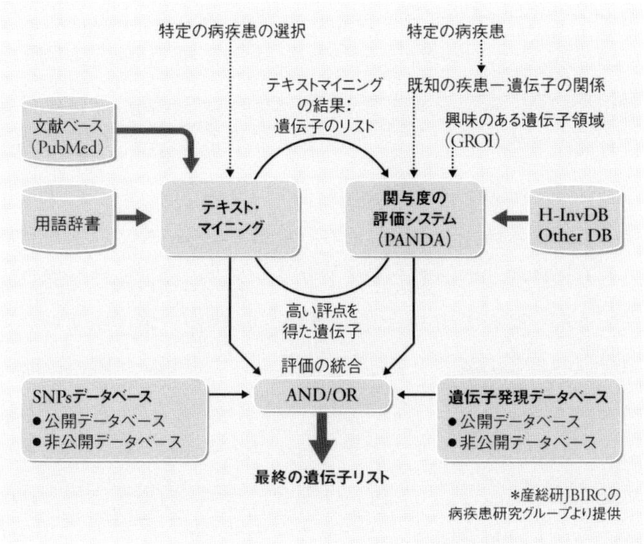

力している[▶図08]。
“ベータサラセミア(地中海貧血)のように、特定の遺伝子と病気の関連が直接的なケースはむしろ例外で、ほとんどの病気は体質が遺伝しているとか、生活習慣でおかしくなるとか、たくさんの遺伝子が連鎖的に関わって発症します。例えばタバコを吸うと、あるタンパク質が毒性をもつようになり、別のタンパク質の性質を変えてしまうといった、部分的な知見がたくさん明らかにされつつあります。前立腺ガンが乳ガンやリウマチの一種とも遺伝的に関係しているらしいといった臨床データも蓄積されつつあります。既知の病気に関するデータや動物実験でわかっているデータを統合して照合できるようにするだけでも明らかになる知見は相当あるのです。”
マイクロアレイ法を使えば、ある病気をした人のある特定の細胞の中でどういうタンパク質がはたらいているのかを調べて、病気をしていない人との違いを見ることができるようになった。違いがわかっても、病気の原因なのか結果なのか、個性なのか、年齢差なのか、ふたりだけではわからないので、統計的に調べなければならない。

“このH-Invitational Disease Editionという試みは、国立遺伝研究所の五条堀孝*教授が中心に進められているもので、この中でわれわれが開発しているテキストマイニングの技術を積極的に使ってもらっています。遺伝子と病気の名前が一緒に出ている文章を取りだして統計的な処理をすれば、この病気に関連している遺伝子はこれらではないかと、確率の高い方から順番に出せるようになります。さらにタンパク質とタンパク質の関係まで示せれば、もっと応用に近づけるでしょう。あるタンパク質と別のタンパク質が同時に発現するとこの病気になるらしいと推定されるときに、それらのタンパク質はどういうはたらきをしていて、似たようなタンパク質にはどのようなものがあってといった、それに関する既知の情報を提供して、推論をサポートします。”

実際に研究に役立つシステムとして機能させるためには、さまざまな課題をかかえている研究現場とのコラボレーションが欠かせないとあって、五条堀孝教授には生命科学者の立場で、膨大なテキストから抽出した文章が収録する意義のあるものか判断してもらう。それを材料に言語処理をして、どういう特徴をもつセンテンスなら生命科学者にとって意味のあるセンテンスかを自動的に選びだす。

“五条堀孝先生は生命科学の研究者ですから、一発新しい遺伝子を見つけたがる。半年で見つけたいというので、僕なんかは「速すぎる！」とおさえています。僕らは一発のすごい論文のためというより、恒常的に使えるツールづくりをめざしたい。そのた

＊五条堀 孝
T. Gojobori 1951-
国立遺伝学研究所教授・生命情報研究センター長。病原性ウイルスの進化、分子進化、情報生物学専攻。著書『人間は生命を創れるか』（丸善ライブラリー）『ゲノムからみた生物の多様性と進化』（シュプリンガー・フェアラーク東京）。

めには、時間がかかってもインフラ(システム基盤)をつくる必要があるのです。”

生命科学は新しい遺伝子がひとつ発見されればノーベル賞が取れるかもしれないが、情報科学は一発では業績とはみなされない。学問の背景が異なるかぎり、共同研究の歩調をそろえるのも、当分のあいだは苦労が続きそうだが、辻井教授はそうした異分野間のギャップも知的体力を訓練する格好の機会として、楽しんでいるようだ。

これまでの単純なキーワード検索では50%ぐらいしか意味のあるセンテンスを抽出できなかったところ、文の構造まで体系化したH-Invitational Disease Editionでの試みでは、2、3週間で70%ぐらいまでヒット率をあげることができた。2004年末にはメドラインに適用して88%のヒット率となったという。

生命科学に特化してつくったGENIAだが、文章の構造分析システムは一般にも応用できる。『ウォールストリートジャーナル』紙のデータベースとGENIAを結んでやると、名詞・動詞・形容詞といった品詞を自動的に見分ける正答率は、98.1%になった。文句なく世界トップクラスと自負する。

“将来的には生命科学の論文は、ひとつひとつ論文として読まれるのではなく、ある遺伝子について書かれている論文はどれかというように、特定した形で読まれるようになるはずで、そのときに役立つツールを準備するつもりです。このノウハウは、学問だけでなく、一般社会の情報処理でも、特別にあるテーマに関して詳しい在野の研究者たちの情報を統合して利用することにも役立ちます。”

膨大なテキスト処理を高速でおこなうために、350台のPCクラスタを使っている。本来なら1年以上かかる1500万センテンスの処理を1日で終えられるようになった。今後はさ

らに台数をふやして高速にする予定という。
さらに具体的に役立つデータベースや辞書づくりを推進するために、2004年5月、ベンチャー企業、株式会社カナレッジも立ちあげた。
“大学の研究では要素技術はできても、本当に使いモノになるようにするには、企業としてやるべきなのです。シンガポールではすでにベンチャー企業が僕らの公開した技術を応用して具体的なソフトウェアを開発しています。エディンバラでもベンチャーを立ちあげる動きがある。カナレッジはバイオインフォマティクスの高木利久*先生が中心になって、僕らは言語処理の技術を提供しています。”
この2、3年、競争は激化するいっぽうで、技術的には先行してきたが、気は抜けないと、飄々と語る。

＊高木 利久
T. Takagi 1954-
九州大学情報処理教育センター助教授、東京大学医科学研究所ヒトゲノム解析センター助教授、同教授などを経て、2003年4月より東京大学大学院新領域創成科学研究科教授。著書『東京大学バイオインフォマティクス集中講義』(羊土社)。

参考文献

★01—— 辻井潤一「e-サイエンスから研究活動の電子化へ」『UP』No.380, 東大出版会, 2004.
★02—— 前田栄作＋高木利久編：特集「ポストゲノム時代に高まるバイオ自然言語処理への期待：バイオ自然言語処理最新事情」『情報処理』Vol.46, No.2, 情報処理学会, 2005.
★03—— 建石由佳＋大田朋子＋辻井潤一「バイオNLPのためのコーパスと各種リソースの現状」『情報処理』Vol.46, No.2, 情報処理学会, 2005.
★04—— 辻井潤一「ゲノム情報学と言語処理」『情報処理』Vol.43, No.1, 情報処理学会, 2002.
★05—— J. Tsujii, S. Ananiadou, "Thesaurus or logical ontology, which one do we need for text mining?" *Journal of Language Resource and Evaluation*, Vol.1, No.1, 2005.
★06—— Miyao, Yusuke and Jun'ichi Tsujii, "Deep Linguistic Analysis for the Accurate Identification of Predicate-Argument Relations." In the *Proceedings of COLING* 2004.
★07—— Tsuruoka, Yoshimasa and Jun'ichi Tsujii, "Iterative CKY Parsing for Probabilistic Context-Free Grammars." *Natural Language Processing-IJCNLP 2004, LNAI 3248*, Springer, 2004.
★08—— Miyao, Yusuke, Takashi Ninomiya and Jun'ichi Tsujii, "Corpus-oriented Grammar Development for Acquiring a Head-driven Phrase Structure Grammar from the Penn Treebank." *Natural Language Processing-IJCNLP 2004, LNAI*

3248, Springer, 2004.
★09—— Kim, Jin-Dong and Jun'ichi Tsujii, "Word Folding: Taking the Snapshot of Words Instead of the Whole." *Natural Language Processing-IJCNLP 2004, LNAI 3248*, Springer, 2004.
★10—— S. Ananiadou, C. Friedman, J. Tsujii (eds), "Special Issue on Named Entity Recognition in Biomedicine." *Journal of Biomedical Informatics*, Elsevier Inc., 2004.

column—03

ウェブの大規模テキストから常識を引きだす

黒橋 禎夫

人もコンピュータも、文章を理解するためには、単語の意味はもちろん単語同士の関連についての幅広い知識を必要とする。そのうちのひとつ、格フレームは、用言(動詞・形容詞・形容動詞)と格要素(さまざまな単語+が・を・に・で…など格助詞)の関係を示す、文章を構造的に理解するために欠かせないものである。

われわれは以下の手順で大規模テキストから「用例に基づく格フレーム」を自動的に収集するシステムを開発した★01・02[▶図01]。

❶——テキストの構文解析をおこない★03、信頼できる用言・格要素間の関係(用例)を取りだす。

❷——抽出した用例を、用言と直前の格要素の組ごとにまとめる(用例パターン)。

❸——シソーラス(類語辞典)を用いて、用例パターンのクラスタリングをおこない、用例格フレームをえる。

用例を単純に二項関係にまとめてえられる共起データや、用例をひとつにまとめたデータでは、「車に経験を積む」という文が適切かどうか判断できなかったが、用例格フレームを参照すれば、一目瞭然である。

大規模テキストとして新聞記事26年分(毎日新聞12年分、読売新聞14年分)、約2千600万文を用いてかなりの成果をえたが、新聞では政治・経済への片寄りがあり、日常的、一般的な常識に欠けるきらいがあった。そこで、ウェブから収集した約5億文の日本語文の解析をおこなうことにした。

問題となるのは計算スピードで、現在の高速コンピュータを用いても5億文の文章をすべて構文解析するには何年もかかると見積られた。折りしも、東

図01——用例格フレームの自動収集のためのデータ処理

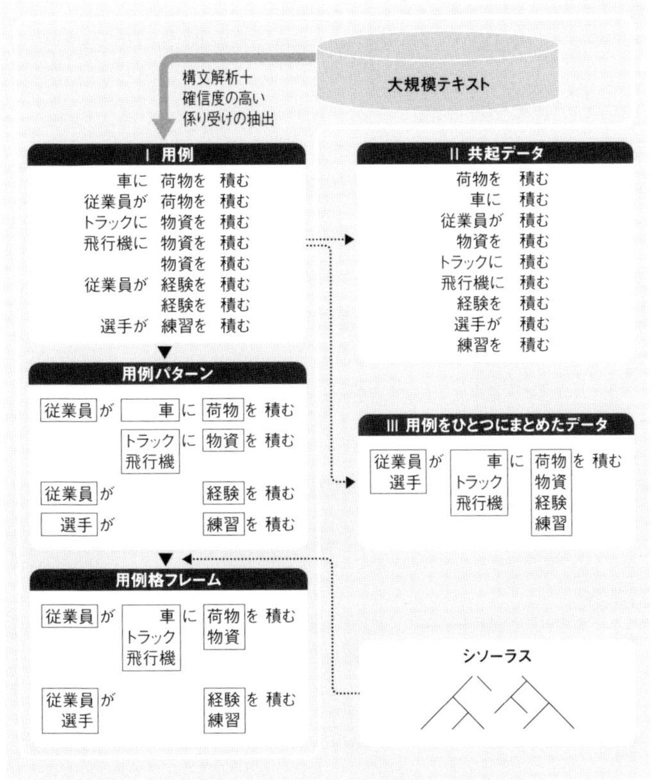

京大学情報理工学系COEでサポートされている400CPUのグリッドコンピュータが試験的に利用できることになり、構文解析を3日間、格フレームのクラスタリングを5日間で終了し、一気に超大規模テキストから常識をえることができた。

例えば、次のように最初の単語だけが異なる二つの文を考える。

Ⓐ——クロールで泳いでいる女の子を見た。

Ⓑ——望遠鏡で泳いでいる女の子を見た。

❹では「クロールで」が「泳いでいる」を修飾しているのに対し、❺では「望遠鏡」が「見た」を修飾している。自然言語処理の教科書などでは、このような構文の違いは結局世界知識(いわゆる一般常識)がなければ解決できないとされてきた。しかし、超大規模テキストからの用例格フレームは、このような問題を解決することができる。「泳ぐ」「見る」について次のような格フレームが収集されており、これを参照すれば上記の構造の曖昧性は簡単に解消されるのである。

❻——{人/子ども..}が{クロール/平泳ぎ/..}で{海/大海..}を　泳ぐ
❼——{人/者..}が　　{双眼鏡/望遠鏡..}で　　{人/姿..}を　　見る

このような常識に基づく文章の構造的理解は、機械翻訳、情報検索、マンマシンインタフェースなど、今後ますます大量の情報をあつかうことになる、あらゆる自然言語処理システムを大きく進展させる基礎技術となるだろう。

参考文献

★01—— 河原大輔+黒橋禎夫「用言と直前の格要素の組を単位とする格フレームの自動構築」『自然言語処理』Vol.9, No.1, pp.3-19, 2002.

★02—— 河原大輔+黒橋禎夫「格フレーム辞書の漸次的自動構築」『自然言語処理』Vol.12, No.2, pp.109-131, 2005.

★03—— 黒橋禎夫+長尾眞「並列構造の検出に基づく長い日本語文の構文解析」『自然言語処理』Vol.1, No.1, pp.35-57, 1994.(言語処理学会10周年記念論文賞受賞)

本研究は、下記の研究協力、研究ファンドをえておこなわれた。
＊グリッドコンピュータ
協力の土台は東京大学大学院情報理工学系研究科の21世紀COE「情報科学技術戦略コア」
利用ツールGxpは東京大学大学院情報理工学系研究科 田浦健次朗助教授が研究開発。
＊本研究成果をサポートしたファンド
科学技術振興事業団個人研究推進事業(さきがけ研究21)
　「自然言語による知識の表現と利用」(2000年10月より3年間)
科学研究費補助金(学術創成研究費)
　「人間同士の自然なコミュニケーションを支援する知能メディア技術」
　(研究代表者:京都大学教授 西田豊明、2001年4月より5年間)

「出版不況」が叫ばれるなか、新書だけはメガヒットの話題がつづいて、元気がいい。
哲学入門から子育て国際紛争まで、有機的に統合・再編した
現代のデジタル百科事典「新書マップ」の誕生。

3-5

連想から発見への情報術

高野 明彦

●国立情報学研究所 教授

ひらめきをもたらす情報空間の作り方。
ユーザーが理解度に応じて平易な入門的解説から
高度な専門的記述までを自在に渡り歩く
技法の開発と応用例。

連想の情報学の扉をひらく

●

「古典派」で経済学と音楽の系譜が見わたせるDual連想検索から、
研究者の連想を支援するツールGETAの開発へ。

インターネットの時代になって、従来なら気づきもしなかった情報に出会うチャンスがうまれはしたが、本当に必要なときに必要な情報にすばやく巡り会えるかとなると、まだまだ覚つかない。アナログな紙の情報のデータベースは、新聞社や百科事典の出版社などに体系的に保存されてはいるが、これも調べたい項目やキーワードなどが明らかで、ある程度予測された範囲の情報にしかたどりつけない。

高野教授は、日立基礎研究所に籍をおいていたころから、問題解決のヒントを得たり思考を深めたりするのに役立つ検索システムの開発に取り組んできた。

“日立基礎研究所には10年ぐらい在籍したのですが、1996年、研究所内で異分野の猛者《もさ》20人ほどが集められ、「何かやれ」とだけ指示された特命チームのヘッドを任されることになりました。僕は関数プログラミング出身で、数学的にきれいに処理しようとするタイプなのですが、例外を恐れない自然言語処理専門の人間から、プログラミングが得意なハッカータイプ、膨大な情報からどう必要な情報を選別するかを考える情報検索を得意とする人間など、ふだんなら学会もそれぞれ別々で、話しもしない面々が集まった。”

ちょうどその年、百科事典で定評のある出版社・平凡社と日立製作所がジョイントベンチャーを組み、日立デジタル平凡社を設立し、コンテンツ事業に乗りだすことになった。
“はっきりと目標を掲げることで、チームに求心力が生まれると考えて、デジタル百科の斬新な検索システムを開発しようと決めました。”
『世界大百科事典』全35巻を対象にして、連想的文書検索システムDualNAVIを開発した[▶図01]。「古典派」で百科事典をひくと、左欄に「古典派」に言及する記述の密度順に項目がでてくる。右欄には、古典派経済学と古典派音楽の二つの系譜が概観できる特徴語グラフが重なって表示される。右欄のグラフを見ながら自分の関心にそって特徴語を絞りこめば、それに対応する記事も、左欄から選出される。
“特徴語グラフが自動的に生成されるのが「売り」なのですが、そのためには膨大な計算をしなければならず、情報処理的な課題

図01——DualNAVIによる『世界大百科事典』検索例

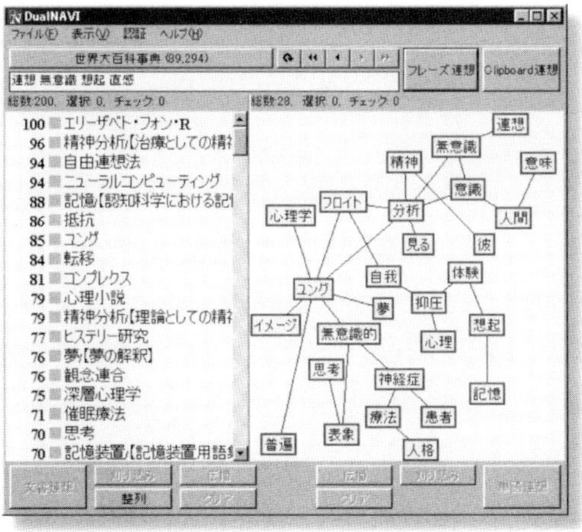

も明らかになりました。平凡社がインターネット上でDual連想検索という名称でサービスして、荒俣宏*さんには、ロジェ・カイヨワ*が「対角線の科学」として提唱した創造的思考法をユーザーにもたらすと、激賞されました。”
国際的な科学誌『ネイチャー』(2000.5.11)でも、Googleなどとともに注目すべき学術情報検索システムとして紹介された。
ただし、血気にはやるあまり、いろいろな機能を盛りこみすぎて、ふつうの人は使いこなせないようなボタンたくさんつけてしまい、一般にひろまるまでにはいたらなかった。またMS Windowsにしか対応せず、固有のアプリケーションをインストールしないと使えないという制約も、気軽に使えるツールとして普及するのを妨げた。
“好評にせよ不評にせよ、世に出してフィードバックがあるというのは、嬉しいことです。技術的な課題も見えていたので、IPA(情報処理振興事業協会)のファンドで、連想検索の情報処理的なエッセンスを連想計算として汎用化した発想支援ツール、GETAを開発しました。”
連想するための汎用エンジン、GETA(Generic Engine for Transposable Association)、とはもっともらしい後づけで、研究者や世の中にあるシステムにゲタをはかせる、「ゲタ」が先に浮かんでいたと打ち明ける。
文書と文書の距離を高速で計算し、文書群を要約する特徴語を選びだしたり、逆に特徴語から文書群を選びだしたり、文書から文書を検索することもできる[▶図02・03]。
“類似技術で製品化されているものにジャストシステムのConceptBaseがありますが、GETAのほうが早かったし、スケーラブル(処理の質的・量的変化に対応できる)です。性能的にも世界一と自負しています。GETAはオープンソースで一般に提供しています。”

＊荒俣宏
H. Aramata　1947-
中学生のころより幻想文学をつぎつぎに読破。サラリーマン時代より英米幻想文学の訳出紹介をはじめ、退社と相前後して文学から科学へとイマジネーションの触手を伸ばし、ナチュラル・ヒストリーを渉猟。神秘学、博物学、幻想科学、産業考古学、路上観察学、図像学や小説『帝都物語』をはじめとする著作は200点を超える。

＊ロジェ・カイヨワ
R. Caillois　1913-1978
高等師範学校時代にシュルレアリストたちと交流して決別。1937-39年、バタイユ、レリス、クロソフスキーらと「社会学研究会」にて活動。1952年国際哲学人文科学雑誌『ディオゲネス』を創刊、編集長となる。『人間と聖なるもの』(1939/せりか書房1994)、『反対称』(1973/思索社1976)、『斜線』(1975/思索社1978)ほか著書多数。

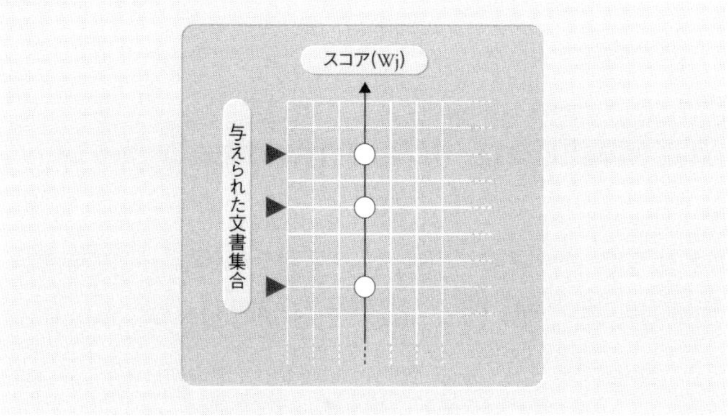

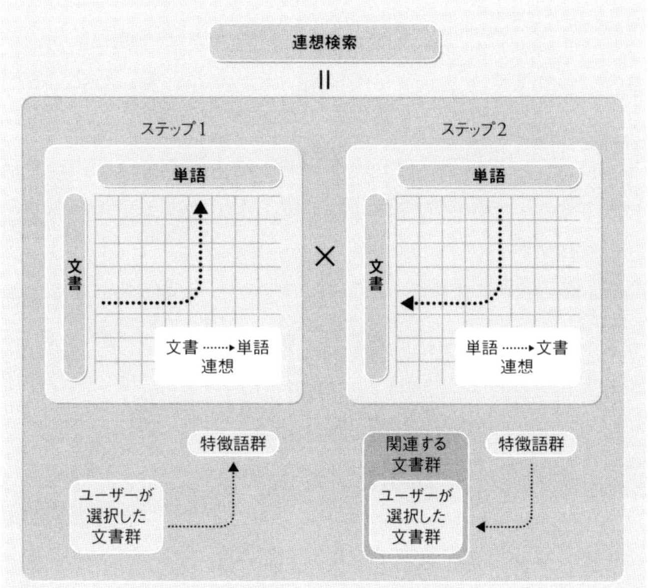

図02（上）——**連想するための汎用エンジン、GETA**
文書中の単語ごとに○印に相当する頻度に基づいてスコアを計算して、値の大きい順に並べ変えて特徴単語を選びだす。
図03（下）——**文書から単語へ、単語から文書へ、両方向の連想検索**

図書情報検索サービスと文化遺産オンライン

●
連想検索で、大学図書館約1000館の蔵書データベースや博物館・美術館1000館の文化財を渉猟・閲覧・鑑賞する。

2001年、国立情報学研究所に移った高野教授は、大学図書館約1000館の蔵書データベースの検索システム、Webcatに出会った。出版関係者なら、自分が関わった本がどの大学図書館に収蔵されているかをチェックできる検索システムとして、おなじみのツールだ。

“Webcatは国立情報学研究所が1998年以来おこなっているサービスですが、データの充実に比べて、インタフェースがあまりにも貧相でした。”

GETAを活用して連想検索できるように、アマゾンや紀伊國屋書店でも使われている目次や概要を統合してデータベース化し、2002年10月、Webcat Plusを立ちあげた。

江戸期以前から最新刊まで、280万タイトルの和書情報が読めるポータルサイト(電子情報広場)として、毎日3万ページが閲覧される人気サイトとなっている[▶図04]。2005年4月には、洋書も加えた1085万タイトルを検索できるサービスとしてリニューアルされる。

“本の目次や説明文を対象として、辞書や類語によって体系化することはいっさいしないで、単語がどのくらい重なっているかだけで検索するので、どれだけ長い文章を入力してもサクサク動きます。人間が体系化して、より抽象度の高い情報を提供す

るというアプローチも当然ありますが、僕らは自然現象のように分布している言葉をひろう立場を貫こうと考えています。”

人間が介入しないだけに、本の内容の難易度や面白さにはいっさい関わらない歯がゆさもある。例えば「数学」で検索すると、目次や本文の説明文に「数学」という語の使用頻度が多い順に本が選ばれてくる。

“僕は数学出身なので、ちょっと悲しい。Webcatやふつうの書誌検索に慣れている司書はキーワードしか入れないので、たいてい失望したといいます。でも書名がわかっている人は、タイトルで一致検索のほうがいいんです。なるべく連想検索してもらいたいという思い入れもあって、トップは連想検索の窓口にしています。1回ひいたら、検索結果中の気に入った本や右欄の「関連ワード」をチェックして再連想検索してもらえば、発想をひろ

図04——図書情報検索サービスWebcat Plus

書名がわかっているときは一致検索、連想の飛躍を楽しみたいときは連想検索がおすすめ。

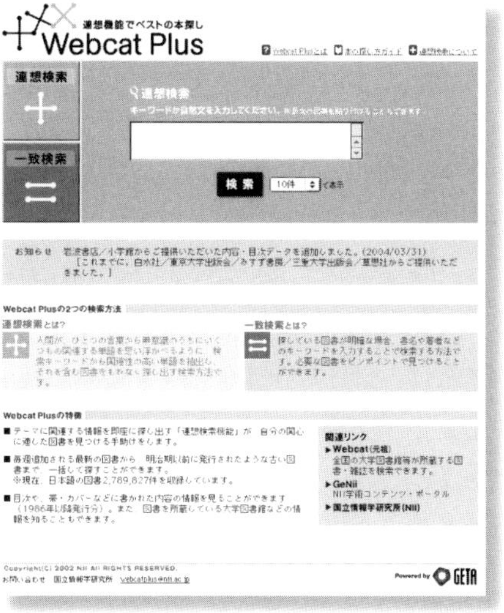

げる本に出会える確率は高まるはずです。”
使いこなすうちに連想検索の面白さに気づいてもらえると信じている。
一部の司書には不評だったが、連想検索ファンは着実に増えている。
“Webcat Plus を文化庁の文化財部長にお見せしたところ、文化遺産のポータルサイトへの協力を要請されました。博物館・美術館に関しては素人なので、素人が面白く使えるサービスにしようと考えました。”
博物館・美術館のデジタル化は、個別に進められてはいるものの、総覧できるようなサイトはない。写真と解説がデジタル化されている収蔵品のデータ提供を全国30館に呼びかけたところ、東京・京都・奈良の国立博物館をはじめとする19館から3000件のデータが集まった。時代、分野、地域からという素人でもわかる軸で調べられるようにして、GETAで連想検索の機能もつけた「文化遺産オンライン」は2004年の4月に試験公開された[▶図05]。
“写真は提供館まかせなので画質が揃わなかったり、絵はがきにされると困るので参加しませんとか、苦労もしましたが、プロが撮ったすばらしい写真を提供してくれた館もあります。茶碗に興味があって織部にたどりつくと、志野、茶杓、天目など5アイテムの写真が下に自動的に提示されます[▶図06]。天目をクリックすると、収蔵品がたくさんあるので天目の森に迷いこむ。興味のままに文化財サーフィンができますし、チェックをつけて連想検索すれば、自分の好きなモノを集めた展示室をつくることもできます。”
自分の書いた文章や詩にふさわしい美術品を選んでみるといった大それたことも、連想検索に全文入力すればできる。もちろん画像データにはすべて著作権があるので、無断で転用・改変

図05——**文化遺産オンライン**(試行版)
2006年度には、博物館・美術館1000館の文化財を収蔵予定

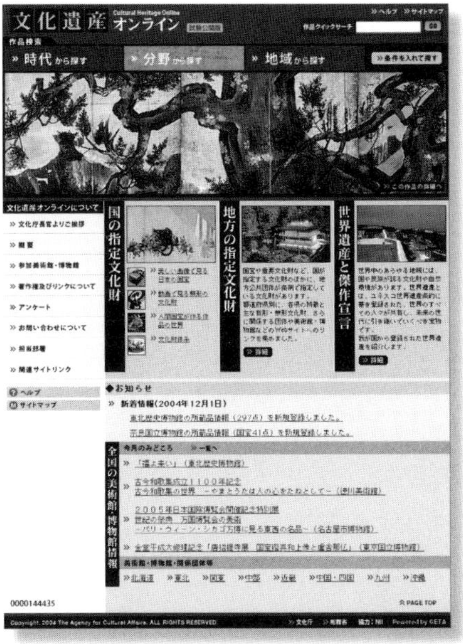

図06——**文化遺産オンライン「黒織部沓形茶碗」**
5つの関連アイテムが示され、Webcat Plusにジャンプすれば、関連図書の一覧も見ることができる。

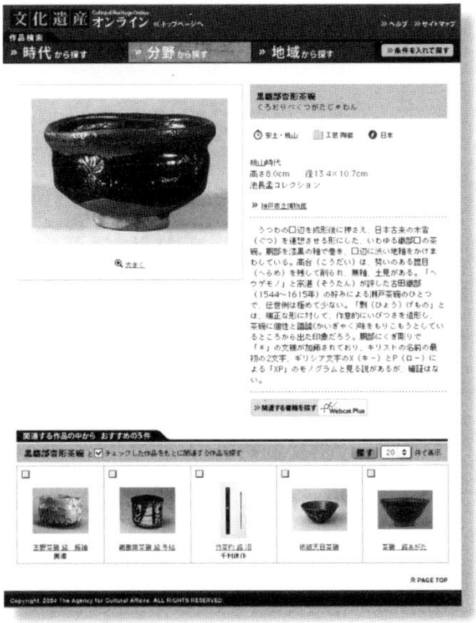

したりすることはできないが、私的に楽しむだけなら問題ない。また、文化財の解説の下には必ず「関連する書籍を探す」ボタンが設けられ、クリックすればWebcat Plusにとんで関連書籍を一覧できるようになっている。ただしこれも、最初に提示されるのは解説文による連想検索なので、見当はずれの本がリストアップされる場合がある。関連キーワードを活用して、発想をひろげるツールとして使えば、面白そうだ。
「文化遺産オンライン」のサイトには、試験公開期間にもかかわらず、半年ほどで、のべ11万人が訪れたという。協力博物館・美術館も増えつづけており、2006年度には、1000館の大台にのせることを目標にしている。

現代の生きたデジタル百科「新書マップ」

●
出版社の枠を超えて、7000冊の新書・選書を32のジャンル、1003テーマに分類。

デジタルデータをあつかう専門家の高野教授だが、紙の本の読書体験は何ものにも代えがたいと断言する。
“僕にとって読書の原体験は、吉田洋一[*]『零の発見』や遠山啓[*]『数学入門』です。中学校・高校のころ、あのような岩波新書を読んで、初めて数学がたんに計算ではなくて、文化的な裏づけのあるものだと知って、数学に進もうかなと思った。数学、歴史とか分かれている学校の勉強では得られない知的体験でした。”
インターネット時代の若者にも、ぜひこうした知的興奮を味わってもらいたいと、「新書マップ」を構想し、2004年6月に立ちあ

＊吉田洋一
Y. Yoshida 1898-1989
東大卒業後、一高で教鞭をとり、1930年、新設の北海道帝国大学理学部に赴任。中谷宇吉郎とともに北大文化圏の中心的存在となる。数学の入門書、随筆をあいついで発表。『零の発見』(岩波新書1939)は不朽のロングセラー。

＊遠山啓
H. Toyama 1909-79
教授に頭をさげず東大数学科を卒業できぬまま東北大学数学科に再入学。1944年より東京工業大学に赴任。戦後は小倉金之助らとともに数学教育協議会を発足、タイルをつかって計算の仕組みをわからせる「水道方式」を全国に普及させる。『無限と連続』(岩波新書1952)、『数学入門』上下(岩波新書1960)。

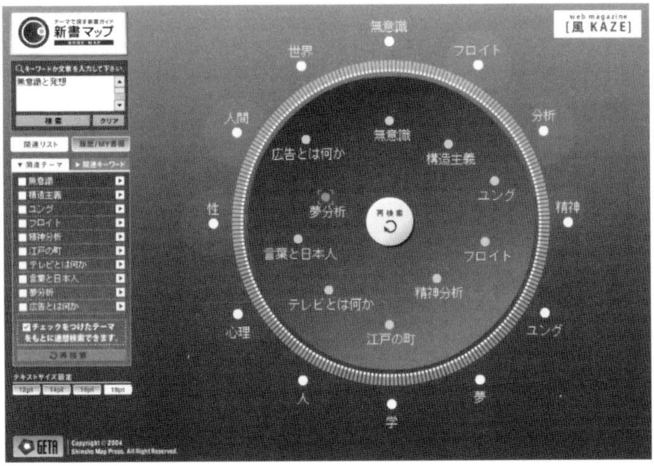

図07――新書マップのトップページ

げた[▶図07]。

“Googleで1時間ウェブ上の情報を調べるのと、同じ1時間を読書して過ごすのとでは、どちらが良い体験かというと、どんな新書1冊でも、たとえその本がつまらなくても、読書によっていろいろなことが頭の中で触発され、質の高い情報体験ができる。新書はあくまでも入門的なもので、本格的な読書はその先にあるにしても、豊かな経験と断言できます。”

巷に流通している7000冊の新書・選書を32のジャンル、1003テーマに分類し、テーマごとに本のリストや読書案内を見ることができる。32のジャンルを総覧できるページとテーマごとの解説ページには、実際に本棚に並んだ状態の背表紙写真も入れた[▶図08・09]。

“どんどん新刊を追加していく予定なので、背表紙写真については関係者の大反対にあいました(笑)。でも、「世界一長い書棚」を

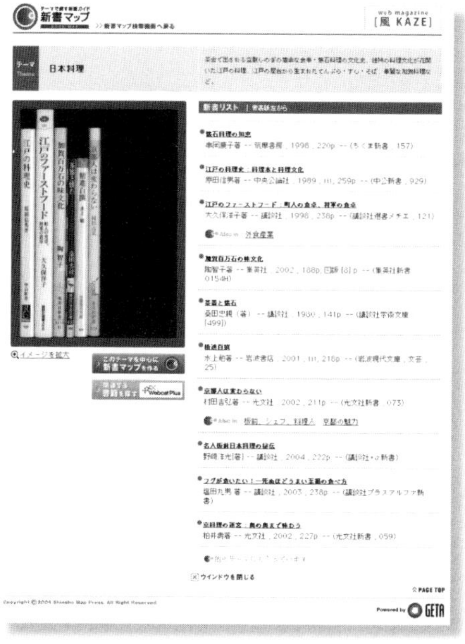

図08（上）――ジャンルごとに背表紙がズラリ

ウェブ上に「世界一長い書棚」が出現した。

図09（下）――テーマ「日本料理」に絞り込んでも背表紙登場

ブルーのボタンで関連テーマ10個を再検索。オレンジのボタンで新書以外の一般書をWebcat Plusで検索。

実現させたくて、こだわりました。1120枚ぐらい画像があって、いちどに表示させるとブラウザが飛んでしまうので、ジャンルごとに100-200枚ぐらいずつ、背表紙が眺められるようにしました。本屋をまわるのが好きな人は、本の背表紙を見るために行っているわけです。「アフォーダンス」のようなものがあって、頭が本屋さんモードに切り替えられる。手を伸ばせば開いて確かめられるという身体感覚がよみがえる気がするんです。書名はリストで示されているので、情報はだぶっているし、写真に写っていない本も多いのですが、文字だけでは伝わらない情報が伝わります。”

20人ぐらいのノンフィクションライターに集まってもらい、1万冊のコレクションとWebcat Plusを新書・選書に限定したサービスを提供して、可能なかぎり現物に当たりながらテーマの作成と本の選択をおこなった。テーマとして取りあげるのは、4、5冊の読むに値する本が見つかるものに限定し、1冊しか扱われていない話題は除外した。

“新書・選書で扱われているテーマは1万から2万の読者を想定して、出版社がいろいろ工夫しているので、「新書マップ」は生きた百科事典といえると思います。現代人はどんなことに興味があるのか、アンテナをはりめぐらせた人たちが編集していて、テーマも時代に敏感な人たちが拾いあげている。もちろんWebcat Plus にもリンクしていますので、本格的な読書への案内役も果たします。とくに、テーマのページでオレンジ色のボタンを押すと、そのテーマに関する一般の本がWebcat Plus で検索されます。”

個々の書籍解説のページからは版元にもリンクされ[▶図10]、構想時に協力を打診したところ反応の鈍かった出版社も、「新書マップ」公開後は、半数近くが新刊を提供してくれるようになった。

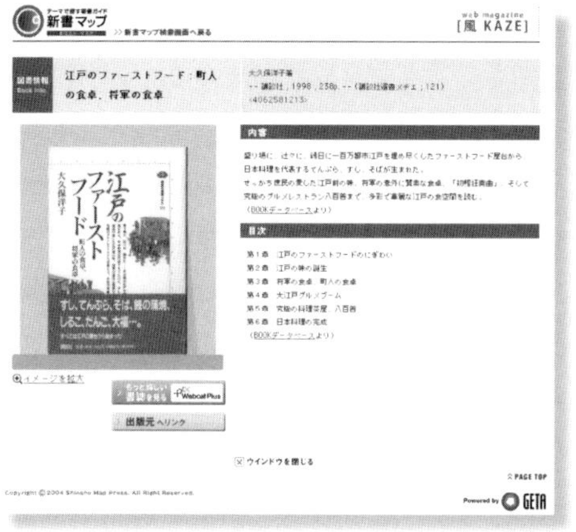

図10——1冊に絞りこむと表紙、内容解説、目次を見ることができる。
Webcat Plusや出版社にジャンプすることができる。

毎月100冊前後の新書・選書の新刊が刊行されているが、そのうち、7、8割はひろって更新しつづけている。

止まって、動かず、精選された情報の価値

●

紙の本ならではの良さをサポートするデジタルサービスの可能性を追究したい。

「新書マップ」の活動を持続的なものにするために、新書マッププレスという任意団体も設立した。
“プロジェクトの成果物を打ちあげ花火のようにアピールしても、予算がなくなると維持できなくて雲散霧消するようなことはさ

けたいので、新書マッププレスは国立情報学研究所からも切り離して、NPO化しようとしています。書籍版の『新書マップ』もそのために出版しました。

2004年11月に刊行された『新書マップ』(日経BP社)は1000ページを超える大冊だが、「ITとメディア」「国際社会と戦争」など、トレンディな32のジャンル、1000のテーマに分類されたブックガイドとあって、新聞・雑誌の書評欄や新刊案内でも話題になった。国立情報学研究所のある一ツ橋は、音羽(講談社・光文社)グループと対照的に語られる出版社(小学館・集英社)グループの所在地でもあるが、古本屋街の神保町の近くでもある。

“老舗の古本屋さんの3代目が修行をおえて戻ってきて、従来の目録販売では先細りになると、得意分野の違う3店が協力して「60年代東京アングラシーン」という紙メディアを作っていました。作家たちの相関図とかの編集ページのあとに、演劇、小説などジャンルごとに、本から生原稿、パンフレットまで、値段がついてカタログ化されている。これをウェブ化するときに、協力しました。”

「60年代東京アングラシーン」でリストアップされている文物は、半骨董品の世界。関心のない者には値うちがわからないが、熱烈なファンなら手にいれるためにお金を借しんだりしない。Webcat Plusや800店の古本屋の在庫が管理されているサイト「日本の古本屋」ともつないで、本のカタログの新しい形を示した。

高野教授の理想とするイメージは、紙のメディアと電子メディアの共存、複合現実(Mixed Reality: MR)の世界だ。

“電子版「新書マップ」は、今は背表紙を出してズームアップするところで終わっていますが、クリックしたら本当に本文まで読めるようにしたい。電子メディアにふさわしい形で提供されて、興味をもてばどこまででも追いかけていけるようになれば、僕らが書棚の前で体験するようなことが、電子の世界でも起きるかもしれません。そうなって初めてコンピュータの中にも、新しい読書環境ができたことになる。僕はあくまでも「中にも」にこだわりたい。電子ブックの読書端末「リブリエ」を買って、仲間に配っていますが、新しい電子の本と紙の本を、ケースバイケースで両方楽しめるようにしたい。”

新書10冊を電子書籍でまとめ買いして、そのうち1、2冊を紙の本として買い、リラックスできる環境で十分な時間をかけて読む。

“さらに紙の本を読んでいて、ふと目をあげるとスクリーンにそのページに関連する画像や必要な情報を提供してくれる、そんな読書コンパニオンみたいなシステムを作ってみたい。本に盛りこめる情報だったら、紙で読むほうが有利です。でもリアルタイムで世界中の情報とリンクさせるといった面では、圧倒的に電子メディアが有利です。紙の本も生きるし、電子のサービスもより適切になるようにしたシステムを開発したいのです。”

紙は紙、電子は電子で人種が分かれてしまっている現状は悲しいと慨嘆する。

電子メディアに関わっている人は、「紙の本は遅かれ早かれなくなる」と予測する向きが大半を占めるが、高野教授は紙の本のすごさはコンテクストが止まっていることで、この価値は将来も失われないと請け合う。

“情報の価値や意義をめぐって、今は新しければいい、早ければいい、大容量がいいということばかりが強調されていますが、古くて、固定されていて、量が少なくて、選ばれ編集されている良さがある。「動かない」ことは大切で、古びてもいい。古本の意義もそこにある。3冊100円とかの一見つまらないような本にだって、貴重な情報が詰まっているのです。電子の世界は5秒後には変わっている。フレッシュさが価値をもつ。これからの生活にとっては、両方大切です。”

7000冊からスタートした新書マップは、その後も収録冊数を増やしつづけ、2005年2月現在、7500冊に達している。国立情報学研究所の一室には、実際に書棚が設けられて、毎月新刊が補充されている。各社の新書編集長にとっては、企画のヒントが隠れた森のようで、「編集会議をここで開きたい」との要請もあるという。各社のデータによると、新書の読者層は圧倒的に50～60代が中心。読書体験のかけがえのなさを次世代につなぐためにも、研究機関、企業、NPOの枠を超えて、協力していくつもりだ。

参考文献

★01――Akihiko Takano, Yoshiki Niwa, Shingo Nishioka, Makoto Iwayama, Toru Hisamitsu, Osamu Imaichi, Hirofumi Sakurai, "Information Access Based on Associative Calculation (Invited talk)." *SOFSEM 2000, LNCS* Vol.1963, pp.187-201, Springer-Verlag, 2000.

★02――Akihiko Takano, "Association Computation for Information Access (Invited talk)." *Discovery Science, 6th International Conference, DS 2003, LNCS* Vol.2843, pp.33-44, Springer-Verlag, 2003.

★03――Akihiko Takano, Yuzo Marukawa, "Mozume: Associative Information System for Cultural Heritage (Invited talk)." *International Conference on Digital Archive Technologies (ICDAT2004)*, Taipei, 2004.

★04――Takuma Murakami, Zhenjiang Hu, Shingo Nishioka, Akihiko Takano, Masato Takeichi, "An Algebraic Interface for GETA Search Engine." [第6回プログラミングおよびプログラミング言語ワークショップ(PPL2004)], 2004.

★05――丹羽芳樹＋高野明彦「あいまい検索の技術と応用」『日本語学』Vol.23, No.2, 2004.

★06――高野明彦「[文化遺産オンライン] 試験公開版システムの概要」『文化庁月報』2004年7月号.

★07――高野明彦＋西岡真吾＋丹羽芳樹「連想に基づく情報アクセス技術」『情報の科学と技術』Vol.54, No.12, 2004.

★08――小池勇治＋矢島匡人＋高野明彦＋絹川博之「Webサービスを利用した総合電子文書検索システム」[第3回情報科学技術フォーラム(FIT2004)] 2004.

★09――高野明彦「連想に基づく情報空間との対話技術」『心理学ワールド』27号2004.

★10――新書マッププレス編集『新書マップ～知の窓口～』日経BP社, Nov. 2004.

【座談会】

生活情報の海からヒューマン・インフォマティクスがはじまる

長尾　眞

金出　武雄

舘　暲

三宅　なほみ

所　眞理雄

生活からの再スタート

●長尾——今年は愛知万博が開催されますが、35年前の1970年には大阪万博が開催されました。この間の情報科学の進歩はめざましいものがあります。金出先生には大阪万博のときに集めた顔の画像処理に関わっていただいたので、まずそのあたりからふり返りましょう。

●金出——コンピュータにパターン認識は難しいといわれているころに、積極的に研究しはじめたのが、長尾先生や坂井利之先生など京都大学の研究者でした。当時僕は大学院に入って理論的な研究をしようと、いろいろやってみても芽がでなくて迷っていた。あのときに長尾先生が「理論もいいけど、もっと具体的なことをしなきゃだめだ」と言われて画像処理のテーマをくださったことで、研究者の道に進むことができました。プログラムを書くにしても画像をデジタル変換するにしてもすべて手づくりでやらねばならず、1000人以上の顔を自動解析するのは容易なことではありませんでしたが、具体的なことを研究する、これが研究の本道で秘訣と身にしみました。

●長尾 眞

●長尾——皆ができないと思っていることに挑戦して達成できるわけですから、ロマンに満ちた幸福な時代でした。

●金出——1980年にカーネギーメロン大学(CMU)にいって、AI(人工知能)の生みの親のひとりでもあるアラン・ニューウェル(1927-92)にであうのですが、「生活の中にある題材を取りあげないと、たいした研究はできないよ」といつも言っておられた。「あなたたちに解いてほしい解いてほしいと思っている問題が、恋人を待つようにひかえている」と格好いいことを言われる。こんな洒落たことを僕も言ってみたいけど、なかなか出てこないね(笑)。生活空間で活躍できるようなロボットを研究しようと思ったのも、こういう洒落た言葉に刺激された面がある。

●三宅——私が留学したのは西海岸で、人間と環境のインタラクションといった現実の問題を扱うべきだという立場だったので、東海岸のニューウェル先生は理論重視でシステマティックに研究を進められていると思っていたのですが、そんな素敵なことをおっしゃっていたのですね。

●長尾——舘先生は1970年のころは何をされていましたか?

●舘——大阪万博の当時は博士課程の学生で、万博にも行かずひたすら実験室にこもって、バイスペクトルを用いる信号処理の研究に励んでいました(笑)。通産省(現・経済産業省)の機械技術研究所でロボットの研究を始めたのが75年です。当時はプレイバックロボットという人間の腕の機能だけを実現した産業用ロボットが主流で、工場のなかで働いていました。しかし、これはロボットの特殊な姿で、ロボットは、本来、人間の生活の場で人間とともに活動すべきだという思いがありました。

そこで盲導犬ロボットの研究開発を推進したのです。世界初の試みと注目を集め、83年にはMELDOG MARK Ⅳという盲導犬ロボットを、皇太子殿下と妃殿下(現・天皇陛下と皇后陛下)にもご覧いただきました。盲導犬ロボットは、まさに生活をともにするロボットの先駆けであるとともに、不幸にして失った機能を分身としてのロボットにより回復するという、分身ロボットの始まりでもありました。

分身ロボットの考えが、テレイグジスタンスやアールキューブ[▶本文2-1]に繋がってゆきます。分身ロボットは、サイバネティク義手や盲導犬ロボットのように自分の延長として利用する一方、テレイグジスタンスのように、離れたところにいる分身ロボットを時空を超えて自在に利用したりします。

30年たった今、ロボットを、他者として設計するか、分身として設計するかを、設計時に十分に考慮することが必要な時代が、まさに到来しています。

●長尾——アールキューブはエポック・メイキングなプロジェクトでしたね。

●舘——アールキューブは、リアルタイム・リモート・ロボティクスの頭文字をとってアールが3つということからくる呼び名ですが、95年に当時の通産省と東京大学が中心となって打ち出した構想です。これは、私が80年に提唱した、テレイグジスタンスの技術をさらに進展させ、ネットワークを介して誰でもがどこででも使えるようにする試みでした。テレイグジスタンスは、一言でいえば、人間をユ

●金出 武雄

ビキタスにする、つまり、同時にいろいろな場所に存在したり、存在しているように思わせたりする技術です。

これを、ロボットとバーチャルリアリティとネットワークを統合して実現し、災害があれば直ぐに救助にかけつけたり、会いたい人といつでも会えたり、世界中の町でショッピングを楽しんだり、たとえ寝たきりの人でも家族や友人と一緒にハイキングやスポーツができる、また、宇宙飛行士でなくても、宇宙から見た地球の平和を実感できるようにしようという構想でした。

この構想がきっかけとなり、ホンダが、つくば科学万博のあった85年以来10年間、秘密裏に開発してきた2足歩行ロボットを96年に初めて世界に公表し、ロボットの新時代の幕開けとなったのです。それを受けるような形で、国のプロジェクト「人間協調・共存型ロボット」通称、HRP(ヒューマノイド・ロボティクス・プロジェクト)が、98年から2003年の5年間実施されました。ロボットの生活からの再スタートともいえます。

愛知万博では、生活の場で人間と協調し共存するロボットの、日本の代表的なプロトタイプ約60体が公開される予定です。

●長尾――実践的にソフトウェアを研究されてきた所先生はこの間の進展をどうご覧になりますか。

●所――1970年というと、コンピュータの黎明期です。ハードウェアの黎明期はもう少し前ですが、ミニ・コンピュータやマイクロ・コンピュータもでてきて価格も安くなり、ようやく皆で使えるようになってきた。何に使おうかとアプリケーションに目が向いて、顔や文字の認識もやろうよと、いろいろなことがはじまりました。

35年たって、実用化した部分としない部分が截然と分かれました。人工知能でも、計算とかチェスのように人間のひとつの機能を特化してやらせることはみごとにできた。人間全体を真似しようという方向は、屍(しかばね)が累々……(笑)。でもこれから取り組むための反省や知見も蓄積された。

今回の「高度メディア社会の生活情報技術」は、何が本当に使えるのか、第2次アプリケーション時代に時宜をえた課題と受けとめました。旧来の発想をいかにうち破って次の時代をひらくか、そういう時代を画すプロジェクトのスタートと位置づけています。

●長尾——人工知能もようやく生活にとけこむような技術をテーマにできるようになりました。

●金出——『情報処理学会誌』に、「人工知能の復活」ということを書きました。70年代、80年代の人工知能の研究は、あまりにも抽象的になりました。「アナロジーとはこういうことです」と自分で定義して、その定義にしたがって、こういうことができますとやる。僕はこういう輩を「ソフトAI」といって批判する。「ソフトAIとはなんぞや?」と聞かれて「You do hard AI by math., and you do soft AI by mouth. ハードAIは数学でするが、ソフトAIは口でする」と説明して叱られましたがね。つまり弁舌で勝負する傾向があったのです。アメリカでは90年以降、AIは禁句のようになっていましたが、最近また変わってきた。

●三宅——2000年になってファイゲンバウムがニューAIの時代だとまた言いだしていたり、2004年のアメリカの認知学会にジョージ・ミラーとか、フィルモアなどが元気な姿をみせてまた知識表象の話をしたりもしていますね。

●所——今やコンピュータはほとんどただのようになり、5ミリ角でも超高性能のコンピュータができて、照明器具でもマイクロフォンのなかでも、どこでも入りこめるようになった。まさしくユビキタスの状況になりました。もうひとつ大きな違いは、インターネットの普及です。アルパネットが69年ですから、70年には萌芽はありましたが、一般的とはいえなかった。今は誰でもワイヤレスの携帯端末からどこでもインターネットにアクセスし、ウェブを自由に見られるようになった。これだけの技術の進歩、インフラの充実があって、アプリケーションの可能性はいちだんとひろがった。金出先生のハードAIかソフトAIかという論議も、実証するツールはそろってきました。

われわれは人間のことを知らなすぎる

●長尾——情報科学的な研究のインフラがそろった段階で、もう一度夢を語って再スタートするのが面白い。そういう意味では三宅先生に期待しています。

●三宅——人の認知プロセスについて皆が理解することが重要になっていると痛感しています。ネットがひろがって、今までの規模ではない人間とつきあうようになっている。これはby mouthなので数学的に実証されてはいませんが、ひとりの人間がきちんと対応できる数は100ぐらいだという説があります。だからローマの兵隊の最小単位は100人だった。それを百人隊長(センチュリオン)が管理する。500人の部族でも、死なれて悲しい人の人数もおよそ100ぐらいといいます。それでずっとやってきたのが、技術はどんどん新しくなるし情報も爆発的にふえているので、人間の側も学習して進化していかないとまずい状況になっているかもしれません。AIよりも、IA(インテリジェント・アンプリファイヤ)で人間の知力をあげるためには、AR(オーグメンテッド・リアリティ:拡張現実感)でも何でも使おうと思っています。

認知科学は、かなり一般にも応用のきく学習法の基本になる理論をもっていますので、これをきちんと教えたいと思っていたときにチャンスをいただけました。まずはコンテンツを作り直す必要があると思いましたので古いものもずいぶん読み直しました。でも人の知識はどのようなものかとか、人が知っていることをどうやったら全部書き出せるかなど、認知科学の根本的な問いへの答えは、セマンティック・ネットが流行した80年代からほとんど進んでいない。スキーマやスクリプトという概念で「人間の記憶については、このくらいわかる」という研究が盛んだったのはずっと昔のことです。やり直さねばならない課題が、人間の側にはごろごろありまして、異分野の人とも融合しながら、知識を引っぱりだしてby math., by hand(身につく)にする方法を早く見つけたいと思うと少し焦っています。

●長尾——情報通信研究機構でも、インターネットには山ほど知識があるので、それを活用しなきゃいかんと言うんですよ。でも実際に知識をどういう形で組織化したり表現したり活用したりすればいいのかなどについては、ほとんどわかっていない。そこを本気でやらなきゃいかんと思っています。

●所——人間の脳の本質はフレキシビリティなんですね。機能が特定できれば、遅かれ早かれ工学的に再現できるのですが、フレキシビリティがどんな機能かと言っても、これはなかなか定義できません。人はあれにもこれにも対応してしまうので、ロボットにもすべて入れなきゃいけないとなるとお手上げです。最近は脳科学で実証的に解析できるようになってきたので、脳というフレキシビリティをもったシステムからのヒントも大きいでしょう。

●三宅——でも認知科学のセマンティック・ネットが先にいかなかったひとつの原因は、大脳生理学的な研究に研究の主力が移ってしまったからとも言えそうです。

●三宅 なほみ

●金出——たしかに、脳をMRIで見てどこそこが活動しているということがわかって、それでどうしたの、と言いたくなる。僕はまだまだわれわれ自身が人間のことを知らないので、現象論的なアプローチでつめても十分成果が望めるという立場です。車ひとつ例にあげても、水のある路面ではタイヤがどのような動きになるか、エンジンの状況を見るには何と何を調べればいいか、車に関する知識は十分ある。でも車という移動システムで最も重要な役割を果たしている人である運転手が何を考え、次に何をしようとしているか、ある状態になったときに人間がどんなことをするのか、ぜんぜんわかっていない。だから遺伝子やタンパク質のはたらきにまで遡らなくても、デジタルヒューマンという機能のモデルを作れば明らかになることがたくさんある。生きたものとしての生理解剖学的なモデル、動くものとしての運動モデル、考えるものとしての心理認知的モデル、この3つが必要で、それができないと一緒にいて安心できるロボットは作れない。

人間がこういう場にいて安心できるのは、私の頭の中に人間というのは、こう行動するだろうというモデルがある。そのうえに、学校の先生なら、こう行動する、さらに特定の人はこう行動するというモデルがある。モデルがあって、解釈して安心したり驚いたりしている。現在のロボットにはそれがないので、相対してインタラクションしている実感がないし、賢いとも思えない。

●三宅——認知科学が脳科学にいったのは、どこかでしっかりした物的な証拠がほしいという思いがあったからでしょう。人の表象システムや学習についての理論をどこにベースをおいて作ったらいいのか、現在でもまだ手探りの状況です。

ロボットは少しも人らしくないというお話ですが、リーブスとナスが『メディアの等式』というちょっとセンセーショナルな本を出して、人間はなんといっても人のモデルしかもっていないので、ロボットに対しても人に対するのと同じようなふるまいをしてしまうという例をたくさん出しています。例えばロボットに褒められるとちゃんと気分がよくなる。ロボットのパフォーマンスを評価するにしても、やったロボットが「僕のパフォーマンスどうでした?」と聞くのと、別のロボットが「あのロボットのパフォーマンスどうでした?」と聞くのは、ちゃんと違ってくる。当のロボットに聞かれると、「良かったですよ」とか、どうしても甘い返事をする(笑)。こんな形でも、だんだん人の心についても洗いだしが可能になってきたので、認知科学の新たな頑張りどきだと思っています。

●長尾——教育への活用は少なくて、三宅先生のほかには渡辺先生のうなずきロボットと、石田先生の携帯端末を使った自然学習ぐらいでした。舘先生のバーチャルリアリティ技術がそういう方面にも使われていくと、さらに刺激的になるかもしれませんね。

●舘——バーチャルという言葉は、「みかけは違うが本質は同じ」ということなので、「本質」とか、「実効」、あるいは「等価」と訳すべき言葉で、「仮想」とはまったく正反対ともいえる概念です。なんらかの意味で、実物の本質をもったものが、バーチャルリアリティであって、仮に想定したということではありません。例えば、バーチャルマネーが、仮に想定したお金であれば、誰も怖くて使えないわけです。クレジットカードや電子決済のように、お金の形はしていなくても、お金の役割をするからバーチャルなのです。

その意味で、バーチャルリアリティと認知科学とは切っても切れない関係にあります。人間が認識するからこの世界があるといわれます。それはそうなのですが、人間が五感で感じて認識している世界と、本来ある世界そのものとは決して同じではない。本来ある「ものそのもの」を人間の感覚器のもつ時間と空間のアプリオリな制約のもとに観測し構築しなおしたものが、人間の認識している世界です。例えば、視覚でも人間の感じるのは、電磁波のうち、光とよばれる400から750ナノメートルという波長のきわめて限られた領域です。しかも、その波長領域でも、すべてのスペクトル分布を正しく知るのではなく、RGB（赤緑青）の3原色の値が同じであれば、異なったスペクトル分布の光でも同一に感じてしまうのです。

実際のものそのものでなくとも、人間の感覚器に同一の情報を与えるものであれば、実際のものと同じであると人間は判断するわけで、これが、バーチャルリアリティが生じる理由です。ですから、バーチャルリアリティ研究にとって、人間を知ることが大切ですし、逆に、バーチャルリアティを研究することが、人間を知ることにもなります。

●**金出**——認知科学をやる人と、エンジニアリングをやる人が、もっと歩み寄る必要があるでしょうね。お互いに文化も発想法も違うので、煙たがる気風がある。

●**所**——ソニーのCSL（コンピュータサイエンス研究所）には、ユーザーインタフェースをやっている暦本純一君と脳科学をやっている茂木健一郎君という両タイプがいます。脳科学の最近の知見を見ていると、「あっ、なるほどな」と思えることがたくさんあって本当に面白い。なぜあるときはよく記憶できて、あるときはすぐ忘れてしまうのかなども、かなり説明できるようになってきた。そのときの脳の活性状態だけでなく、ドーパミンとかアドレナリンとか脳内物質がどうなっているかもわかってきた。これらは傍証かもしれませんが、捨てがたい。

人間に使ってもらえるようなツールを作るためには、認知科学のみでとまらずに、脳科学まで連続して統合的に研究しないとまずいという気がします。

●**長尾**——僕もそれは大賛成ですね。脳内で分泌されるさまざまな物質で人間の思考方法や方向性が左右されるというのは、自身において実感している。だから自分の脳内の物質の分泌の仕方を知力でコントロールしようとしています（笑）。

●**所**——脳科学の歴史を見てみると、インチキがいっぱいある。お婆さんを認識するお婆さん細胞があるなどと言われ、認知科学や人工知能の研究を混乱させてしまったこともあった。今ならインチキは明々白々ですが。

●**金出**——今でも結構ありますよ。アメリカは今、政治的に右に動いてますから、宗教という細胞があると言われだしている。生まれながらに神を信じる細胞をもっているなどと。

●**三宅**——カテゴリー（概念）の獲得については、最近エッセンシャリズム（本質主義）が流《は》行《や》っていて、犬とか動物とおもちゃとかは基本的に人はわかって生まれてくる、それが言葉で支えられているという説に勢いがあります。

●所——スティーブン・ピンカーとかの進化論的認知科学ですね。

●三宅——そうです。すると、神までいっても不思議ではない。どこかでわかりやすい説明が求められすぎているような気もしますね。

●金出——僕が危ぶんでいるのは、そのときどきの政治的気分で「なるほど」と思われる話をいくらでも作れる程度の知見のように映るからです。共産主義のときは逆に、遺伝で人の能力が決まるのはとんでもないというので、ルイセンコが獲得形質の遺伝と言いだしてみんながかつぎだした。

●長尾——人間についての科学は、つねにそういう危険をはらんでいるので、十分気をつけながら、一歩一歩実証的に進んでいくほかないですね。あまり抽象的につっこむのはよろしくない。

●金出——AIのときはそれで失敗した面がある。ひとつは宣伝しすぎで、できてないことを吹いてしまう。聴いた人が「ということは○○ですね」と拡大解釈すると、「いや、そこまでは思っていなかった」とは言いにくくなる(笑)。曖昧な返事をしているうちに、ひろまってしまう。

大容量のデータベースが拓くヒューマン・インフォマティクス

●長尾——そういうことをふまえて今後の生活情報技術、さらにはヒューマン・インフォマティクスはどうあるべきでしょうか。

●三宅——このプロジェクトで印象的だったのは、どのグループも大量にデータを取っていて、これを活用しようとしていたことです。

●長尾——日常会話を徹底的に録音したキャンベルさんの研究などは典型的ですね。「あっ、ほんま」という一言でも、どういうアクセントでどのように発話をしているかを克明にとることで、字面には現れない、感性情報を取りだそうとしている。

●三宅——数があれば、欲しい発話をそのまま取りだせるので、合成するより速い。

●長尾——「そうですねぇ」と金出先生が相づちをうっているときでも、肯定的なのか否定的なのか、ニュアンスで変わる(笑)。

●金出——それはパワフルなテクニックで

すね。

●長尾——メモリは十分あるので、大容量のデータベースをつくる時代になっている。あるいは言語処理でもスーパーコンピュータを使うようになりました。黒橋禎夫さんはインターネットの5億文の文章を集めて、400CPUのグリッドコンピューティングにより、5日間で格フレームの解析をした。KNPという僕らが開発した日本語構文解析のソフトで解析する。通常のコンピュータだと何年もかかるはずなので、隔世の感があります。

●所——黒橋さんの手法や、Googleの検索なんかを見ていると、「あれがやりたい」と目標がはっきりしているときには、人間のやり方とは違った方法でやって構わないレベルにいってますね。

●長尾——今まではチョムスキーなどにより、言語の文法は生得的にトップダウンで作られているとされてきた。ところがあらゆる場面の発話を調べられるようになると、言語を客観的対象としてきちっと自然科学的に扱える基礎ができたとも考えられます。これまで言語について屁理屈を言われても、科学的に反論することはできませんでしたが、今後は可能になるでしょう。

●三宅——池原先生の研究はまさにそれだと思いました。すべての文章は線形部分と非線形部分に分けられるという発表を聞いて、「そうか、英語の論文を書くときに線形文だけで書けば、きっちり翻訳できるんだ」と思いました。もっと詩人になりたい人は、非線形なものも扱える工夫をすればいい。

●長尾——認知科学も、人間のあらゆる行動が解析の対象になれば、言語のように新しい科学の対象になりうるでしょう。その入り口になっているのが、木戸出先生の研究です。ビデオや音声記録を四六時中とって、物忘れしたときに思いだせるようにする。

●三宅——ユビキタス・コンピューティングがまだ夢の段階だったときに、履歴をとって活用する研究が流行し「アクティブバッジ」と呼ばれて実用化されたものなどもありましたね。プリンタを指定しなくても、歩いていった先のプリンタで打ちだせるとか。

●所——90年代でしたね。

●金出——日常生活の記録で注意すべきなのは、プライバシーの問題です。アメリカでも2003年に国防総省が「ライフログ」というプロジェクトをやろうとしたのですが、だめになった。HID(Human Identification in Distance)というプロジェクトは、遠くから人間を見分けるセキュリティ・システムを作ろうとしていた。そのトップにいたのが、ジョン・ポインデクスターという退役海軍中将でした。彼はレーガン時代にイラン・コントラ事件のときに偽証罪で捕まって恩赦で釈放された経歴の持ち主ですが、ファインマンの最後の弟子でもある頭のきれる物理学者です。HIDのなかに、歩き方で人が見分けられるというジョージア大学の研究者によるちょっといい加減なプロジェクトがあった。できもしないのに「できる」とか吹いて、それを聞いたニューヨークタイムズのコラムニストが、「Watch your step. Government is watching！ 歩き方注意。政府が監視している!」と書いた。しかもジョン・ポインデクスターがやっているので、これは大変だとセンセーションになった。夜のテレビ番組でも、ニクソンみたいな奴が歩いてきて、「ブブーッ、ミスターニクソン!」などとお笑いの材料にされた。

さらに2002年以来、「全情報認知」(TIA:Total Information Awareness)システムというプロジェクトについて、それは「政府による監視だ」という声に対して、ポインデクスターは「Tはテロリストの Tだ」といって切り抜けてきた。そのTIAのなかで「経済にしても、消費にしても世の中のことは一般の人に広く聞くのがいちばんだから、そういうシステムをウェブベースでやろう」というので、ある研究所が報酬つきの練習問題を作った。ところが「今度のイラク戦争で、アメリカ兵士は何人死ぬでしょう」とやったので、大問題になって、1日で研究オフィスは閉鎖された。

それ以来、個人の情報を集めるような研究プロジェクトは、そのつど国会の承認を得なければならないという法律が通ってしまいました。

●三宅——それは教育研究にも余波があるかもしれません。今、ひとりの学生に対して2年間認知科学の授業をやって、1週間に1度のペースですが、最初「認知科学って何?」と言っていた学生が認知科学について語るようになる記録をすべて取っている。5年分ですので、300人以上の貴重なデータをもっています。ところが教育系の学会でも、生徒の顔をビデオで取ってはいけないとか、3年たったらデータを廃棄すべきだという規制を作ろうと動きはじめています。

●金出——両方を守る方法を誰かがリーダーシップをとってやらねばいけませんね。「好きなようにやれ」では問題だし、「すべてだめ」では研究も進まない。

●長尾—— どういう倫理規定があればいいかを慎重に吟味する必要がありますね。

●三宅——たくさんのコーパス(データベース)を集めて統計的に処理するようなシステムでは、あなたの提供してくれた情報から個人名は消しますという情報の集め方はできますが、私たちはそれでは面白くない。あくまでも環境があって歴史がある特定の個人がどのように発達するかを知りたいのです。せっかくそれができるようになってきたのに、規制されては困るなとも思っています。

●金出——僕が調べようとしている子どもの運動能力の発達、体の発達などもみな、個人情報ではある。でも名前とデータ番号との対応表は完全に別にして誰もアクセスできないようにしておくとか、研究のプロトコルは工夫できるはずです。

●三宅——私たちの現場で1、2年生のやっていることを大学院生が分析する場合、リサーチミーティングなどでは誰のことを話しているのか、すぐわかることもあります。でもその場に当の本人がいて、そこから深い学習が起きることもある。何がプライバシーなのか、本当に人に知られてまずいことは何かという議論をする必要がありますね。

●金出——例えば、大学院生が家にやってきて「お宅のお子さんの最近のようすについて伺いたい。私の研究のフォローアップをしています」と言われて、「ありがたい」と思う人もいるでしょうが、「怖い」と思う人もいる。こればかりは、いちがいに決められません。

●舘——街角に多くのカメラが設置されるようになりました。防犯に役立つ切り札ともいえますが、一方、悪用されれば監視社会になりかねません。また、携帯電話のカメラも性能が高まり、ふつうのカメラと遜色なく、しかも自然に撮影できることからプライバシーの問題が起きてきています。

現在のユビキタス社会が進むと、カメラは、それこそユビキタスにどこにでも遍在するでしょうし、ウェアラブル技術が進展すれば、身につけたライフログ・システムが本人のライフログを撮りながら、実は、その周りの人のログも、気づかないうちに忠実に撮ってしまうことが現実問題となってきます。このような来るべき社会をどのように設計していくかが、これからの緊要な課題です。

これらは、工学者や自然科学者だけで解決できるものではなく、人文科学、社会科学も含め広く、しかも精密に解析し、総合的に設計してゆくべき問題です。

最近、横断型基幹科学技術、略して、横幹技術の必要性が学術会議などで説かれていますが、生活情報技術は、横幹技術の最たるもののひとつです。今後の、ユビキタス社会設計論の横幹的な進展が望まれます。

社会参加や学習を優雅に助ける技術

●長尾――今日(2005年1月25日)の新聞に、石田先生の研究で、地下鉄京都駅の緊急避難の公開実験をやることが報じられていました。全方位カメラを天井につけていて、分解能はそれほどでないので、人の顔はわからないのですが、人が歩いているようすはトラッキングできる。いっせい放送ではパニックになるので個別に情報提供して誘導する。個人とマスとの関係を都市を舞台にあつかう研究がでてきたのも、時代を画している。

●三宅――大量データを個人から集めて、プラスの面で個人に還元できる例を、さまざまな方面から提示する必要がありますね。

●所 眞理雄

●金出――それをサイエンスとして示せると思いますよ。これまで日本の科学研究では、「生活」をテーマにするような伝統がなかった。学問になるかならないかわけのわからんものを学問にするのは上手ではなかった。ゲノムやナノのように、これは確実に学問だと誰でも認めるものを一所懸命やる。今回は最初の「どうかなあ」を拓いたところに意義がある。

●長尾――そこでずっと考えてこられたのが所さんですね。

●所――ギャップがどこにあるかというと、成果の評価ですね。効率とか、コストパフォーマンスとかで計れるものは、評価しやすかった。今までの延長上にある。ところが暮らしが楽しくなるとか、面白くなるとか、いきいきするとか元気になるといったとたんに評価方法がわからなくなる。例えば、時間をどう使えば人間は豊かになるのか、デジタル情報術は、思い切った発想の転換が必要です。

企業の立場でいうと、business to business

(B to B)、すなわちビジネスに対して効率改善しましょうというビジネスと、エンターテインメントの道具を売るというビジネスでは、まったく違う。B to Bの例として、トラックならコストパフォーマンスがよければすんだけど、乗用車になると、ベンツから小型車まで、評価基準は人それぞれになる。さらに日々の生活となると、ますます多様になる。アメリカ人と日本人は違うだろうし、地域によって全部変わるでしょうが、そういうきめ細かい議論も必要になってきます。

●舘——1933年に開催されたシカゴ博の標語は、「科学が発見し、産業が応用し、人間がそれに従う」というものでした。わずか70年ほど前には、今から見ればあきれた考えが主流だったわけです。社会通念に流されてはいけないとつくづく思います。現代は、まったく逆の発想をしなければいけない時代です。「人間が理想的な社会を描き、産業がそれを実現し、科学がそれを支援する」というところでしょうか。つまり、人間がどのような社会を望んでいるかが最も大切な要素となります。しかも、人間はそれぞれ生い立ちも、文化も違いますので、ひとくくりに論じられるわけでもありません。

そこで、大切なのは広い意味での「設計」です。設計図がしっかりすれば、現在の科学や技術を駆使すれば、たいていのことができます。設計にさいしては、シミュレーション技術を活用する。それも、人間にとってわかりやすいように空間として表出され、ダイナミックかつインタラクティブに反応するシミュレータです。ある製品が欲しいと思ったとき、その製品を作る前にコンピュータのなかに作りだし、それを利用して効果を確かめたり、あるいは、個人個人にあうようにカスタマイズしたりします。いずれは、ある社会が望ましいと思ったとき、そのような社会のシミュレータのなかで暮らしてみて、評価したり改良したりすることが必要になってくるでしょう。

●長尾——石田さんのように都市というマスの状況にでていくのも、ひとつの方向でしょうし、もうひとつは、国立情報学研究所の高野さんのように、連想検索システムを公開する方向もある。日本中の新書を集めてウェブで公開した「新書マップ」のようなアプローチもある。新書マップは、自分の探す本のリストだけではなく、本の背表紙が並んでいるようすが見られるのが非常によかった。実践的なソフトにまとめたので、新聞でも話題になった。評価は確かに難しいのですが、最後はどれだけ多くの人が使って満足度をえられるかということも重要です。もちろん、基礎段階の研究も大事なのですが。

●三宅——今のところ社会的制度として、

学校にいくことになっているので、皆通ってますけど、ネットで自分の好きな情報が的確にえられることになれば、学校へいく必要があるだろうかということにもなるだろうと思います。
ならば、学んで賢くなるステップも的確に示されて、レベルアップしたときにそれにふさわしい仲間にもであえるシステムを社会のほうに用意しておきたい。「賢さ」については効率ともエンターテインメントともまた違う評価軸が必要な気がします。

●金出——僕はそれをQOL（Quality of Life）テクノロジーと呼んでいます。便利一辺倒でつきすすむのではなく、その人が必要としている最小限の助けをgracefullyに提供して、それ以上はやらない。介入しすぎないように優雅に助け、そして社会活動（消費にも生産にも）に参加してもらう。高齢化がすすむと介助が必要な人はふえますが、これらの人たちが世の中の活動にふつうに参加できるようにする。日本では2015年には65歳以上の人の割合が25パーセントを超えるといわれてますが、これらの高齢者が生産にも消費にも参加しなくなったら、社会として機能しなくなって残りの人も困ります。昔の福祉技術は今後社会技術になっていかねばならないのです。

●三宅——新しい学習環境をつくる場合でも、優雅に助けることの重要性はまったく同じです。学習というのは、本人がやりたいことを見つけながら向上するプロセスを優雅にサポートする、コラボレーションだと考えています。これが教師と学生という関係にとどまらず、人と人の関係にうまくひろがれば、健全な社会を築く基礎になるのではと思います。

●所——僕はもっと基本的なこと、愛を見直したい。最近の脳科学の知見でも、人間がどういうときに精神的に安定するのか、かなりわかってきました。それは誰かが必要としてくれている、愛を実感できるときで、その実感があれば幸せだし、さまざまな困難にも耐えてゆける。こういうことは昔から宗教家が言ってきたのでしょうが、サイエンスとしても証明できるようになってきました。今後の生活を考えるさいに、愛の基本が形成される乳幼児期に十分子育てに時間をかけられるような政策はどうしたら実現できるのか、そのために技術は何ができるのか、議論ができる状況が整ってきた。個々の人々が心の平和を保ちながら暮らせるようになれば、実はそれが経済的にも見合うのです。

●金出——そうなんです。

●所——セキュリティや何だかんだと余計なところでお金を使うよりも、結果的には良くなるはずです。理想主義的というそしりを受けるのを承知でいっておきたい(笑)。

●長尾——次のステップとして、そのあたりに焦点をあてたプロジェクトをやらねばなりませんね。

●金出——心とは何ぞやという大テーマがありますね。これまでは宗教家しか考えてこなかった。

●三宅——哲学者と心理学者は心のことを考えてきたのではないですか(笑)。感情をシステム論的にとらえる戸田正直理論というものがあって、人間の感情が認知システムのコントローラーの役目を果たしていると位置づけています。怪しいぞという不安感は、情報を入れたり処理したりするレベルをあげるわけですが、本当にクマがでてきたときに、「このクマはどういう種類だろう」とか探索的な処理をしていては死ぬので、情報探索はシャットダウンして避難の選択肢から走るとか木に登るとかを即座に選んで実行する。感情はこの緊急切り替えをするトリガー(ひきがね)だという理論です。野生環境なら適合的だったシステムが環境があまりにも急激に変わりすぎて、パニックなど不適切な行動をひきおこすようになり、さまざまな局面で問題が生じていると考えます。人とシステムの関係についても、こういう大きな視点から人の進化に役立つ情報システムがどんなものなのか、考えてゆく必要がありそうです。

●所——この100年ぐらいわれわれはずっと効率重視で走ってきた。でも毎日の生活に視点を戻そうという「デジタル生活情報術」では、幸福感とか満足感、充足感の話に移らざるをえません。

●三宅——人の心の働きと認知プロセスの記録がとれて検索ができるようになると、長い期間にわたっていろいろ判断するための情報がとれるようになります。旧来の効率というものさしも、急がば回れ的な発想にいたる可能性もありますよ。

●所——自分の行動を全部記録していくアクティブバッジのようなことは、1000年以上の昔から日記を書くという形でやってました。
そしてこれが日本では文学になっている。自分の思いを書いて、自分の存在を時間軸で見直して反省したりもう一度感動したりする。自分の記録は、本来自分のためにあるべきですよね。

●三宅——最近はウェブで日記を共有する。ミクシィ(mixi)などのソーシャルネットワークが面白い現象になっていると思います。招いてもらわないと入れないシステムなのですが、2004年3月に立ちあがったときは600人だったのが、10月に10万人になって、12月末には25万人がお互いの日記を見られる状態になっている(2005年4月に50万人突破)。これ自体はいろいろな意味で気の合う人たちが流動的なグループを作って互いにそれぞれの提供する情報のいいとこ取りをしているようなシステムだと思います。こういうシステムの古い形を実は共同問題解決型の学習システムとして使ったことがありまして、例えばある国の小学生が「この問題が解けないんだけど、何かいい方法がありますか?」とちょっと問いかけると、別の国の学校の子が「こうやって解けるよ」と答えを返す。信用するかしないかは、また別の問題ですけど、こういうシステムは今でもうまく活用する方法を作らないともったいないという気がします。

●長尾――橋田さんに今の研究を発展させて使えるようにしてもらうと面白いかもしれませんね。

●金出――ブログ(Weblogの略)は、2004年のアメリカの大統領選で、威力を発揮しました。ブッシュの軍歴詐称の噂がずっとあったのが、証拠がでてきたというので、CBSの看板キャスター、ダン・ラザーが報道した。ところがその証拠とされた書類は偽物だと、ブログで皆が書きはじめた。その書類で使われたタイムズ・ニュー・ローマンという書体や上付文字は当時のタイプライターでは打てなかったとか、つぎつぎに証拠を指摘しはじめた。あっという間に、あれは偽物らしい、持ちこんだ奴が民主党と関係があるらしいとなって、ブッシュの軍歴詐称の事実関係は飛んでしまって、偽の情報を使ったほうの非がいっせいに問われるようになった。ダン・ラザーも2005年3月で引退すると表明した。考えてみると恐ろしいほどの力ですね。

面白くなるのは、いよいよこれから

●長尾――次世代の研究者に向けて、皆さんひとことずつどうぞ。

●三宅――認知科学はいろいろなことができるので簡単に次世代に譲るよりは、一緒にいろいろ実践的にやっていきたいですね。手塚治虫が、漫画賞の審査長を依頼されて、そんなもんやらない、自分に賞をくれと言ったといわれてますが、このごろは、その気持がよくわかるようになりました(笑)。

●舘――今回研究開発したテレイグジスタンス・コミュニケーションシステムを、実際の生活の場で使われるシステムに育てたいという夢があります。街角やオフィスや図書館や公民館、児童館などの公共機関にツイスター(TWISTER)と呼ぶテレイグジスタンス電話ボックスをおきます。それは、直径2メートル程度の円筒状のブースで、そこに入ると特別な眼鏡などをかけなくとも、360度の全周に空間が立体的に広がります。それと同時に、使っている人間のあらゆる方向からの映像がステレオで撮影されます。これに入れば、世界中にあるロボットを自分の分身として使えるだけでなく、同じようなブースに入っている人同士が、あたかも面談しているようにつどえるのです。

家庭用では、直径50センチ程度の円筒を机の上に置きます。その中に、ツイスターを使っている人の姿が、立体的に現れてきて、離れていても存在感のあるコミュニケーションが可能となるのです。そのような社会の実現を夢見ていますので、面白くなるのは、いよいよこれからという感じです。

●舘 暲

もうひとつの夢は、『スタートレック』というSFにでてくるホロデックのような体験空間構成システムの実現ですが、これは、私の時代にはまだ無理かもしれません。しかし、次世代の若い研究者への贈り物として、道筋だけは何とかつけたいと思っています。

●所——僕も知的好奇心はいまだにきわめて旺盛で、とくに脳の働きとコンピュータの関係については、それぞれが異なったものと理解しつつ、洞察を深めたい。一方、子どものころからウェブを使っている人たちの新しい感性や人間関係、技術に対する要求などは、われわれに想像できない面があるので、彼らには大いに期待しています。

われわれの世代の課題は、情報科学の歴史をきっちり記録していないことです。「Reinventing the wheel、車の再発明」ということがいろいろなところで言われてますが、すでに誰かがやったことを知っていても無視して「自分が発明した」などと言っている。コンピュータの歴史も、もう少し前の数学や物理出身の人たちがやっていた時代のほうが体系だてて整理されていたのではないかと思います。われわれエンジニアリングの時代になって、少しそういうことに関して怠惰だったのかもしれないと反省しています。長尾先生は『情報科学事典』(岩波書店 1990)を作られましたけど、ウェブにのせる形で、歴史も体系だてて整理してアップデートできるといいのですが。

●長尾——確かに音声研究の人たちがよく言いますね。過去にいろいろなことをやってきたのに、今の人たちは歴史を知らないものだから、同じような発想をくり返している。過去をきちっと勉強したら、もっと先に行けるはずだと。

●所——この問題は特許にも関係してくる。昔発明されていることが新たに特許になってしまう。

●金出——そうそう、ものすごく包括的な特許をかけられて、研究や技術開発が制限されるリスクが大きくなってきています。恐ろしいですよ。

僕自身は今後もメッセージのある研究をめざしたい。「なるほど、そうやれば面白いことができるな」と、新しいコンセプトが見えてくる研究をやりたい。「そうだ俺もそうやろう」と続く人がでてきて、さらに「私はこれをこういう考えでやりました」と次にひろめる。そういう動きの発信源になりたい。日本の情報科学は一所懸命やられていて、データポイントとしては高い成果をそこかしこであげているのに、誰がオピニオンリーダーかとか、どんな派(スクール)があるかということになると、日本人の名前はなかなかでてこない。もったいないですよ。

●長尾——そういう、いわゆるスクールをつくるのは、確かに日本人はへたですね。

●所——今回、金出先生が入ってくださったのは、日本のためにいいことでした。報告書を読ませてもらっても、書き方からして違う。「これやるんだ!」「こんないいことあるぞ!」と目的意識がはっきりしている。プロジェクト研究の雛形を作っていただいた。エンジニアリングの場合はこうした形でどんどん研究を進めて、予算の有効利用を果たせるようにすれば、成果も積み重ねていけるでしょう。

●金出——こういう技は大学で教育する必要がある。口がうまいだけでもだめなんです。

●長尾——三宅先生の研究がそこまでつながると面白いですね。

●三宅——今は2年間やって、そのあと2年程度しかつき合わないわけですが、ほんとうの学習研究は教えたあと、10年、20年たってからどうなるのかで、きちんと評価できないといけないのでしょうね。評価というとテストでいい点を取るかどうかというような話になりがちですが、今私たちが良い学習環境を作ってやりたいことは、そういうことではない。客観的研究にするには対照群をつくらねばいけないので、ある働きかけをしたグループとしなかったグループではこれだけの違いが出ましたと有意差を出して、はじめて結果がでたというような研究だけではわかってくることも少ないと思います。それよりももっと、こうしたらうまく教えられるとわかっていることをすべて注ぎこんで、とにかくどうしたら人がほんとうにこの世界を良い方向に変えていけるような知力を身につけることができるのか、やれるだけのことをやって積極的なデータをまず出すことが出発点だと思っています。そうしたら、そこで何が起きていたのか分析すればいいのですから。研究方法そのものから変えて、いいカリキュラムをつくって、「直後のテストでもいい成績が出せる」「自分の考えを発展できるようになる」「学習してからずっとあとになってもそれを使って新しいアイディアを生みだせる」などなどポジティブな事例を作りだしてゆきたいと思っています。

●舘——次世代は、これまでに私たちが培ってきたさまざまな知識、経験、技術が融合して花開く時期となります。それは、知識の体系が電子化されネットワーク上で誰でもがどこででも利用可能になるからであり、機電一体、機情一体、メカトロニクス、ネットワーク、ユビキタス、ウェアラブル、VRという進展の過程からも明白です。

このような融合の時代には、高度の専門性に加えて他の分野の本質を見抜くための知恵が必要とされています。ひとりの人間がすべての分野の優れた専門家になるのは無理なので、ひとりひとりは一分野の専門家でかまいません。しかし、他の分野の人と共同して働ける知恵が必要であり、この知恵を育てることこそが大切です。専門に入るまえに、森羅万象を貫く原理を捉えようとする一種のものの見方を、万人が身につけるための工夫が必要です。高等教育のみならず、初等教育、中等教育をもふくめ、このような知識と知恵を育むための仕組みを構築してゆくことが急務でしょう。

専門分野に通暁した一部エリートを育てる教育も大切で、専門科目のみを学べば効率が良いかもしれませんが、それだけでは大局的な観点からは決してうまくいかないことは、火を見るより明らかです。文系も科学技術のなんであるかを理解して初めて、それを正しく政策に反映できるのですし、理系も社会科学や人文科学を学ぶことで、研究の向かうべきベクトルを過《あやま》たずにすむのです。

●長尾——生活を基盤にした研究は、とどのつまり人間研究になります。今回のプロジェクトで、人間の賢さや精妙さについての研究は大きな変革期を迎えていることが明らかになりました。ヒューマン・インフォマティクスを推進するには解決すべき課題も山積していますが、それだけに新しい可能性もひらかれている。次世代の方々には大いに雄飛していただきたいと願っています。

独立行政法人科学技術振興機構(JST) 戦略的創造研究推進事業(CREST)

研究領域「高度メディア社会の生活情報技術」
研究課題・研究代表者一覧 (▶巻末略歴参照)

戦略目標：大きな可能性を秘めた未知領域への挑戦

研究統括	長尾 眞	独立行政法人 情報通信研究機構 理事長
領域アドバイザー	植村 俊亮	奈良先端科学技術大学院大学 情報科学研究科 教授
	牛島 和夫	九州産業大学 情報科学部長
	後藤 敏	早稲田大学大学院 情報生産システム研究科 教授
	坂内 正夫	国立情報学研究所 所長
	諏訪 基	国立身体障害者リハビリテーションセンター 研究所 福祉機器開発部長
	所 眞理雄	ソニー(株) 特別理事
	松田 晃一	NTTアドバンステクノロジ株式会社 常務取締役

●1999(平成11)年度採択分 (研究期間:2000-2004年度)

文化遺産の高度メディアコンテンツ化のための自動化手法

池内 克史　東京大学大学院 情報学環 教授

デジタルシティのユニバーサルデザイン

石田 亨　京都大学大学院 情報科学研究科 教授

表現豊かな発話音声のコンピュータ処理システム

ニック・キャンベル　(株)国際電気通信基礎技術研究所 主幹研究員

高度メディア社会のための協調的学習支援システム

三宅 なほみ　中京大学 情報科学部 教授

心が通う身体的コミュニケーションシステムE-COSMIC

渡辺 富夫　岡山県立大学 情報工学部 教授

●2000(平成12)年度採択分 (研究期間:2000-2005年度)

日常生活を拡張する着用指向情報パートナーの開発
木戸出 正繼　奈良先端科学技術大学院大学 情報科学研究科 教授

テレイグジスタンスを用いる相互コミュニケーションシステム
舘 暲　東京大学大学院 情報理工学系研究科 教授

情報のモビリティを高めるための基盤技術
辻井 潤一　東京大学大学院 情報学環 教授

人間中心の知的情報アクセス技術
橋田 浩一　産業技術総合研究所 情報技術研究部門 副研究部門長

●2001(平成13)年度採択分 (研究期間:2001-2006年度)

セマンティック・タイポロジーによる言語の等価変換と生成技術
池原 悟　鳥取大学 工学部 教授

デジタルヒューマン基盤技術
金出 武雄　産業技術総合研究所 デジタルヒューマン研究センター 研究センター長

連想に基づく情報空間との対話技術
高野 明彦　国立情報学研究所 ソフトウエア研究系 教授

西暦	情報
1963	▶サザーランド、スケッチパッド開発
1964	▶ケメニーほか（ダートマス大学）、プログラム言語BASIC開発
1965	▶ファイゲンバウムほか、エキスパートシステムDENDRALの開発開始
1966	▶佐々木正（早川電機/現·シャープ）、世界初のIC電卓CS-31A開発
1967	▶パパート、子ども向け記述言語LOGO開発　▶ネルソン、ハイパーテキストシステム「ザナドゥ（Xanadu）」提唱
1968	▶AT&Tベル研究所、UNIX開発 ▶アラン·ケイ、パソコンFLEX構想発表
1969	▶米国防総省ARPANET稼働　▶テッド·ホフ、日本の電卓メーカービジコン社（嶋正利）の依頼でマイクロプロセッサ構想 ▶ゼロックス、パロアルト研究所設立 ▶マッカーシー+ヘイズ、人工知能の最大の難問「フレーム問題」を指摘 ▶ノキア、PCM方式の通信機器発売［フィンランド］
1970	▶クルーガー、インタラクティブVRアート·メタプレイ発表　▶文部省·OECD共催「教育におけるコンピュータ利用に関する国際セミナー」東京で開催　▶江尻正員（日立）、図面を見て自動的に物体を組み立てる人工知能ロボット開発 ▶加藤一郎（早大）、2足歩行ロボット研究開始
1971	▶インテル、マイクロプロセッサ4001発売　▶ウィノグラード、積み木遊びの英語を理解してロボットアームを動かす自然言語処理システムSHRDLUのデモ ▶トムリンソン、分散ネットワークの間でメッセージを送信するe-mailプログラム考案 ▶ハート、世界初の電子図書館プロジェクト·グーテンベルク開始 ▶NHK総合TV、全番組をカラー化
1972	▶ICCC（コンピュータ通信国際会議）にて初のチャット　▶CCITT（国際電子電話諮問委員会）のジュネーブ総会でISDNの基本概念発表 ▶コルメラワー、PROLOG開発 ▶WIPO（世界知的所有権機構）、ウィーンにINPADOC設立、特許情報のデータベース化　▶富士通、ロボット産業推進のためファナック設立 ▶カシオ、電卓カシオミニ発売（1万2800円）

出版	映像	社会・文化	戦争
カイヨワ『戦争論』 フーコー『言葉と物』 イエイツ『記憶術』 マンフォード『機械の神話』 ケストラー『機械の中の幽霊』 パパート、ミンスキー『パーセプトロン』 カスタネダ『ドン・ファンの教え』 梅棹忠夫『知的生産の技術』	『鉄腕アトム』『鉄人28号』テレビ放映開始 ロッデンベリー他『スター・トレック／宇宙大作戦』テレビ放映開始（→69） キューブリック『2001年宇宙の旅』 ゴダール『ワン・プラス・ワン』 ペキンパー『ワイルドバンチ』	ケネディ大統領暗殺 東京オリンピック 朝永振一郎、ノーベル物理学賞受賞 川端康成、ノーベル文学賞受賞 カルチェ・ラタン5月革命［パリ］ アポロ11号月面着陸 東大安田砦の封鎖解除 ウッドストック・ロックフェスティバル	キプロス紛争 米軍、北ベトナム空爆開始 第3次中東戦争 ナイジェリア内戦
藤子不二夫「ドラえもん」学習雑誌に連載開始	ハグマン『いちご白書』 山田洋次『家族』	大阪万博開催 三島由紀夫、自衛隊市ヶ谷駐屯地で割腹自殺	米軍、カンボジア侵攻
オブジェ・マガジン『遊』創刊 ホルクハイマー+アドルノ『啓蒙の弁証法』 北山修『戦争を知らない子供たち』	ホッパー『イージー・ライダー』 ヴィスコンティ『ヴェニスに死す』	成田空港反対闘争激化 マクドナルド日本1号店開店[銀座]	
ドレイファス『コンピュータには何ができないか』 月刊情報誌『ぴあ』創刊	タルコフスキー『惑星ソラリス』 エリセ『ミツバチのささやき』 フェリーニ『フェリーニのローマ』	ローマクラブ「成長の限界」発表 ウォーターゲート事件（民主党本部に盗聴器設置未遂） 米国防総省、ARPA（高等研究計画局）をDARPA（国防高等研究計画局）に改称 連合赤軍、浅間山荘で警官隊と銃撃戦 沖縄返還	

西暦	情報
1973	▶アラン・ケイ（ゼロックス・パロアルト研究所）、アイコン、グラフィックス、マウスを備え、Smalltalkで動くAlto開発 ▶メトカル、イーサネット構想発表 ▶ビント・サーフほか、INWG（国際ネットワーク作業部会）でインターネットの通信規格TCP/IP構想発表 ▶組合せ爆発問題を指摘したライヒトル報告により、AI研究は冬の時代に ▶加藤一郎（早大）、日本初の2足歩行ロボットWABOT-1開発 ▶日本電電公社、Fax全国サービス開始、全国銀行データ通信システム完成 ▶第一勧銀、ジャスコ、富士通、POSシステム運用開始 ▶NEC、初のオフコン、システム100発表
1974	▶インテル、マイクロプロセッサ8080発売 ▶モトローラ、マイクロプロセッサ6800発売 ▶国立民族学博物館開館
1975	▶ミンスキー、フレーム理論 ▶世界初のパソコン（組立キット）Altair8800に、CPUとして8080、OSとしてCP/M搭載 ▶ファイゲンバウムほか、抗生物質投与に関するエキスパートシステム「MYCIN」開発 ▶ウォーカー、世界初のメーリングリストMsgGroup作成 ▶ビル・ゲイツほか、マイクロソフト設立 ▶音楽・音響研究所IRCAM設立［仏］ ▶後藤達生（日立）、精密はめ合いロボット開発 ▶ソニー、ベータマックス規格ビデオ1号機SL-6300 発売 ▶全国54銀行共通のATM完成［日］ ▶東京女子医科大学、日本初のX線CT診断
1976	▶クレイリサーチ、ベクトル機能を用いた最初のスーパコンピュータCRAY-1開発 ▶ジョブズほか、回路基盤と木製ケースからなるApple Iを設計・製作 ▶AT&Tベル研究所、ネット用ソフトUUCP（Unix to Unix CoPy）開発 ▶イリノイ大学のアッペルとハーケン、コンピュータを1500時間駆使して四色問題を証明 ▶広瀬茂男（東工大）、4足歩行ロボットKUMO-1開発 ▶日本ビクター、VHS規格ビデオ1号機HR-3300発売 ▶NEC、組立式ワンボードマイコンTK-80発売
1977	▶ジョブズほか、アップルコンピュータ設立、Apple II発表 ▶タンデイ社とコモドール社、CRTディスプレイを備えたPC発売 ▶超LSI技術研究組合、世界初の超LSI開発［日］ ▶西和彦、アスキー設立
1978	▶DEC、32ビットスーパ・ミニコンVAX-11/780発表 ▶ワープロソフトWORDSTAR 登場（最初はCP/Mで後にはDOS上で作動） ▶ラングトン、人工生命研究に着手 ▶森健一（東芝）、日本語ワープロJW-10開発（180kg、630万円） ▶ソニー、11万画素のCCDカメラ発表 ▶電子協機械翻訳システム調査委員会発足［日］ ▶CRC、CRAY-1導入 ▶アスキーマイクロソフト社設立［日］
1979	▶デューク大学とノースカロライナ大学、USENET開始 ▶モラベック、初のコンピュータ制御の自走車スタンフォード・カート開発 ▶モトローラ、MC68000発売 ▶コンピュサーブ・インタラクティブ、オハイオ州コロンバスで商用オンラインサービス開始 ▶NEC、PC-8001発売

出版	映像	社会・文化	戦争
マトゥラナ+ヴァレラ『オートポイエーシス』 カイヨワ『反対称』 湯川秀樹+市川亀久弥『天才の世界』	カバーニ『愛の嵐』 クローズ『燃えよドラゴン』 クライトン『ウエストワールド』	江崎玲於奈、ノーベル物理学賞受賞 第1次オイルショック ベトナム和平協定締結	第4次中東戦争
リオタール『リビドー経済学』 立花隆「田中角栄研究:その金脈と人脈」『文藝春秋』	ギラーミン『タワリング・インフェルノ』 『宇宙戦艦ヤマト』テレビ放映開始(→75)	コンビニ第1号、セブンイレブン開店 モナ・リザ展(東博) 佐藤栄作、ノーベル平和賞受賞	
ウィンストン編『コンピュータービジョンの心理』 カプラ『タオ自然学』 有吉佐和子『複合汚染』	フォアマン『カッコーの巣の上で』 スピルバーク『ジョーズ』	ベトナム戦争終結 沖縄国際海洋博覧会開催 アポロ宇宙船[米]とソユーズ19号[ソ連]、大西洋上でドッキング	
ワイゼンバウム『コンピュータ・パワー』 ドーキンス『利己的な遺伝子』	デ・パルマ『キャリー』 スコセッシ『タクシードライバー』	中国、天安門事件 バイキング1号火星着陸	
スマリヤン『タオは笑っている』	スピルバーグ『未知との遭遇』 ルーカス『スターウォーズ』 デイヴィッド・リンチ『イレイザーヘッド』 ハイアムズ『カプリコン・1』	ニューヨーク大停電 中国、文化大革命終結宣言	
アロンソン『ジグソー』	ドナー『スーパーマン』 マリック『天国の日々』	YMOデビュー	
ギブソン『生態学的視覚論』 ホフスタッター『ゲーデル・エッシャー・バッハ』	リドリー・スコット『エイリアン』 コッポラ『地獄の黙示録』	スリーマイル島原発事故 イラン、ホメイニ革命・アメリカ大使館占拠	ソ連軍、アフガニスタン侵攻(→89)

西暦	情報
1979	▶シャープ、ワープロWD-300（書院）発売 ▶ソニー、ウォークマン発売 ▶インベーダーゲーム流行 ▶浮川和宣、ジャストシステム創業 ▶電電公社、自動車電話サービス開始［東京地区］
1980	▶イシュビアら、米国防総省の要請でAdaを設計、規格化 ▶IBMとマイクロソフト、IBM PC用にPC-DOS共同開発 ▶ソニーとフィリップス、CD共同開発 ▶パイオニア、米で家庭用LDプレーヤーVP-1000発売 ▶OECD「国境を越えたデータ・フローに関するガイドライン」発表 ▶第1回米国AI協会（AAAI）会議開催
1981	▶ニューヨーク市立大学とエール大学、専用回線の学術ネットワークBITNET開始 ▶コンピュータ研究者用ネットワークCSNET開始 ▶ゼロックス、Altoの商用版 Xerox Star 発表 ▶日本が64キロビット・メモリで世界シェアをとる ▶ソニー、世界初の電子スチルカメラ・マビカ発表 ▶長尾眞（京大）、アナロジーに基づく翻訳方式を世界で初めて提唱 ▶第5世代コンピュータ国際会議開催［東京］ ▶富士通、漢字の使えるパソコンFM8発売 ▶パイオニア、レーザーディスク発売 ▶孫正義、ソフトバンク創業
1982	▶英、蘭、デンマーク、スウェーデンを結ぶEUNET開始 ▶携帯電話会社ボーダフォン創業［英］ ▶コモドール社、世界初のサウンド機能搭載パソコンC-64発売 ▶NEC、パソコンPC-9801発売 ▶三菱電機、パソコンで操作できるロボットアーム、ムーブマスター開発 ▶科学技術庁、機械翻訳プロジェクト（日英/英日 →1986） ▶日立と三菱電機の社員、IBM産業スパイ容疑でFBIに連行される
1983	▶DARPANETにTCP/IP導入 ▶DARPANETとCSNET、ゲートウェイ接続 ▶DARPANETから分離した軍事研究用ネットワークMILNET開始 ▶AT&Tベル研究所、UNIX System V発表、C++言語開発 ▶ケイパー、表計算ソフト、ロータス1-2-3開発 ▶ジェニングス、BBS用プロトコルFidoNet開発 ▶ラニアー、ビデオゲームMoonDust開発 ▶新世代コンピュータ技術開発機構（ICOT）、第5世代コンピュータプロジェクト開始（→95） ▶通産省、極限作業ロボット研究プロジェクト開始（→90） ▶舘 暲（機械技術研究所）、盲導犬ロボットMELDOG MARK IV開発 ▶日本ロボット学会創立 ▶任天堂、ファミコン発売
1984	▶DARPANETにDNS（ドメイン名システム）導入 ▶ソ連、USENETに接続 ▶レナート、常識データベース構築Cycプロジェクト開始 ▶アップル、Macintosh発売、MacPaintによりCGを

出版	映像	社会・文化	戦争
ベイトソン『精神と自然』 ラヴロック『ガイア(地球生命圏)』	『ドラえもん』テレビ放映開始 富野由悠季『機械戦士ガンダム』放送開始(名古屋テレビ、→80)	第2次オイルショック	
パパート『マインドストーム』 エーコ『薔薇の名前』 ドゥルーズ/ガタリ『千のプラトー』 トフラー『第三の波』	黒澤明『影武者』 石井聡互『狂い咲きサンダーロード』 ホッジス『フラッシュ・ゴードン』 ドーネン『スペース・サタン』	ポーランド、自主管理労組「連帯」結成 ジョン・レノン、暗殺される ルービック・キューブ大流行	イラン・イラク戦争勃発(→88)
ネルソン『リテラリーマシン』 ホフスタッター+デネット編著『マインズ・アイ』 ノーマン編『認知科学の展望』 相磯秀夫ほか編『岩波講座 情報科学』全24巻刊行開始 ボードリヤール『シミュレーションとシミュラークル』	ルーカス+スピルバーグ『レイダース 失われたアーク』 ランディス『狼男アメリカン』	マーフィ、AT&T社のコンピュータに侵入 福井謙一、ノーベル化学賞受賞	
チョムスキー『生成文法の企て』 デビッド・マー『ビジョン』 ラッカー『ソフトウェア』 マンデルブロ『フラクタル幾何学』	スピルバーグ『E. T.』 リドリー・スコット『ブレードランナー』 クローネンバーグ『ビデオドローム』 石井聡互『爆裂都市 Burst City』 リズバーガー『トロン』	『タイム』誌の年男にコンピュータ選出	フォークランド紛争
クルーガー『アーティフィシャル・リアリティ』 ホーガン『造物主の掟』	大島渚『戦場のメリークリスマス』 今村昌平『楢山節考』 バダム『ウォーゲーム』 ダネリア『不思議惑星キン・ザ・ザ』	レーガン、戦略防衛構想(SDI) 東京ディズニーランド開園[浦安市]	米軍、東カリブ海の島国グレナダ侵攻
ギブソン『ニューロマンサー』でサイバースペース	宮崎駿『風の谷のナウシカ』 ルーカス+スピルバーグ『イ	グリコ・森永事件 インディラ・ガンジー首相	

西暦	情報
1984	一般化▶コンピュータ音楽の規格MIDI登場▶ソニーとフィリップス、CD-ROMを共同開発▶ハンガリーにソロス財団設立、東欧圏の情報流通・アート活動を支援▶東大、東工大、慶応、UUCP接続によるJUNET開始▶坂村健、TRON計画発案▶NHKテレビ衛星放送開始［世界初］▶第二電電（DDI）、日本テレコム設立▶KDD、日本高速通信設立
1985	▶コーエン、自動描画プログラムAaron発表 ▶マイクロソフトWindows1.0開発 ▶アルダス、初のデスクトップ・パブリッシングMac用PageMaker開発▶インテル、32ビットMPU386発表。▶ラニアー、VRマシン製作のためVPLリサーチ社設立 ▶理科大学、Bitnet 参加 ▶任天堂、スーパーマリオブラザーズ大ヒット▶科学万博で、加藤一郎（早大）、2足歩行ロボットWHL-11、演奏ロボットWABOT-2公開 ▶富士通、科学万博で翻訳システム紹介 ▶ブラビス、初の商用翻訳ソフト発売▶ジャストシステム、ワープロソフト一太郎発売▶日本電電公社民営化、NTT発足
1986	▶ブルックス、自律ロボットの包摂アーキテクチャ提唱 ▶全米5か所のスーパーコンピュータセンター間でNSFNET開始、e-mailやNEWSが使われはじめる ▶JUNET、CSNETに接続▶ATR、自動翻訳電話研究所発足▶エニックス、RPG『ドラゴンクエスト』発売▶キヤノン、電子スチルビデオカメラRC-701発売▲後藤英一、超電導素子・磁束量子パラメトロン発明 ▶日本人工知能学会設立▶マイクロソフト、日本法人設立（アスキーとの契約解消）
1987	▶UUNET、世界初のUSENETへの商用接続サービス開始 ▶ノキア、初の手のひらに収まる携帯電話モビラ・シティマン発表［フィンランド］ ▶ニフティ、ニフティサーブ開始 ▶日本初のIPネットワークWIDEプロジェクト開始 ▶山川烈（九州工業大学）、ファジイコンピュータ試作 ▶国際情報化協力センター（CICC）、「近隣諸国間機械翻訳システム」開発プロジェクト開始 ▶学術情報センター(文部省)、学術情報検索サービス開始 ▶第1回機械翻訳サミット開催［箱根］ ▶スクウェア、RPG『ファイナルファンタジー』発売 ▶日本移動通信（IDO） 設立
1988	▶ポステル、米政府との契約に基づいてIPアドレスなどを管理する任意団体IANA設立▶AT&T、オリベッティなど欧米日の28社、UNIX標準化の推進組織Unix International設立 ▶NTT電気通信研究所とDARPANET、TCP/IPにより接続 ▶シャープ、液晶カラーディスプレイ開発▶高専ロボコン開始▶IDO、携帯電話サービス開始
1989	▶バーナーズ=リー、高エネルギー物理研究者の知識データベース・システムとしてWWW（World Wide Web）計画をCERNに提案▶カーネギーメロン大学制作の自律走行ロボットALVINN（NAVLAB） 米大陸横断 ▶舘 暲（機械技術研究所）、テレイグジスタンスの研究▶NHK、海外ニュース自動翻訳放送試行開始 ▶学術情報センター、学術情報ネットワークを全米科学財団(NFS)に国際接続▶翻訳技術国際フォーラム、大磯にて開催 ▶第2回機械

出版	映像	社会・文化	戦争
を提示 ヴィリリオ『戦争と映画』 石井威望ほか編『ヒューマンサイエンス』全5巻 今西錦司『自然学の提唱』 鳥山明「ドラゴンボール」『少年ジャンプ』で連載開始	ンディ・ジョーンズ/魔宮の伝説』 キャメロン『ターミネーター』 タビアーニ兄弟『カオス・シチリア物語』 バロン『エレクトリック・ドリーム』	暗殺[印]	
ガードナー『認知革命』 ラインゴールド『思考のための道具』 ドレイファス『純粋人工知能批判』 坂村健『電脳都市』	ウィアー『刑事ジョン・ブック 目撃者』 黒澤明『乱』	つくば科学万博 ハレー彗星大接近 ミッテラン、EUの先端研究プロジェクト・ユーレカ計画提唱[仏] クロトーほか、フラーレン発見	
ミンスキー『心の社会』 ウィノグラードほか『コンピュータと認知を理解する』 ドレクスラー『創造する機械』 川喜多二郎『KJ法』	テリー・ギリアム『未来世紀ブラジル』 バダム『ショート・サーキット』	チェルノブイリ原発事故 スペーシャトル、チャレンジャー号事故 イラン・コントラ事件発覚	
デネット『志向姿勢の哲学』 ラッカー『思考の道具箱』 グリック『カオス』 『広辞苑』CD-ROM版	ベルトリッチ『ラストエンペラー』 チャン・イーモウ『紅いコーリャン』 ヴァーホーヴェン『ロボコップ』	ブラックマンデー(ニューヨーク株式市場大暴落) 円高ドル安が進み、ジャパンバッシング 利根川進、ノーベル生理医学賞受賞	
モラヴェック『電脳生物たち』 ノーマン『誰のためのデザイン?』 長尾眞ほか編『岩波講座ソフトウェア科学』全17巻刊行開始	リュック・ベッソン『グラン・ブルー』 大友克洋『AKIRA』	大学院生モリス、ワームプログラムをインターネットに放つ リクルート事件発覚 ホメイニ師、『悪魔の詩』の作者・ラシュディに死刑宣告	
ワーマン『情報選択の時代』 ペンローズ『皇帝の新しい心』	ルーカス+スピルバーグ『インディ・ジョーンズ/最後の聖戦』 ホウ・シャオシェン『非情城市』 今村昌平『黒い雨』	ベルリンの壁撤廃 中国、第2次天安門事件 海洋科学技術センターの深海潜水船しんかい6500、日本海溝で水深6527mの海	米軍、パナマ侵攻

西暦	情報
1989	翻訳サミット開催［西独］▶東芝、超小型のDynaBook（J-3100SS）を発表 ▶NEC、世界最速のスーパーコンピュータSX-3シリーズ販売開始 ▶任天堂、携帯型液晶ゲーム機ゲームボーイ発売
1990	▶ベル研究所、最初の光コンピュータをデモ ▶バーナーズ=リー、WWWの初期プロトタイプ記述（URL, HTML, HTTPなど）▶DARPANET終了 ▶マグロウヒル+コダック+ダネリー社、オンデマンド印刷による大学教科書のカスタム出版 primis 開始▶学術情報センター、学術情報ネットワークを英国図書館(BL)に国際接続▶日本IBM、DOS/V発表 ▶第1回IDCロボットコンテスト大学国際交流大会［東京］▶日本翻訳協会主催、自動翻訳フェア開催［東京］▶パイオニア、世界初GPSカーナビシステム発売
1991	▶クレイリサーチ、CRAY Y-MP C90開発（プロセッサ数16、演算速度16GFLOPS）▶IBM、モトローラ、アップルがPower PC同盟を結成▶アップル、ソニー、シャープの協力でPowerBook開発 ▶トーバルス、Linux 0.02インターネット上に公開 ▶ギンスパーグ(ロスアラモス国立研究所)、高エネルギーに関する学術予稿集をネットに公開▶エルゼビア・サイエンス社[蘭]、米9大学と共同で TULIPプロジェクト(43の学術情報誌のオンライン・サービス)開始▶藤江正克（日立）、極限作業用4脚ロボット開発 ▶辻三郎ほか（阪大）パノラマ全方位視覚の研究 ▶大学ロボコン開始 ▶日本機械翻訳協会設立 ▶第3回機械翻訳サミット開催［米］▶ナムコ、液晶HMDによる没入型ゲームVR1000SD開発
1992	▶クリントン+ゴア、米国大統領選挙で「情報スーパーハイウェイ」実現を公約に掲げる▶アップル、PowerBook発売▶テサウロ、強化学習によりバックギャモンのチャンピオンなみになるTD-Gammon発表 ▶アジア太平洋機械翻訳協会（AAMT）設立 ▶日本科学技術情報センター、機械翻訳フェア開催［筑波］▶機械翻訳に関するシンポジウム開催［大阪］▶文部省・重点領域研究「感性情報処理の情報学・心理学的研究」（リーダー:辻三郎）開始（→97）▶長尾眞（京大）、JUMAN 0.6を公開 ▶鈴木幸一、日本初のインターネットサービスプロバイダ、インターネットイニシアティブ（IIJ）設立 ▶NTTドコモ設立 ▶ナムコ、ワンダーエッグ世田谷に開園
1993	▶国連、ホワイトハウス、インターネットに接続 ▶インテル、Pentium発売（PCは64ビット時代に）▶アップル、最初の携帯端末（PDA）Newtonを出荷 ▶イリノイ大学・スーパーコンピュータセンターの学生と教職員がブラウザ（Mosaic）作成、ネット上に公開 ▶ワーノック（アドビシステムズ社）、電子文書（文章+画像）用フォーマットPDFとAcrobat 1.0 発表▶富士ゼロックス、オンデマンド出版システム DocuTech Production Publisher Model 135 発売▶ボイジャー、電子本作成ツール「エキスパンドブック」発売▶シャープ、PDA ザウルス発売▶第4回機械翻訳サミット開催［神戸］▶富士通、DOS/Vマシン・FMVシリーズ発売
1994	▶エーデルマン、DNAコンピュータで数学の古典的な問題「巡回セールスマン問題」を解く ▶クラークとアンドリーセンMosaic Communications設立（ネットスケープ・コミュニケーションズに社名変更）、Mozilla（製品名ネットスケープ・ナビゲーター）個人ユーザー向けにネットで公開 ▶Linuxバージョン1.0公開 ▶W3C（World Wide Web Consortium）設立 ▶PC-VANとニフティサーブ、インターネット接続開始［日］▶首相官邸、インターネットに接続 ▶カテナ、1万円を切る翻訳ソフト発売 ▶ソニー、ゲーム機プレイステーション発売 ▶多言語機械

出版	映像	社会・文化	戦争
		底到達	
レイヴほか『状況に埋め込まれた学習』 長尾眞ほか編『岩波情報科学事典』 西垣通『秘術としてのAI思考』	コスナー『ダンス・ウィズ・ウルブズ』	東西両ドイツ統合	イラク軍、クウェート侵攻
ボルター『ライティングスペース』 ヴァレラ『身体化された心』 鈴木光司『リング』	ジョンストン『ロケッティア』 ヴェンダース『夢の涯までも』 グリーナウェイ『プロスペローの本』	ソ連崩壊 美浜原発2号機、冷却水漏れ事故 ラシュディ『悪魔の詩』の翻訳者・五十嵐一筑波大学助教授、暗殺される	湾岸戦争勃発 ユーゴスラビア分裂・内戦
ランドウ『ハイパーテクスト』 ワールドロップ『複雑系』 コザ『遺伝的プログラミング』	『美少女戦士セーラームーン』テレビ放映開始	ブラジルで地球環境サミット	国連、ソマリアに多国籍軍派遣
ラインゴールド『バーチャル・コミュニティ』 ケオー『ヴァーチャルという思想』 アスティントン『子供はどのように心を発見するか』 北野宏明編『遺伝的アルゴリズム』刊行開始	スピルバーグ『ジュラシック・パーク』 チェン・カイコー『さらば、わが愛　覇王別姫』	東京サミット Jリーグ発足 EU(欧州連合)発足 米国防総省、DARPAをARPAに戻して民生用技術開発を標榜(→96)	
ピンカー『言語を生みだす本能』 佐々木正人『アフォーダンス』	クライトン『ER　緊急救命室』(NHK総合、→05)	ロシアのレビン、シティバンクから数百万ドルを電子的に強奪 ロサンゼルス大地震 松本サリン事件 大江健三郎、ノーベル文	ルワンダ大虐殺(フツ族vsツチ族)

西暦	情報
1994	翻訳国際シンポジウム開催［東京］
1995	▶マイクロソフト、Windows 95発売 ▶NSF、NSFNETを終了し高速研究ネットワークvBNS開始 ▶サンマイクロシステムズ、オブジェクト指向のプログラム言語Java開発 ▶プログレッシブ・ネットワーク、音声圧縮システムRealAudio開発 ▶世界初の商用インターネットラジオ局Radio HKサービス開始 ▶検索エンジンAltaVista登場 ▶ネット書店アマゾンドットコム創業 ▶ジェリー・ヤンほか、Yahoo!創設 ▶ミシガン大学、インターネット公共図書館運営開始▶ハイワイヤプレス（スタンフォード大学図書館）、科学系の学術情報誌のオンライン・サービス開始▶パソコン通信で「電子書店パピレス」開始［日］ ▶通産省＋東大、アールキューブ構想発表 ▶沖電気、初のブラウザ連動型翻訳ソフト発売開始 ▶榊原伸介（ファナック）、ロボットを組み立てるロボット開発 ▶カシオ、液晶モニター付デジタルカメラQV-10発売 ▶日刊工業新聞、パソコン翻訳ショウ開催［東京］ ▶第5回 機械翻訳サミット開催［ルクセンブルク］▶日本顔学会設立
1996	▶USロボティクス、Palm OS搭載PDA Pilot 1000/5000発売 ▶Linux 2.0公開、サーバOSとしての利用急増 ▶ホンダ、2足歩行ロボットP2発表 ▶シャープ、東芝など、機械翻訳プレインストールパソコン発売 ▶ソニー、キヤノン、オリンパスなど、普及型デジタルカメラ相ついで発売、大ブレイク▶堀江貴文、オン・ザ・エッヂ設立（04年ライブドアに改称）
1997	▶AIディープ・ブルー、チェスチャンピオン（カスパロフ）に勝利 ▶NASA、ロボットによる火星無人探査 ▶米国防総省DARPA、「戦術的移動ロボット（TMR）」計画開始▶米最大の書籍取次企業イングラム社、オンデマンド出版社ライトニング・プリント社設立▶ファーストブックス・ライブラリー、商業オンライン出版開始▶富士ゼロックス、オンデマンド出版BookPark開始▶日本書籍出版協会、書籍検索サイトBooks公開 ▶第1回ロボカップ世界大会［名古屋］▶AAMT、機械翻訳ユーザ辞書共通フォーマット設定 ▶第6回 機械翻訳サミット開催［米］ ▶パイオニア、世界初のDVD-Rドライブ発売 ▶松本裕治（奈良先端大）、茶筌1.0を公開 ▶ 富田倫生、著作権の消滅した作品を公開する電子図書館「青空文庫」立ち上げ ▶メールマガジン配送会社まぐまぐ始動 ▶三木谷浩史、オンラインショップ楽天市場開設
1998	▶ネットスケープ、ブラウザ無料化 ▶ICANN設立、IANAのインターネット管理業務を継承 ▶W3C、XML1.0公開 ▶PageRankで表示順位づけをした検索エンジンGoogle登場 ▶インテル、初のノートブック・パソコン向けモバイルPentium II発売 ▶アップル、iMac 発売 ▶IBM、ウェアラブルコンピュータ発表 ▶第2回ロボカップ（仏） ▶通産省、「人間協調・共存型ロボットシステムの研究開発」（HRP/リーダー：井上博允）開始（→2003） ▶日本経済新聞社、第1回世界情報通信サミット開催［東京］▶学術情報センター、全国大学・研究機関の図書館収蔵図書・雑誌の検索サービスwebcat開始▶NTTオープンラボ＋京大、「ディジタルシティ京都」開始（→2001）▶ボイジャー、電子書籍閲覧ソフト T−Time 開発
1999	▶ネット上にメリッサウィルス猖獗 ▶NTTドコモ、i-modeサービス開始 ▶ソニー、ペットロボットAIBO発売 ▶特許庁、機械翻訳による日本特許英文検索サービス開始 ▶JST、CREST「高

出版	映像	社会・文化	戦争
		学賞受賞	
チャーチランド『認知哲学』 瀬名秀明『パラサイト・イヴ』 『新潮文庫の100冊』CD-ROM版	庵野秀明『新世紀エヴァンゲリオン』(テレビ東京、→96) 押井守『攻殻機動隊』 ハワード『アポロ13』 ロンゴ『JM』	下村努、FBI「全米指名手配」ハッカー、ミトニック追跡、逮捕 阪神淡路大震災 地下鉄サリン事件 フランス、ムルロア環礁で地下核実験(→96) 野茂英雄、大リーグで活躍	NATO軍、ボスニア紛争でセルビア人勢力を空爆
デネット『心はどこにあるのか』 チャーマーズ『意識する心』 ネグロポンテ『ビーイング・デジタル』 リーブス+ナス『メディアの等式』	バートン『マーズ・アタック!』 エメリッヒ『インデペンデンス・デイ』	米国防総省、ARPAをDARPAに再び改称	
ストークス編『HAL伝説』 池原悟ほか編『日本語語彙大系』全5巻 長尾眞ほか編『岩波講座 言語の科学』全11巻刊行開始 辻三郎編『感性の科学』	スピルバーグ『ロスト・ワールド/ジュラシック・パーク』 ゼメキス『コンタクト』 宮崎駿『もののけ姫』 北野武『HANA-BI』	温暖化防止京都会議 ロスリン研究所でクローン羊ドリー誕生[英] ポケットモンスター(フリッカー)騒動[テレビ東京]	
モラベック『ロボット(シェーキーの子どもたち)』 ホフマン『視覚の文法』 ラマチャンドランほか『脳の中の幽霊』 出口王仁三郎『霊界物語』CD-ROM版 『宇宙戦艦ヤマト』デジタル版・ダウンロード販売	中田秀夫『リング』	インドとパキスタンが地下核実験 タンザニア、ケニアで米大使館同時爆破テロ	米軍、アフガニスタン、スーダン、イラクの「テロ関連施設」ミサイル攻撃 コンゴ紛争勃発
ゼキ『脳は美をいかに感じるか』	ウォシャウスキー兄弟『マトリックス』	トルコ、台湾で大地震 EU、通貨をユーロに統合	NATO軍、コソボ紛争でユーゴスラビア空爆

西暦	情報
1999	度メディア社会の生活情報技術」スタート(→2006) ▶第3回ロボカップ(スウェーデン) ▶第7回機械翻訳サミット開催[シンガポール] ▶文部科学省・未来開拓学術研究推進事業「感性的ヒューマンインタフェース」(リーダー:原島博)開始(→2004)▶電子書籍コンソーシアム、ブック オン デマンド システム総合実証実験(→2000)
2000	▶MP3による音楽配信サイト流行 ▶第4回ロボカップ[オーストラリア]▶マイクロソフト、電子書籍閲覧ソフト「マイクロソフトリーダー」発売▶国立国会図書館、和書200万件、洋書20万件の書誌情報Web-OPAC公開▶角川書店+講談社など大手電子文庫出版8社のサイト「電子文庫パブリ」開設▶小学館+廣済堂+松下ほか、電子出版社イーブックイニシアティブジャパン設立 ▶ホンダ、2足歩行ロボットASIMO発表 ▶ソニー、SDR-3X発表 ▶北野宏明(共生システムプロジェクト)、PINO発表 ▶テムザック、災害救助ロボット・テムザックT-5発表 ▶アマゾン・ジャパン営業開始▶NEC、インターネット博覧会で翻訳ソフト正式採用 ▶ノヴァ、PocketTranser翻訳ソフト初のプロレジ大賞受賞 ▶NHKと民放キー局、BSデジタル放送開始▶Jフォン、写メールサービス開始▶DDI、KDD、IDO合併、KDDI発足
2001	▶フリー百科事典Wikipediaスタート▶アップル、iPod発売▶IBM、翻訳ソフト初のグッドデザイン賞受賞 ▶第8回機械翻訳サミット開催[スペイン] ▶第5回ロボカップ[シアトル] ▶ボーダフォン、日本テレコム買収(Jフォン、ボーダフォンに社名変更) ▶Yahoo! BB商用サービス開始▶講談社+小学館+富士ゼロックス+マイクロソフト、コンテンツワークス社設立
2002	▶米国防総省DARPA、「全情報認知(TIA:03年「テロ情報認知」に改称)」計画開始 ▶海洋科学技術センター、地球シミュレータ(NEC)で世界最高の演算性能を達成▶第6回ロボカップ、日韓共催 ▶文部科学省、レスキューロボット等次世代防災基盤技術の開発プロジェクト発足(→07) ▶東芝、FIFAワールドカップ公認翻訳ソフト開発 ▶SMBCコンサルティング、ヒット商品番付東前頭6枚目に翻訳ソフト選出 ▶オリンパス、DNAコンピュータ開発 ▶ABUアジア・太平洋ロボットコンテスト開始 ▶日本科学未来館にて2足歩行ロボット格闘競技会第1回ROBO-ONE開催▶国立国会図書館、関西館開館にともない電子図書館サービス開始▶国立情報学研究所(文部科学省)、webcatに連想検索機能を加えたWebcat Plusサービス開始▶京都デジタルアーカイブ研究センター、京都写真データベース公開などサービス開始▶講談社+小学館、コミックスのオンライン販売サービスComicPark開始
2003	▶米上下院、「テロ情報認知(TIA)」計画の予算否決▶ユネスコ第32回総会「デジタル遺産の保存に関する憲章」採択▶第1回ROBO-ONEアジア大会開催[釜山]▶NHK、さいたま新産業拠点に「NHKアーカイブス」開設▶講談社+新潮社+ソニー+大日本印刷+凸版印

出版	映像	社会・文化	戦争
長尾眞ほか編『岩波講座マルチメディア情報学』全12巻刊行開始 佐伯胖『マルチメディアと教育』 池原悟ほか編『日本語語彙大系』CD-ROM版	コロンバス『アンドリューNDR114』 カン・ジェギュ『シュリ』 清水崇『呪怨』(ビデオ版) バード『アイアン・ジャイアント』 トラッセル他『ロズウェル/星の恋人たち』(NHK総合→2002)	開始 東海村JCO臨界事故	
ガードナー『再フレーム化された知能(MI:個性を生かす多重知能の理論)』 ネトルほか『消えゆく言語たち』 AAMT、『機械翻訳白書:機械翻訳 21世紀のビジョン』 キング『弾丸に乗って』(eブック)、『植物』(ダウンロード直販) 村上隆『共生虫』(オンデマンド出版)	ディズニー『ファンタジア/2000』 シン『ザ・セル』	ロシア原子力潜水艦事故(乗組員118人全員死亡) 白川英樹、ノーベル化学賞受賞	
バーディーニ『ブートストラップ』	宮崎駿『千と千尋の神隠し』(03年アカデミー賞受賞) スピルバーグ『A. I.』 ジョンストン『ジュラシック・パークIII』	ユニバーサル・スタジオ・ジャパン開園[大阪市] 野依良治、ノーベル化学賞受賞 9.11同時多発テロ	米英軍、アフガニスタン侵攻
ラインゴールド『スマートモブズ』 バラバシ『新ネットワーク思考』 ベントリー『デジタル・バイオロジー』 ミトニックほか『欺術』	ウォシャウスキー兄弟『マトリックス リローデッド』『マトリックス レボリューションズ』 スピルバーグ『マイノリティ・リポート』 ニコル『シモーヌ』 キャメロン『ソラリス』 ヴァービンスキー『ザ・リング』 清水崇『呪怨』映画版公開	サッカー第17回ワールドカップ日韓共催 小柴昌俊(物理学)と田中耕一(化学)、ノーベル賞受賞	コートジボワール紛争
スピネリス『コード・リーディング』 ブラウン『ダ・ヴィンチ・コー	北野武『座頭市』 タランティーノ『キル・ビル』 ズウィック『ラスト サムラ	ヒトゲノム・プロジェクト、30億塩基の全配列決定	米英軍、イラク侵攻 スーダン西部内戦

西暦	情報
2003	刷など15社、電子出版会社「パブリッシングリンク」設立▶ソニー＋松下など、デジタル家電用CE Linuxフォーラム設立 ▶第7回ロボカップ［伊］ ▶第9回機械翻訳サミット開催［米］ ▶第1回世界情報社会サミット（WSIS）開催［ジュネーブ］
2004	▶米CBSニュースが報じたブッシュの軍歴詐称の証拠資料をめぐりブログで疑問続出、24時間後には捏造確定 ▶第8回ロボカップ［ポルトガル］▶グーグル、書籍検索サービスGoogle Printを拡張してスタンフォード大学など5大学／公共図書館の蔵書のデジタル化・検索サービスプロジェクト発表▶DARPA、「先進的兵士センサ情報システム技術（ASSIST）」開発計画（→08）▶文化庁、「文化遺産オンライン」試験公開▶電子ブック端末「シグマブック」（松下）、「リブリエ」（ソニー）発売 ▶イー・マーキュリー、ソーシャルネットワーキングサービスmixi立ち上げ ▶国土交通省、成田空港で旅行者向け自動通訳機実験
2005	▶NASAの土星探査機カッシーニで運ばれた欧州宇宙機関（ESA）の小型探査機ホイヘンス、土星の衛星タイタン着陸 ▶ATRロボティクス、組立式小型ロボット発売 ▶第9回ロボカップ［大阪］ ▶第10回機械翻訳サミット開催（タイ）▶ヴイストン、組立式2足歩行ロボット鉄人28号発売▶富士ゼロックス、デジタルプリント・イノベーション支援センターepicenterを上海に設立▶キャノン、複写機のオプション機能に英日・日英翻訳サービス装備

出版	映像	社会・文化	戦争
ド』 ドーキンス『悪魔の司祭』 バラシュ『サバイバル・ゲーム』	イ』		
ノーマン『エモーショナル・デザイン』 グランド『アンドロイドの脳』 井上博允ほか編『岩波講座 ロボット学』全7巻刊行開始 原島博ほか監修『感じる・楽しむ・創りだす 感性情報学』 西垣通『基礎情報学』 2チャンネル『電車男』	マイケル・ムーア『華氏911』 プロヤス『アイ、ロボット』 押井守『イノセンス』 宮崎駿『ハウルの動く城』 キム・キドク『サマリア』	中越地震 スマトラ沖地震・大津波発生 美浜原発蒸気漏れ事故	
ミンスキー『エモーショナル・マシン』 ミトニックほか『侵入術』	清水崇『THE JUON / 呪怨』(ハリウッド版)	愛知万博開催	

索引

ア

カ

サ

タ

ナ

ハ

マ

ヤ

ラ

ワ

長尾 眞 ●NAGAO, Makoto

1936年10月4日生まれ。61年京都大学工学部研究科修士終了。画像処理、自然言語処理、機械翻訳、電子図書館などの研究に従事した。京都大学教授、同総長、国立大学協会会長などを経て、現在、情報通信研究機構理事長としてユニバーサル・コミュニケーションの実践にむけて努力している。著書は、『画像認識論』(コロナ社 1983)、『自然言語処理』(岩波書店 1994)、『電子図書館』(岩波書店 1994)ほか多数。ACL Lifetime Achievement Award(2003)、レジオン・ドヌール勲章(05)、日本国際賞(05)などを受賞(章)。

金出 武雄 ●KANADE, Takeo

カーネギーメロン大学(CMU)ワイタカー記念全学教授、兼、産業技術総合研究所デジタルヒューマン研究センター・研究センター長。1945年生まれ。73年京都大学工学部情報工学科博士課程修了。工学博士。同年同大工学部情報工学科助手。80年CMU計算機科学科・ロボット研究所高等研究員。テニュア付き準教授、教授を経て、92－2001年同大学ロボット研究所所長。01年より産総研デジタルヒューマン研究ラボ・ラボ長(現在、デジタルヒューマン研究センター・センター長[非常勤])。計算機視覚、自律ロボット、医用ロボット、環境型システムに関する研究に従事。米国アカデミー外国特別会員(1998)。Marr賞(91)、エンゲルバーガー賞(96)、JARA賞(98)、C&C賞(2000)、など受賞。

西田 佳史 ●NISHIDA, Yoshifumi

1971年2月2日生まれ。95年より98年まで日本学術振興会特別研究員。98年東京大学大学院工学系研究科機械工学専攻博士課程修了。工学博士。同年通商産業省 工業技術院 電子技術総合研究所入所。2001年改組により独立行政法人 産業技術総合研究所 デジタルヒューマン研究ラボ研究員。03年よりデジタルヒューマン研究センター人間行動理解チーム チームリーダー。人間行動の観察およびモデリングの研究に従事。日本ロボット学会論文賞(1997)、日本ロボット学会研究奨励賞(1999)などを受賞。

ニック・キャンベル ●CAMBELL, Nick

英国サセックス大学にてPhD. 取得(実験心理学)。英国IBM研究所リサーチフェローとして音声合成のアルゴリズム開発、AT&T ベル研究所で日本語の音声合成などを手がけ、エジンバラ大学会話技術研究センターで上級言語学者として勤務ののち、1990年よりATR[(株)国際電気通信基礎技術研究所]へ。現在、ATRコミュニケーション創発研究室プロジェクト・リーダー。膨大な日常会話のデータベースを分析して、会話表現の機微を追い、韻律情報のモデル化を進めている。奈良先端科学技術大学院大学、神戸大学でも客員教授として、大学院生の指導にあたっている。

渡辺 富夫 ◉WATANABE, Tomio

1955年11月生まれ。83年東京大学大学院工学系研究科博士課程修了。工学博士。山形大学工学部情報工学科助教授、米国ブラウン大学客員研究員(92−93)などを経て93年より岡山県立大学情報工学部情報システム工学科教授。身体的コミュニケーション・インタラクションの研究に従事。IEEE Ro-Man, the best paper award(98、2003)、ヒューマンインタフェース学会論文賞(2001、02、04、05)など受賞。ヒューマンインタフェース学会副会長、日本赤ちゃん学会常任理事、インタロボット(株)技術顧問などもつとめる。

舘 暲 ◉TACHI, Susumu

1946年東京生まれ。73年東京大学大学院博士課程修了、工学博士。75年通産省機械技術研究所研究員。同バイオロボティクス課長、米国 MIT 客員研究員、東京大学先端科学技術研究センター教授などを経て、94年東京大学工学部教授、現在、情報理工学系研究科教授。盲導犬ロボット、テレイグジスタンス、人工現実感などの研究をおこなう。IEEE/EMBS学会賞、通商産業大臣賞などを受賞。国際計測連合学会ロボティクス会議議長、重点領域「人工現実感」領域代表者、日本バーチャルリアリティ学会初代会長、NHK 人間講座「ロボットから人間を読み解く」の講師などをつとめる。

木戸出 正継 ◉KIDODE, Masatsugu

1945年広島に生まれる。70年京都大学大学院修士課程修了後、東京芝浦電気(株)総合研究所に入社。パターン認識や画像処理の研究開発に従事し、応用市場の開拓にも注力。75−77年米国パーデュ大学招待研究員。さらに本社総合企画部で新規事業を推進した後、関西研究所の設立やマルチメディア事業などを精力的におこない、シリコンバレーで最先端 IT ビジネスを体験。帰国後、企業経験を生かして、2000年1月より奈良先端科学技術大学院大学情報科学研究科教授。工学博士。国際パターン認識協会(IAPR)名誉会員(Fellow、1994)。世界の国立公園を踏破するのが夢。

石田 亨 ◉ISHIDA, Toru

1953年生まれ。78年京都大学工学研究科修士課程修了。同年日本電信電話公社電気通信研究所入所。93年京都大学工学部教授、98年より情報学研究科社会情報学専攻。情報処理学会およびIEEEフェロー。分散探索に興味をもち、88年からマルチエージェントシステム研究を開始。NTT内に研究グループを立ちあげるとともに、世界の研究者ネットワークを形成。この分野を統合する国際会議AAMASの初回の大会委員長。98年からデジタルシティと異文化コラボレーション研究を開始。社会とコンピューティングの接点に研究課題を求めている。

石黒 浩 ◉ISHIGURO, Hiroshi

1991年大阪大学基礎工学研究科博士課程修了。工学博士。「基本問題を考えろ」という恩師辻三郎先生の教えは今も守っている。その後、山梨大学、大阪大学、京都大学、カリフォルニア大学、和歌山大学を約1−3年ごとに渡り歩きながら、知能ロボット(ヒューマノイドやアンドロイド)と知覚情報基礎の研究に従事。2002年より大阪大学大学院工学研究科教授(知能・機能創成工学専攻)。大学を渡り歩く間にも、ATR での研究活動はつねに続け、現在は客員室長として同研究所のロボット研究を先導。

池内 克史 ●IKEUCHI, Katsushi

1949年5月29日生まれ。73年京都大学卒、78年東京大学にて博士課程修了、工学博士。MIT(米)に3年、電総研(現・産総研)に5年、CMU(米)に10年在籍のあと、96年東京大学生産技術研究所教授に着任。2000年から同大大学院情報学環教授をつとめる。子どものころから物理好きでステレオなどを製作していた。オーケストラ出身で、モーツアルトとブラ4と赤ワインをこよなく愛する。最近は炭酸水サンペレ・グリノとくろずドリンクも愛飲。常時ストックをもつ。自称「研究旅がらす」。

三宅 なほみ ●MIYAKE, Naomi

1982年カリフォルニア大学サンディエゴ校心理学科博士課程修了。Ph.D. 現在、中京大学情報科学部教授。建設的相互作用など協調的な認知過程を明らかにし、その知見をうまく利用して人が今より賢くなれる方略を見つけることが研究テーマ。電子メールを初めて使ったのは、1977年アメリカに留学した時。その5年後には初期のインターネットでアメリカ、メキシコ、イスラエルと日本の学校を結んで協調学習環境整備のはしりのような実践研究を始める。認知科学はこれからもっとずっと面白くなり、世の中を良くすることに役立つはずだと考えている。

橋田 浩一 ●HASHIDA, Koiti

1958年生まれ。86年東京大学大学院理学系研究科博士課程修了。理学博士。現在、産業技術総合研究所 情報技術部門 副研究部門長。専門は自然言語処理、人工知能、認知科学。対話システム、制約に基づく認知モデル、知的コンテンツなどの研究を手がける。著書・編書に『知のエンジニアリング:複雑性の地平』(ジャストシステム)、岩波講座『認知科学』、岩波講座『言語の科学』など。趣味は美術関係だったが、最近は専ら見るだけ。近ごろ長女が中学の美術部で油絵を描いているのを見て羨ましく思っている。そんな趣味と一致する研究テーマとして映像コンテンツのオーサリング支援も構想中。

池原 悟 ●IKEHARA, Satoru

1944年生まれ。69年大阪大学大学院修士課程修了後、日本電信電話公社に入社。30歳のころ大病をわずらい死地から生還。96年より鳥取大学工学部教授。工学博士。数式処理、トラフィック理論、自然言語処理の研究に従事。96年スタンフォード大学客員教授。情報処理学会論文賞(82)、同研究賞(93)、日本科学技術情報センタ賞(学術賞、95)、人工知能学会論文賞(95)、2001テレコムシステム技術賞などを受賞。著書に『日本語語彙大系』『言語情報処理』(以上共著、岩波書店)、『自然言語処理:基礎と応用』(共著、電子情報通信学会)、『言語過程説の探求』(共著、明石書店)など。

辻井 潤一 ◉TSUJII, Junichi

1949年2月7日生まれ。73年京都大学工学研究科修士課程修了、79年京都大学博士。京大助教授を経て、88年英国UMIST教授、同計算言語学センター所長。95年より東京大学教授。言葉と思考・知識との関係を計算機モデルで明らかにすることや、言葉の脳内部での処理過程を解明することに興味をもつ。京大やUMISTでの機械翻訳の研究から、英語・日本語という個別の言語が認識に及ぼす影響にも興味がある。言語と知識の関係を取り扱うことができる計算機が、研究者と一体となって巨大な知性となることを夢見て、生命科学のテキスト処理研究に従事している。国際計算言語学会(ACL)副会長(2005)、会長(06)。国際機械翻訳協会(IAMT)会長(2003−05)。

黒橋 禎夫 ◉KUROHASHI, Sadao

1966年生まれ。89年京都大学工学部電気工学第2学科卒業。94年同大学院博士課程修了。工学博士。ペンシルベニア大学客員研究員、京都大学工学部助手、同大学院情報学研究科講師などを経て、2001年より東京大学大学院情報理工学系研究科助教授。京大大学院時代に言語解析システム KNP(Kurohashi Nagao Parser) を開発して以来、自然言語処理、知識情報処理研究のフロンティアを拓きつづけている。主な著書に『自然言語処理』(共著、岩波書店)、『言語情報処理』(共著、岩波書店)などがある。

高野 明彦 ◉TAKANO, Akihiko

1956年新潟県高田市生まれ。80年東京大学理学部数学科卒業。同年(株)日立製作所入社。同社基礎研究所主任研究員、オランダCWI客員研究員、日立中央研究所主任研究員などを経て、2001年より国立情報学研究所教授。理学博士。02年より東京大学大学院情報理工学系研究科教授(併任)。専門は、関数プログラミング、プログラム変換、連想の情報学。研究成果のGETAを活用して、Webcat Plusや新書マップなど「連想する情報サービス」の構築に情熱を燃やす。詩人を父として、本に埋もれる環境で育ったせいか、最近は職場に近い神保町を渉猟しながら本の未来について考えている。

所 眞理雄 ◉TOKORO, Mario

1947年生まれ。75年慶應義塾大学大学院博士課程修了(電気工学専攻)。工学博士。同大学、カーネギーメロン大学(CMU)などを経て91年慶應義塾大学理工学部教授(-97)。慶應在任中に(株)ソニーコンピュータサイエンス研究所を設立し、97年に代表取締役社長に就任(ソニー(株)執行役員上席常務兼任)、ソフトウェア研究・開発を推進。2004年より特別理事。著書に *Object-Oriented Concurrent Programming* (MIT Press, 1987),『計算システム入門』(岩波1988)、*The Future of Learning* (IOS Press, 2003), *Learning Zone of One's Own* (IOS Press, 2004) などがある。

Human Informatics Touching--Warping--Mastering
Directed by NAGAO Makoto

ヒューマン・インフォマティクス **触れる・伝える・究める デジタル生活情報術**

発行日――2005年6月10日
監修――長尾 眞
研究者――金出 武雄＋西田 佳史＋ニック・キャンベル＋渡辺 富夫＋舘 暲＋木戸出 正継＋石田 亨＋石黒 浩＋池内 克史＋三宅 なほみ＋橋田 浩一＋池原 悟＋辻井 潤一＋黒橋 禎夫＋高野 明彦＋所 眞理雄
エディトリアル・デザイン――宮城 安総＋松川 祐子＋松村 美由起
イラストレーション――川村 易＋あやせ さやか＋大久保 としひこ＋Yuzuko
研究者撮影――岡田 正人
印刷・製本――文唱堂印刷株式会社
編集・発行者――十川 治江
発行――工作舎 editorial corporation for human becoming
〒150-0046 東京都渋谷区松濤2-21-3
phone : 03-3465-5251 fax : 03-3465-5254
URL http://www.kousakusha.co.jp
e-mail : saturn@kousakusha.co.jp
ISBN4-87502-386-3